Azure Functions 入門

サーバー管理を不要にする
サーバーレスアプリ開発のすべて

増田 智明（著）

日経BP

はじめに

　クラウドやサーバーでのプログラミング技術は、サーバーサイドスクリプトからマイクロサービス、Webサービスの提供やJSON形式によるWeb API、VPS、Dockerの登場など、長い歴史があります。どれも問題を解決する技術であり、長く使われるものゆえに安定した稼働が求められています。一方で、日進月歩ともいえるスマートフォンアプリに代表されるクライアントサイドの技術は、ネットワーク接続が当たり前になり、頻繁なサーバーアクセスと定期的なデータのやり取りが必須となっています。スマートフォンへの通知機能や一斉配信、デスクトップPCとの連携やブラウザによる社内データへのアクセスなど、従来では考えられなかった更新速度でクライアントのアプリケーションは変わってきます。IoT機器が使われるようになり、人手ではなく自動的にセンサーのデータを収集する必要もでてきました。

　このような、さまざまなデータの扱いとクライアントサイドの更新に対して、サーバーレスであるAzure Functionsはどのように対応しているのでしょうか？クライアントアプリケーションの頻繁な変化に合わせて、サーバーサイドにHTTPサーバーを構築するのはなかなか困難です。広告配信によりある日は数十件だったものが、ある日は数万件も発生するようなピークに変動のあるアクセスに対して、物理サーバーを用意するのはコスト的に問題があります。

　AWS Lambda、Google Cloud Functions、そしてMicrosoft社のAzure Funcitonsは、これらの変動に素早く対応するために、サーバーレスな実行環境を用意しました。HTTPサーバーや特殊なサーバーを構築する必要はなく、あたかもプログラムで関数を呼び出すかのようにプログラミングができる実行環境です。これが関数＝Functionの名前の由来でもあります。

　本書で扱うAzure Functionsは、数多くのトリガー（関数を呼び出すイベント）とバックエンドで扱えるサービス（データベースやファイルストレージなど）を持っています。また、.NET Coreでプログラミングできることから、Azureの各種のサービスを既存のクラスライブラリを通して利用できます。クライアントサイドのアプリケーションが、直接Azure内のサービスにアクセスするのではなく、Azure Functionsを通すことでサーバーサイドのさまざまなサービスを後日拡張できます。

　非常に範匠の広いAzure Functionsの機能を解説するために、本書は2部構成にしてあります。1章から5章は、基礎編として個別のトリガーについて詳しく解説しています。Azure PortalとVisual Studioを使った例を使い、実際にトリガーの動きをみていきます。6章以降は応用編として各種トリガーの組み合わせやAzureが提供するストレージサービスとの組み合わせを具体例を示して作成していきます。本のタイトルでは「入門」とはなっていますが、本書の後半は、より実用的に使えるようにサンプルを作っています。次の段階に進む技術ステップとして読むだけではなく、ぜひ応用編でのアプリケーションを実際に作ってみてください。

　読者がソフトウェア開発者として手持ちの道具を増やせることを願っています。

2019年04月 増田智明

サンプルコードのダウンロード

本書のすべてのサンプルコードは、日経BPのWebサイトと著者のGitHubから入手することができます。

- 日経BPのダウンロードページ
  http://ec.nikkeibp.co.jp/nsp/dl/05395/index.shtml

- 著者公開のGitHub
  https://github.com/moonmile/azfunc-samples

著者のサポートページ

以下のページにサポート情報を掲出します。

http://www.moonmile.net/blog/books/azfunc

目　次

はじめに ……………………………………………………………………………………… (3)

第1章　Azure Functionsの概要 ……………………………………… 1

1.1　Azureとは何か …………………………………………………………… 1
1.1.1　オンプレミスとクラウド環境 ………………………………………… 1
1.1.2　クラウドの分類とAzure Functions ………………………………… 3
1.1.3　Azure Functionsに類似するサービス ……………………………… 4

1.2　Azure Functionsとは何か ……………………………………………… 5
1.2.1　サーバーレスとしてのAzure Functions …………………………… 5
1.2.2　他のサーバーレスフレームワークとの比較 ………………………… 6

1.3　Azure Functionsを何に活用するのか ……………………………… 7
1.3.1　関数単位での動作 ……………………………………………………… 7
1.3.2　豊富なトリガー ………………………………………………………… 8
1.3.3　NET環境、JavaScript環境、Docker ……………………………… 9

1.4　Azure Functionsとの連携 …………………………………………… 10
1.4.1　他システムからFunction Appの呼び出し ………………………… 10
1.4.2　Azure Functionsから他システムを呼び出す ……………………… 11
1.4.3　Event Gridでの連携 ………………………………………………… 12

第2章　Azure Portalで初めての関数を作成する ……………… 13

2.1　ポータルから.NET CoreのFunction Appを作る ……………… 13
2.1.1　Azure Portalを開く ………………………………………………… 13
2.1.2　Function Appを新規作成する ……………………………………… 15
2.1.3　関数を作成 …………………………………………………………… 17
2.1.4　関数を実行 …………………………………………………………… 20

2.2　Function Appの言語をJavaScriptに変える ……………………… 22
2.2.1　Function Appを作成する …………………………………………… 23

2.2.2	関数を作成	24
2.2.3	関数を実行	27

2.3 動作環境を Linux に変えてみる　29

2.3.1	Function App を作成する	29
2.3.2	関数を作成	30
2.3.3	関数をテスト実行	34
2.3.4	Azure へデプロイして実行	36

2.4 Visual Studio でひな形を作る　37

2.4.1	新しい Azure Functions を作成	38
2.4.2	作成した関数の確認	39
2.4.3	関数のテスト実行	40
2.4.4	関数を発行	41

2.5 Visual Studio Code でひな形を作る　44

2.5.1	VSCode で新しいファンクションのプロジェクトを作成	44
2.5.2	テスト実行する	47

2.6 コマンドラインでひな形を作る　47

2.6.1	func init コマンド	48
2.6.2	func new コマンド	48
2.6.3	func host start コマンド	49
2.6.4	func azure functionapp publish コマンド	50

2.7 HTTP トリガーの動作確認方法　52

2.7.1	ブラウザで動作確認する	52
2.7.2	WPF クライアントで動作確認する	54
2.7.3	コマンドラインで動作確認する	56
2.7.4	Android スマホで動作確認する	57

第3章　Azure Functions の適用範囲　61

3.1 Azure Functions の動作原理　61

3.1.1	Azure Cloud Service の動作	61
3.1.2	Function App の動作	62
3.1.3	関数に引き渡されるクラス	63
3.1.4	呼び出し元へ返すクラス	65

3.2 利点・活用場所　66

3.2.1	サーバーレスの利点	66
3.2.2	開発効率の利点	67
3.2.3	継続的更新（インテグレーション）の利点	68
3.2.4	デプロイ（発行）のしやすさとコード管理（Git）のしやすさ	68

3.3 不得意なところ　69

	3.3.1	すべては VM 上で動く	69
	3.3.2	ステートレスで動作する	70
	3.3.3	オンプレミスのデータベースとの接続の問題	71
	3.3.4	複雑な動作の場合は Web Service を検討する	71

3.4 他システムとの組み合わせ **72**

	3.4.1	Function App から Azure のサービスを利用	73
	3.4.2	Azure Event Grid を利用する	73
	3.4.3	Azure 内のストレージを使う	74
	3.4.4	HTTP プロトコルでの外部通信	75

3.5 セキュリティ・認証・API コード **77**

	3.5.1	承認レベル	78
	3.5.2	SSL 証明書	79
	3.5.3	Microsoft アカウントによるユーザー認証	81

第4章 Azure Portal の概要 87

4.1 リソースグループでまとめる **87**

	4.1.1	リソースグループとは何か	87
	4.1.2	Function App が必要とするリソース	89
	4.1.3	リソースグループ単位の操作	90

4.2 アクセス数・クォート制限 **91**

	4.2.1	メトリックでグラフを表示する	91
	4.2.2	アラートルールを設定する	94

4.3 課金状態 **96**

	4.3.1	課金の概要を表示する	96
	4.3.2	課金状態を細かく分析する	97
	4.3.3	予算を決めて通知させる	98

4.4 ログ出力・エラー発生・監視 **100**

	4.4.1	関数の実行ログを監視	100
	4.4.2	Application Insights インスタンス	102
	4.4.3	監視ログの保存	102

第5章 トリガーの種類 105

5.1 タイマートリガー **105**

	5.1.1	概要	105
	5.1.2	Azure Portal で作成	106
	5.1.3	Azure Portal で実行	108
	5.1.4	Visual Studio で作成	109

5.1.5	Visual Studio で実行	110
5.1.6	バインド構成の比較	111

5.2　HTTP トリガー　112

5.2.1	概要	112
5.2.2	Azure Portal で作成	113
5.2.3	Azure Portal で実行	115
5.2.4	Visual Studio で作成	117
5.2.5	Visual Studio で実行	118
5.2.6	バインド構成の比較	119
5.2.7	ルートテンプレートの指定	120

5.3　Cosmos DB トリガー　122

5.3.1	概要	122
5.3.2	Azure Cosmos DB の作成	122
5.3.3	Azure Portal で作成	125
5.3.4	Azure Portal で実行	129
5.3.5	ローカル環境の Cosmos DB の作成	130
5.3.6	Visual Studio で作成	132
5.3.7	Visual Studio で実行	134
5.3.8	バインド構成の比較	136

5.4　Blob ストレージによるトリガー　137

5.4.1	概要	137
5.4.2	ストレージアカウントの作成	138
5.4.3	Azure Portal で作成	141
5.4.4	Azure Portal で実行	143
5.4.5	ローカル環境の Blob コンテナーの作成	144
5.4.6	Visual Studio で作成	145
5.4.7	Visual Studio で実行	147
5.4.8	バインド構成の比較	148

5.5　Queue ストレージのトリガー　149

5.5.1	概要	149
5.5.2	Queue ストレージの作成	150
5.5.3	Azure Portal で作成	151
5.5.4	Azure Portal で実行	154
5.5.5	ローカル環境で Queue ストレージの作成	155
5.5.6	Visual Studio で作成	155
5.5.7	Visual Studio で実行	157
5.5.8	バインド構成の比較	159

5.6　Event Hub トリガー　160

5.6.1	概要	160
5.6.2	Event Hub の作成	161
5.6.3	Visual Studio で作成	163

5.6.4	コンソールアプリでEvent Hubへ送信	167
5.6.5	Visual Studioで実行	170
5.6.6	Azure Portalで作成	171
5.6.7	Azure Portalで実行	174
5.6.8	バインド構成の比較	176

5.7　IoT Hubトリガー　177

5.7.1	概要	177
5.7.2	IoT Hubの作成	178
5.7.3	IoT Hubにデバイスを登録	180
5.7.4	Visual Studioで作成	182
5.7.5	コンソールアプリでIoT Hubへ送信	184
5.7.6	Visual Studioで実行	187
5.7.7	Azure Portalで作成	188
5.7.8	Azure Portalで実行	190
5.7.9	バインド構成の比較	192

第6章　定期起動する（タイマートリガー）　193

6.1　イントロダクション　193

6.1.1	従来のヘルスチェック機能	193
6.1.2	Azure Functionsを利用したヘルスチェック機能	195
6.1.3	検証のためのシステム構成	196

6.2　下準備　196

6.2.1	デプロイ用のリソースグループの作成	197
6.2.2	Cosmos DBの作成	198
6.2.3	ローカル環境のCosmos DBの作成	201
6.2.4	Visual Studioでタイマートリガーの作成	203
6.2.5	HTTPトリガーのURLを取得	205

6.3　コーディング　209

6.3.1	ターゲットのHTTPトリガーを作成	209
6.3.2	タイマートリガーからヘルスチェックAPIの呼び出し	211
6.3.3	Cosmos DBへの書き込み処理	213
6.3.4	ローカル環境のタイマートリガー	217
6.3.5	リリースモードの追加と発行	220

6.4　検証　223

6.4.1	タイマーの間隔を変える	223
6.4.2	ヘルスチェック対象のサーバー名を変更する	226
6.4.3	ヘルスチェック対象のサーバーが無応答の場合	227

6.5　応用　228

6.5.1	タイマートリガーと長い処理との連携	228

(10) 目　次

6.5.2　タイマートリガーで1回だけの実行を行う 229

第7章　HTTPトリガーでデータベースを更新 233

7.1　イントロダクション 233
7.1.1　従来の出退勤サイト 233
7.1.2　HTTPトリガーを利用した出退勤サイト 234
7.1.3　検証のためのシステム構成 236

7.2　下準備 236
7.2.1　デプロイ用のリソースグループの確認 237
7.2.2　Azure SQL Databaseの作成 237
7.2.3　ローカルのデータベースの作成 241
7.2.4　出勤簿テーブルの作成 244
7.2.5　Visual StudioでHTTPトリガーの作成 246
7.2.6　WPFクライアントのひな形を作成 249
7.2.7　HTMLファイルのひな形を作成 250

7.3　コーディング 251
7.3.1　エンティティクラスの生成 251
7.3.2　データを読み込むHTTPトリガーを作成 255
7.3.3　データを書き出すHTTPトリガーを作成 257
7.3.4　デスクトップクライアントを作成 260
7.3.5　ブラウザクライアントを作成 267
7.3.6　Azure環境での設定 271
7.3.7　クライアントアプリのURLを修正 274

7.4　検証 277
7.4.1　複数のデスクトップクライアントでチェック 277
7.4.2　未登録の社員番号で更新 278
7.4.3　同一の社員番号を更新 279

7.5　応用 279
7.5.1　統一的なストレージアクセスを提供 280
7.5.2　スケールアウトとアクセス制限 280

第8章　Cosmos DBトリガーの利用 283

8.1　イントロダクション 283
8.1.1　従来のアラート発生のパターン 283
8.1.2　Cosmos DBを利用したアラート発生パターン 284
8.1.3　検証のためのシステム構成 285

8.2　下準備 286

	8.2.1	ローカル環境の Cosmos DB の作成	286
	8.2.2	Visual Studio で Cosmos DB トリガーの作成	288
	8.2.3	通常通知のための HTTP トリガーを作成	290
	8.2.4	緊急通知のための Slack の Webhook を作成	292

8.3 コーディング **294**

	8.3.1	通常通知のための HTTP トリガー	294
	8.3.2	Cosmos DB トリガーの作成（通常通知）	295
	8.3.3	Cosmos DB トリガーの作成（緊急通知）	297
	8.3.4	Cosmos DB へデータ投入	298

8.4 検証 **300**

	8.4.1	データ投入用のコンソールアプリの作成	300
	8.4.2	発信者名を変えて通常通知を発信する	304
	8.4.3	通常通知と緊急通知を発信する	305

8.5 応用 **305**

	8.5.1	アクセスログと警告の組み合わせ	306
	8.5.2	統計情報の作成と通知の組み合わせ	306

第9章 ファイルストレージの利用 **309**

9.1 イントロダクション **309**

	9.1.1	Web サービスのファイルアクセスの利用	309
	9.1.2	ファイルストレージを利用したデータ抽出	310
	9.1.3	検証のためのシステム構成	311

9.2 下準備 **312**

	9.2.1	ストレージアカウントの作成	312
	9.2.2	HTTP トリガーのひな形を作成	315
	9.2.3	コンソールアプリでファイルストレージへ読み書き	317
	9.2.4	データ蓄積用のテーブルを作成	322
	9.2.5	エンティティクラスを作成	322

9.3 コーディング **325**

	9.3.1	Excel 読み取りパッケージ ClosedXML の利用	325
	9.3.2	コンソールアプリで Excel 読み込み	327
	9.3.3	コンソールアプリで Excel 書き出し	329
	9.3.4	HTTP トリガーで Excel 読み込み	331
	9.3.5	HTTP トリガーで Excel 書き出し	334

9.4 検証 **337**

	9.4.1	ファイルをアップロードせずに確認通知でエラー	337
	9.4.2	異なる形式のファイルをアップロードして確認通知でエラー	338
	9.4.3	入力ミスで確認通知エラー	340

9.5	応用	341
	9.5.1 動画を転送してから完了通知	341
	9.5.2 複数のファイルを転送してからデータ加工	342

第10章 プッシュ通信 345

10.1	イントロダクション	345
	10.1.1 プッシュ機能とNotification Hubの関係	345
	10.1.2 HTTPトリガーとプッシュ通知	347
10.2	下準備	348
	10.2.1 NotificationHubSampleソリューションの作成	348
	10.2.2 通知先のUWPアプリの作成	349
	10.2.3 UWPアプリを発行	349
	10.2.4 Live SDKアプリケーションからSIDを取得	351
	10.2.5 Notification Hubを作成	352
	10.2.6 Notification HubにWNSを登録	354
	10.2.7 HTTPトリガーを作成	356
	10.2.8 WPFクライアントを作成	358
10.3	コーディング	358
	10.3.1 UWPアプリで通知を受信	358
	10.3.2 HTTPトリガーでプッシュ通知を送信	363
	10.3.3 WPFアプリでプッシュ通知を送信	366
10.4	検証	369
	10.4.1 プッシュ通知を表示しない設定	369
	10.4.2 UWPアプリをアンインストールしてプッシュ通知を試す	371
10.5	応用	372
	10.5.1 監視端末に対して複数の警告アプリの割り当て	373
	10.5.2 特定デバイス対して通知	373

第11章 多数の連携 (Event Grid) 375

11.1	イントロダクション	375
	11.1.1 Event Gridの構造	375
	11.1.2 Event Gridの動き	376
	11.1.3 検証イベントの応答	378
11.2	Azure Portalで動作確認	379
	11.2.1 ストレージアカウントの作成	379
	11.2.2 Function Appの作成	380
	11.2.3 Event Gridトリガーの作成と登録	382

11.2.4	Event Grid トリガーの動作確認	386
11.2.5	自動検証のHTTPトリガーの作成と登録	388
11.2.6	自動検証のHTTPトリガーの動作確認	393
11.2.7	手動検証のHTTPトリガーの作成と登録	395
11.2.8	手動検証のHTTPトリガーの動作確認	400
11.2.9	検証イベントのタイムアウト	401
11.2.10	Azure Event Grid Viewer でイベント内容を確認	402

11.3 下準備 **404**

11.3.1	Event Grid トリガーの作成	404
11.3.2	自動検証のHTTPトリガーの作成	407
11.3.3	外部Webhookのシミュレート関数を作成	408
11.3.4	Azure へデプロイと Azure Portal で確認	409
11.3.5	テーブルストレージの作成	410

11.4 コーディング **411**

11.4.1	Event Grid トリガーの基本情報	411
11.4.2	テーブルストレージへ書き出し	412
11.4.3	外部Webhookの呼び出し	414
11.4.4	自動検証のHTTPトリガーの作成	416
11.4.5	Azure へデプロイ	420
11.4.6	イベントサブスクリプションの作成	421

11.5 検証 **423**

11.5.1	Event Grid トリガーの基本情報をチェック	423
11.5.2	テーブルストレージアクセスをチェック	424
11.5.3	外部Webhook呼び出しをチェック	425
11.5.4	イベントサブスクリプションのフィルター機能	425
11.5.5	ローカル環境でのEvent Gridのテスト	427

11.6 応用 **430**

11.6.1	有効期限付きのイベント受信	430
11.6.2	Azure管理のためのトリガーの利用	431

付録 Azure Functions開発に必要なツール **433**

A.1	Node.js、npm のインストール	**433**
A.2	Azure Functions Core Tools	**435**
A.3	Azure CLI のインストール	**436**
A.4	Visual Studio Code のインストール	**437**
A.5	Windows Subsystem for Linuxの利用	**438**
A.6	Azure Cosmos DB Emulator	**439**

A.7 Microsoft Azure Storage Explorer ································· **441**

索引 ··· **443**

_第 1 _章
Azure Functionsの概要

　本書では Visual Studio を使って Azure Functions の開発手法を学習していきます。まずは、実行環境としての Azure や Azure Functions とは何なのか、Azure Functions をどのように活用して IT システムを組み上げるのかを解説しましょう。

1.1 | Azureとは何か

　本書はサーバーレスなサービスである Azure Functions の解説をしますが、その前に Azure の概要を把握しておきましょう。Azure Functions を支える技術がどのようなものなのか、クラウド環境と企業内で保持するオンプレミスな環境とはどのような違いがあるのかを明確にしておくと、インフラ構築やアプリケーション開発のメリットをつかむことができます。

1.1.1 | オンプレミスとクラウド環境

　クラウド環境としての Azure に関しては数々の解説書が出ています。Microsoft 社が提供する Azure だけでなく、Amazon 社の Amazon Web Service（AWS）、Google 社が提供する Google Cloud などがあります。このほかにも仮想環境を提供するクラウドは多数あり、機能も多岐にわたります。

　クラウド環境、ビッグデータ、Virtual Private Server（VPS）、ホスティングサービスなど、いままで企業内で培われてきた情報システムは一気に企業の外へと飛び出しています。同時に、企業内のサーバーメンテナンスはサーバー内のアプリケーションの開発も企業の外へと広がっています。

　ネットワーク環境が貧弱であった 2000 年以前では、社外のサーバーとの接続は専用回線を使うのが普通でした。クライアント／サーバー間のデータは、複数の拠点にある企業内でまとめられ、専用線を使ってやり取りをしていました。しかし、現在のように光回線が普通に使われるようになり、無線や有線でのやり取りでも動画配信がスムースに行われるぐらいの回線スピードが出るようになると、ある程度のセキュリティを確保したうえでインターネット

回線を使うのも問題がなくなっています。

　同時に、大企業のみで使われていたクライアント/サーバーのシステムも、オープンソースの広まりや各社のWebサービスの広がりから、中小企業あるいは個人でも使える位に広まってきています。ホスティングサービスを使った単純なWebサイトの構築から、画像解析の機械学習を含めたデータベースの扱いまで、大小の企業個人に関係なく誰でも使える環境が整いました。

　そんな中で、あらためてインターネット/クラウド上にあるコンピューターのリソースと、オンプレミス（企業内、顧客の手元にある）コンピューターの現実と理想を考えてみましょう。

　現在のクラウド環境では手元のコンピューターでは賄えないほどのたくさんの機能が提供されています。それぞれの機能は価格も安価となり、一時期的な利用のために高価なコンピューターを購入する必要はなくなりました。数年前に、画像解析のために数百万のコンピューターを用意するよりも、クラウド環境を使えば機能の高いCPUが使えて短期間で解析が済むというニュースが話題になったものです。その頃にはまだまだ高価であったクラウド環境ですが、現在では標準的なCPUとメモリを積んだ仮想環境であればそれほど高価ではなくなりました。なによりも「使うときに必要な時だけ借りる」ことができるようになったのがクラウド環境です。クラウドの利用は機能によりますが、セッション数やネットワーク帯域の量、時間単位、月単位などのさまざまなプランが用意されています。Azureに多数用意されている機能をうまく組み合わせることにより、オンプレミスでゼロから環境を構築するよりも、手早く試すことができ、そして早期の運用リリースにつなげることが可能となっています（図1-1）。

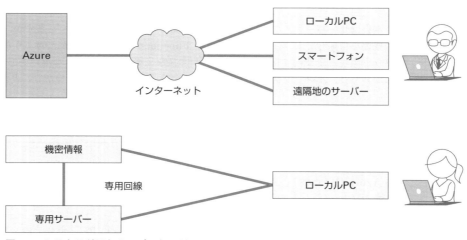

図1-1　クラウド利用とオンプレミス利用

　では、オンプレミスの環境をすべてネットワーク上のクラウド環境に移し替えてしまうほうがよいのでしょうか？オンプレミスのサーバーはすべて必要ないと言えるのでしょうか？

　B2Cのような一般向けのサービスの場合、新商品を提供するように次々と機能をバージョンアップさせることが必要なります。このため、開発とリリースの間隔が短くなることが多く、より新機能に沿った商品が求められるでしょう。この場合は、クラウドに各種の機能を展開するほうが有利と思われます。しかし、企業内の機密となる研究データやハードウェア

に近いところにある高速なデータ解析/自動化システム、数十年続いている社内でのサーバーなどは、オンプレミスで使うほうが有利な場合があります。漏洩リスクやネットワーク経由の攻撃を避けるためにも、外部ネットワークを遮断した環境が欲しいときもあるでしょう。

　Azureの機能や本書で解説するAzure Functionsの機能は、クラウド上だけで「閉じた」技術ではありません。オンプレミスとして企業内で囲われたサーバーとも連携を保ちつつ、Azureの機能をうまく連携させる仕組みをもっています。それぞれの利点をうまく活かしながらハイブリッドなクラウド活用を目指していきましょう。

1.1.2 │ クラウドの分類とAzure Functions

　クラウドの分類としてよく聞かれる「IaaS」、「PaaS」、「SaaS」についてざっと解説をしておきましょう。

- IaaS Infrastructure as a Service
- PaaS Platform as a Service
- SaaS Software as a Service

　「SaaS」で定義されるソフトウェアは、たとえばインターネット上のメールサービスやクラウドストレージサービス、ブログサービスなどを表しています。ユーザーがローカルのPCを使ってソフトウェアをインストールするように、インターネット上にある（クラウド上にある）サービスを使う、というイメージです。OneDriveのようなストレージサービスがそれにあたります。

　次に「PaaS」で定義されるプラットフォームというのは、ソフトウェアを動かすプラットフォームが提供されているというイメージです。提供されたミドルウェアやデータベースを使いながら開発者がソフトウェアを組み上げていきます。たとえばAzure上で作成するApp Serviceが典型的な代表例です。WordPressなどの既存のオープンソースプログラムをいくつかの設定でインストール＆設定が可能になっています。

　最後に「IaaS」ではインフラそのものを提供します。PaaSよりも細かくサーバーのCPUやメモリ、ストレージの種類、データベース接続などを設定していきます。ネットワークやインフラ構築の知識は必要となりますが、開発者はあたかも個人でコンピューターを所有しているようにソフトウェアを組み上げることが可能です。Azure VMの構築などがこの代表的な例にあたります。

　Azureでは主にIaaSとPaaSの機能が多く提供されています。インフラの知識を活用しながら仮想OSと仮想ネットワークを組み上げて複雑なシステムをクラウド上に構築することもできるし、他の企業に提供するような自前のPaaSをAzure App Serviceを使いながらASP.NET MVCプロジェクトとして作成することも可能です。

　本書で扱う「Azure Functions」は、PaaSの1つと言えるでしょう。細かい部分ではストレージの選定やアクセス数などを制御する必要はありますが、サーバーレスとして動作するAzure Functionsのバックグラウンド（いわゆる関数を呼び出すための仕組み）を意識することなく、Function Appプロジェクトの作成に専念できます。

1.1.3　Azure Functionsに類似するサービス

　Azure Functionsの詳細を解説する前に、類似するAzureのサービスを把握しておきましょう。Azure Functions技術が提供される前には、どのようなサービスを使って同じ機能を実現していたのかを知ることによって、Azure Functionsが特化している機能が明確になります。

　従来であれば、ファンクションを実現していたのはASP.NET MVCアプリケーションを利用したWeb APIや、VSP（Virtual Private Server）を利用したイベント駆動型のサービスです（図1-2）。

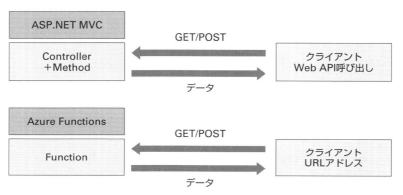

図1-2　ASP.NET MVC と Azure Functions

　Azure FunctionsにはHTTPプロトコルを利用して、特定のURLを呼び出したときに実行される「HTTPトリガー」という機能があります。この機能は、Web APIと同じような動作をします。ASP.NET MVCアプリケーションで作られたWeb APIは、Controllerクラスのメソッドに各種のパラメーター（GETメソッドのクエリやPOSTメソッドの本文データ）を取得して、それぞれの処理を行います。そしてControllerで返す戻り値は、JSON形式の文字列や処理済みのデータなどになります。

　このスタイルは、Azure Functionsの関数がHTTPトリガーで起動されて、加工したデータを関数の戻り値として返しているところと似ています。

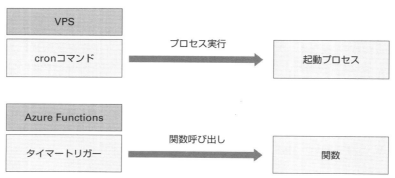

図1-3　VPSのcron と Azure Functions

もう1つ、Azure Functionsには「タイマートリガー」という定期的に起動されるトリガーがあります。たとえば、10分おきに処理を実行させたい場合には、いままでならばVPS内でcronコマンドを実行させるか（図1-3）、cronを利用しているSaaSを探す必要がありました。単純な定期実行をソフトウェアに組み込むために、VPSなどの仮想OSを作成させる必要があるのは非常に手間で、これを単体で実行しているサービスはあまりなかったというのが現状です。

このほかにもAzure Functionsには、特定のテーブルへのアクセスが発生したときに実行されるトリガーなどが用意されています。

インターネット上で起動させるため、Azure Functionsの主な呼び出し方法はWeb経由になりますが、HTTPプロトコルだけを扱うWeb Serviceとは異なり、データベースや各種のストレージの動作をAzure Functionsに伝えることが可能となっています。

1.2 | Azure Functionsとは何か

Azureの機能や動きを俯瞰したところで、本書で解説するAzure Functionsの概要に踏み込んでいきましょう。Azure Functionsの特徴を解説し、他クラウドとの比較をしていきます。

1.2.1 | サーバーレスとしてのAzure Functions

Azure Functionsが語られるところに必ず「サーバーレスアーキテクチャ」という冠詞がついてきます。この「サーバーレス」というのがどういうものなのかを知ることが、Azure Functionsでソフトウェアを開発するときの重要な点と言えます。

先のページでAzure Functionsに類似するサービスを解説しました。「HTTPトリガー」と「タイマートリガー」の共通点は、関数が何かのシステムあるいはフレームワークから呼び出されるということです。HTTPトリガーの場合は、Web API（のようなもの）を呼び出すクライアントがあります。Web APIはURLアドレスを指定して呼び出されるため、サーバー側には何らかのWebサーバーが存在するはずですが、図には表れてきません。ASP.NET MVCの場合には、IISや専用のWebサーバーがクライアントのリクエスト（呼び出し）を受け取りControllerの対応するメソッドに引き渡します。おそらく、Azure Functionsの関数もそのような仕組みで呼び出されていると思われますが（実際、そのように呼び出しています）、図には明示的に出ていません。

同じような呼び出し方はタイマートリガーのほうでも言えます。VPSを使ったcronコマンドでのプロセス呼び出しは、定期的に実行されるcronコマンドが明示的に出てきますが、Azure Functionsのタイマートリガーでは、定期的に実行される「タイマートリガー」というイベントによって関数が呼び出されます。実際には、Azure Functionsのバックグラウンドでcronコマンドなどにより定期実行が行われていますが、図には表れてきません。

このように、Azure Functionsのバックグラウンドの仕組みは隠蔽されています。細かい設定は、Function Appプロジェクトを作成するときに設定しますが、実際に動作するプログラム（関数）の作成や運用には、それらの設定がうまく隠蔽されている仕組みができています。これこそが「サーバーレス」の意味になります。

ASP.NET MVCアプリケーションの作成やVPSのcronコマンドでは、サーバー側の動きを逐一把握する必要がありますが、Azure Functionsではそれらを「トリガー」という形で統一し、それぞれのトリガーに関数を「バインド」することによって、関数がトリガーによって実行されるシンプルな動きに組み替えています。

1.2.2 他のサーバーレスフレームワークとの比較

執筆時点（2019年3月）のいくつかの主要なサーバーレスアーキテクチャを比較しておきましょう。どのサーバーレスでも似たような形で関数を呼び出せるところは変わりません。AWS Lambdaが先にリリース（2015年4月）されたこともあり、Azure FunctionsやIBM Cloud Functionsよりも導入事例は多いようです。

各関数サービスで活用できるプログラム言語は、AWS Lambdaが最も多く、C#やGo、Java、Node.js（JavaScript）、Python、Rubyを揃えています。IBM Cloud FunctionsではSwiftやPHPを扱えるところが特徴的です。Google Cloud Functionは主にNode.jsのみですが、今後利用できるプログラム言語は増えていくことでしょう。

Azure Functionsでは動作させる環境により違いがあり、WindowsではC#/F#とNode.js（JavaScript）とJava、Linux環境ではC#/F#とNode.js（JavaScript）とPythonとなっています。対応する言語が少ないように見えますが、Linux環境でDockerを利用することにより自由にプログラム言語を選べます。DockerにPHPなどを入れることにより、ファンクションとして動作させることが可能になっています。なお、AWS Lambdaでもカスタムランタイムが利用できるので、COBOLを動かす例もあります。

価格は各社のクラウドによって異なりますが、無料枠があり概ね100万件程度のアクセス数であれば無課金で実行が可能です。月単位で100万件となると、3秒に1回程度まで無料となるので、試用的な使い方をしている限りでは無課金で利用が可能です。ただし、付随するストレージ利用などは料金がかかるので注意が必要でしょう。

各社でそれほど違いがないようにみえるサーバーレスアーキテクチャの提供ですが、どのファンクションを選ぶのかという基準は「どのような他のクラウド機能と組み合わせるか？」にあります。活用できるファンクションは実にシンプルにできているため、実質的に他のサービスと組み合わせないと意味がありません。このため、既存のクラウド機能と組み合わせることによってサーバーレスアーキテクチャとしての利点が高まります。

たとえば、Azure Functionsを利用するときに、クラウド上のデータベースを検索する必要があればAzure SQL DatabaseやBlobストレージを使ったほうがよいでしょう。ネットワーク的に近接にあればデータの転送スピードが問題になることがほぼないと言えます。しかし、他のクラウドサービスで提供しているデータベースをAzure Functionsで利用するときは、どうしてもインターネットの回線を介してデータのやり取りを行うことになります。また、データの操作が発生した場合、それをトリガーにしてAzure Functionsの関数を起動したいと思っていても、各社のデータベースのトリガーを個別に設定しなければなりません。

このようにFunction Appの選定については、現在どのクラウドで活用するのかが1つの基準になるでしょう。もちろん、すべての機能を1つのクラウドにまとめればよいというわけではありません。主要なクラウドサービスだけでなく、たくさんの会社や個人が提供するWebサービスとの連携が必要になるときもあり、時にはオンプレミスで実行している社内データベースにアクセスが必要な場合もあります。このような制限事項も含めて、Function Appの

選定基準を考えていきます。

1.3 Azure Functionsを何に活用するのか

クラウド環境であるAzureの1つのApp Serviceとして提供されるAzure Functionsは、具体的にはどのようなものなのでしょうか。詳細は第2章で解説しますが、まずはAzure Functionsの全体像を把握しておきましょう。

1.3.1 関数単位での動作

Azure Functionsはその名の通り、作成したサービス（Function Appと呼びます）の呼び出しはあたかも「静的関数」のように実行されます。静的関数というのは、C#で言えば「staticメソッド」のことです（図1-4）。

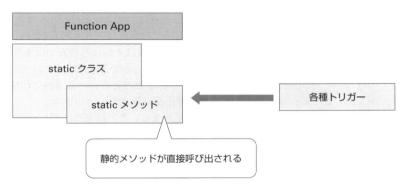

図1-4　オブジェクトを持たない関数

C#ではインスタンス（オブジェクトとも言います）を生成するためのnew演算子を使います。このため、クラスのメソッドを利用するためには、new演算子でインスタンスを生成して「.」ドット演算子でつなげて、メソッドやプロパティを使います（リスト1-1）。

リスト1-1　インスタンスを生成してメソッドを使う

```
class A
{
    private int _val ;
    public void Method() { ... }
}
// new演算子でインスタンスを生成してからメソッドを使う
var a = new A();
a.Method();
```

このため、new演算子を呼び出すたびに、インスタンスを生成するためのメモリが確保されます。インスタンスが持っている変数（フィールド）やプロパティは、複数あるそれぞれのインスタンスに属するため、異なった値を持ちます。これらは「インスタンス変数」と呼ばれます。これが「オブジェクト指向言語」と言われる由縁です。

リスト1-2 インスタンスを生成せずにメソッドを使う

```
static class B
{
    private static int _val ;
    pullic static void Method() { ... }
}
// インスタンスを生成せずにメソッドを使う
B.Method();
```

プログラミングの仕方として、もう1つの「関数型言語」の使い方があります。new演算子でインスタンスを生成せずに、クラスに対して直接メソッドや変数を配置させます。インスタンスを生成しないため、定義したクラスに対して1つだけのメモリに属します。これを「クラス変数」と呼びます（リスト1-2）。

インスタンスを生成したときと大きく異なる点は、メソッド呼び出しをしたときに内部の動作がわかりやすくなることです。関数型言語では厳密にクラス内（関数内）の値を変更しないような工夫をしますが、Azure Functionsの関数はそれほど厳密ではありません。外部のデータベースを参照させて状態を保持/変更することができます。ですが、HTTPプロトコルなどの呼び出しでFunction Appの関数が呼び出されたときに、基本的に状態を持たない（ステートレス）ようにシンプルに組み上げる方法が可能となっています。

Function Appごとにインスタンスが生成されないことは非常に重要です。一般的にWebサービスは不特定多数のユーザーから呼び出されます。多数の呼び出しに対して、1つ1つインスタンス（プロセスやスレッドも含む）を生成していると、サーバーのメモリが枯渇してしまいます。これを防ぐ目的で個別の呼び出しに対するメモリを最小限にするため、Azure Functionsの関数が「static」になっています。staticとして定義することにより、小さなメモリ利用だけで済むようになり、大量なアクセスに対しても対応することができます。

1.3.2 豊富なトリガー

Azure Functionsの関数はさまざまなトリガーによって起動されます（図1-5）。関数の呼び出し元によって与えられるデータの形も異なれば、呼び出し元が期待するデータの形式も異なります。HTTPトリガーのようにGET/POSTメソッドを使って呼び出されるものや、タイマートリガーのようにcronを使い自動起動されるものもあります。

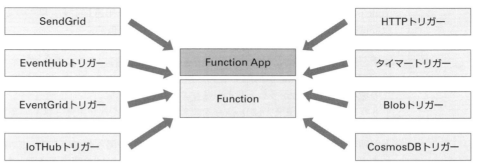

図1-5 関数を呼び出すさまざまなトリガー

これらの呼び出し元である「トリガー」と、Azure Functionsで実装されている関数を「バインドする」と言います。バインドして結び付けられた関数と呼び出し元のプログラム言語や実行しているOSのパターンはさまざまです。Web APIのようにブラウザで実行されているJavaScriptからHTTPトリガーにバインドされたAzure Functionsの関数が呼び出されることもあるでしょう。トリガーには、HTTPトリガーやタイマートリガーのように呼び出し形式が明示的に示されているもののほかに、EventGridトリガーやIoTHubトリガーのように異なるイベントを結び付けるトリガーもあります。

Azure Functionsの機能がシンプルであるがゆえに、疎結合的に各種の呼び出し元とつながることができるのです。

1.3.3　.NET環境、JavaScript環境、Docker

現在（2019年3月時点）のところ、Azure Functionsで利用できる環境としては、WindowsとLinuxの2つがあります（図1-6）。Linuxの場合には、Linuxそのもので動作するFunction Appと、Dockerで動作するFunction Appが記述できます。

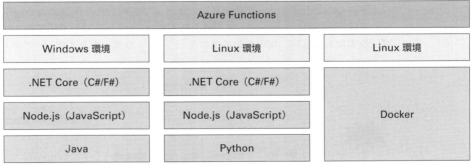

図1-6 関数を実行するランタイムと言語

Windows環境では、3つのランタイムが用意されています。.NET Coreが動作している.NET環境では、C#やF#などの.NETで利用できるプログラム言語を使用できます。

Node.jsが動作するランタイムではJavaScriptで関数を記述します。現在のところプレビュー版ではありますが、Javaのランタイムも用意されています。

同様にLinux環境でも、.NET Coreの動作環境とNode.jsが利用できる環境が用意されています。.NET CoreとNode.jsではWindowsとLinuxと同じように実装が可能でしょう。また、Linux環境ではPythonが動作するランタイムも用意されています。機械学習を使う場合には、この環境を使うことが多いと思われます。

もう1つ、Linux環境ではDockerを実行するランタイムが用意されています。Docker内には、Azure Functionsの「func init」や「func new」コマンドを使って作成できるプロジェクトが動作すると同時に、PHPなどのDocker Hubで公開されている実行環境が使えると思われます。Linux + Dockerの組み合わせの場合、Azure VMの契約が必要となり多少高価になりますが、標準で提供されていないランタイムを利用したいときに重宝するでしょう。

1.4 Azure Functionsとの連携

単体では機能しづらいAzure Functionsですが、そのシンプルさゆえに他の機能との連携能力に長けています。むしろ、他システムとの連携をするところにAzure Functionsの実力が発揮されると言ってもいいでしょう。

1.4.1 他システムからFunction Appの呼び出し

Function Appでプロジェクトを作り関数を作成すると、他システムからの呼び出し待ちになります。HTTPトリガーであれば、HTTPプロトコルを通じてGETメソッドやPOSTメソッドで呼び出されます。タイマートリガーであれば、Azure Portalなどから設定したcronから呼び出しを受けます。

サーバーレスフレームワークとしてのFunction Appは、関数として記述されたコードがプログラム言語に依らず、動作環境（OSの種別、クラウド環境、ローカルネットワークなど）にも依らないことです。内部動作としては、C#で記述されたFunction AppはC#のランタイムから呼び出され、JavaScriptで記述したものはNode.jsを通して呼び出されるのですが、外部的な面から見れば、何らかのイベント（HTTPトリガーやタイマートリガーなど）が発生し

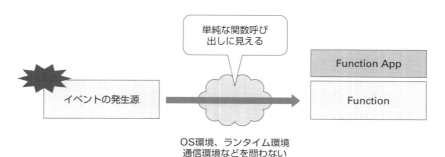

図1-7　関数の呼び出しを抽象化

たときに「呼び出される」という点が共通しています。

何らかの外部要因が発生したときに、Function Appで定義された関数が呼び出されるというシンプルさは、OSやランタイム環境、通信環境などをうまく隠すことができます（図1-7）。

たとえば、タイマートリガーを使ったFunction Appの関数はAzureで設定するcronから呼び出されることになりますが、この関数自体は呼び出されたときに処理を行うことだけに集中することができます。将来的にcron以外の呼び出し（他システムからのWebhookによる呼び出しなど）があったとしても、関数内ではそれらのイベントの発生源がどうなのかを意識する必要はありません。単純に関数の呼び出しを受けて、関数内で何らかの処理をすることに関心の範囲を狭めることができます。

この発想により、Function Appの関数がC#で記述されていたとしても、その関数の呼び出しはPHPやJavaScriptなどの他の言語で作られているものでも構いません。OSもWindowsに限らず、LinuxやmacOS、スマートフォンで動作しているAndroidやiOSでもよいのです。

基本的に、Function AppはWeb APIと同じように作ることが可能ですが、Web APIよりももっと外部と疎結合になっているところがポイントでしょう。ある意味、Web APIを外部で作っておいて、内部では複数のFunction Appの関数を呼び出すことも可能なのです。

このほかにも、イベントの発生源はデータベースのトリガーやIoT機器の接続にも概念を拡大してFunction Appとつなげることができます。

1.4.2 Azure Functionsから他システムを呼び出す

Function Appの関数が、主に他の機能から呼び出されることを想定していると同時に、Function AppがAzure内で動作していることを活用して、他のシステムを呼び出すことが用意になっています。

たとえば、Function Appが呼び出されたときに、ログファイルへの出力を行ったり特定のデータベースに書き出したりするのが典型的な例です（図1-8）。

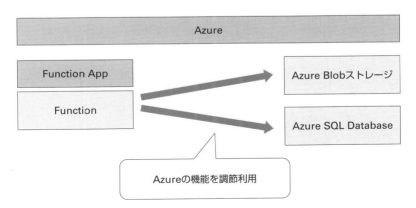

図1-8 Azureの機能を利用する

ログファイルは、Azureのストレージ機能を使うことができます。Azureのストレージへ

のアクセスは、.NET環境ではクラスライブラリ（CloudBlobClientクラスなど）を使うことにより通常のクライアントアプリと同じように作成が可能です。

データベースへの保存を考えるならば、Azure SQL Databaseを利用することにより、ローカルに作成しているSQL Serverへのアクセスと同じようにデータを扱うことができます。

当然のことながら、Function AppからデータベースのアクセスはSQL Serverだけではありません。Virtual Machine上に乗せたMySQLやPostgreSQLにアクセスすることも可能です。また、Linux環境でDockerを利用したFunction Appを作れば、Docker内部にデータベースを持たせることも可能でしょう。

また、Function Appの関数ではHttpClientクラスを利用できるので、外部で公開されているWeb APIやREST APIも呼び出せます。外部アクセスを行う場合、関数の実行時間に注意する（呼び出し先が無応答になったときのタイムアウトなど）必要はありますが、Function Appから他システムへの連携も可能となっています。

1.4.3 | Event Gridでの連携

Azure Functionsと他システムの直接的な連携のほかに、もう1つAzure Event Gridを利用する方法があります。

Event Gridは、イベントの発生源であるイベントソースとそれらに対して処理を行うイベントハンドラを結び付けます。サーバーレスであるFunction Appは、あらかじめ定義されているイベント（HTTPトリガーやタイマートリガーなど）に対応する関数を作成できますが、それらにないイベントに対してはEvent Gridを利用します。

たとえば、Azureサブスクリプションのユーザーの追加や削除に対して、何らかの処理を行うFunction Appの追加や、画像データがアップロードされたときにサイズ変更を行うようなFunction Appを作成できます。

これらの連携機能は、1つのFunction Appを多機能にして肥大化させるのではなく、よりシンプルに単機能なFunction Appを作成しておき、それらを適宜連携させることにより目的の機能を実現するほうがよいことを示しています。問題を分割統治しておくことで、将来的により良い機能が出たときも切り替えが可能になります。

第2章

Azure Portalで初めての関数を作成する

　Azure Functionsは、ブラウザでのAzure Portal上やデスクトップ環境でのVisual Studio、Visual Studio Codeなどを使って作成が可能です。Visual Studio Codeやコマンドラインツール（Azure Functions Core Tools）を使うと、macOSやLinuxからもAzure Functionsを操作できます。

　Windowsに限らない、macOSやLinuxでのAzure Functions作成環境をみていきましょう。

2.1 ポータルから.NET CoreのFunction Appを作る

　現時点でAzure Portalから作成できるAzure Functionsのプログラム言語は、Windows環境の場合には.NET言語（C#あるいはF#）、JavaScript、Javaが選択できます。それぞれのプログラム言語でのサンプルコードも揃っています。

　最初は.NET環境で動作するC#のFunction Appを作成していきましょう。

2.1.1 Azure Portalを開く

　ブラウザでAzure Portal（https://portal.azure.com/）を開きます。ポータルで開いたときに開く画面として、ホームとダッシュボードのどちらかを選択できます。ホームでは、Windows 10のスタートメニューのようにAzureで使えるサービスの一覧がアイコンで表示されます。新しいサービスを作成するときは、ホームを選択すると素早くアクセスできるでしょう。ダッシュボードは従来のAzure Portalの画面です。現在使っているAzure サービスをピン留めしておくことができます。現在実行しているサービスや開発中のサービスに素早くアクセスすることが可能です。

　ここでは最初のAzure Functionsを作るためにホーム画面を使います。

図2-1　Azure Portalで［Function App］アイコンをクリック

　ホーム画面の［Function App］のアイコンをクリックすると（図2-1）、現在作成しているAzure Functionsの一覧が表示されます（図2-2）。初めてAzure Functionsを作成するときは、リストには何も表示されません。

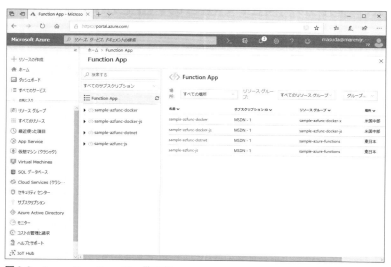

図2-2　Azure Functionsの一覧の例

　すべてのAzure Functionsが表示されているときに、リソースグループを選択することにより現在開発中のAzure Functionsなどに制限して表示することもできます。

2.1.2 Function Appを新規作成する

では、新しいAzure Functionsを作成していきましょう。左側のメニューから［リソースの作成］をクリックします。［新規］画面が表示され、作成できるサービスの一覧が表示されています。「Marketplaceを検索」と表示されているテキストボックスに「Function App」を入力します（図2-3）。

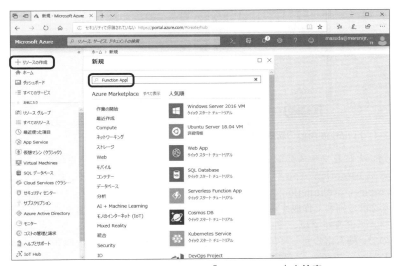

図2-3　［リソースの作成］をクリックして「Function App」を検索

一度Azure Functionsを作成すると、［最近作成］リストに「Function App」が表示されるようになります。場合によっては「Serverless Function App」と表示されることもあります。

Function Appのアイコンの下にある［クイックスタートチュートリアル］をクリックすると、Azure Functionsを作成するときに参考となるドキュメントにジャンプします。

［作成］ボタンをクリックすると、Function Appを新規に作るための設定を入力する画面が表示されます（図2-4）。

［アプリ名］はFunction Appが呼び出されるときに使われるアドレスです。azurewebsites.netのサブドメインを指定しますが、他のFunction App（他人が使ったFunction Appも含む）も含めて独自のサブドメインになるように指定します。よって、Webサービスのように早い者勝ちになるため、特定のサブドメインを取りたい場合は先に予約するとよいでしょう。ただし、Azure Functionsの場合は指定アドレスが外部で使わることはあまりなく、また独自ドメインを割り当てることも可能なので、それほど先行して取得する必要はありません。開発プロジェクト名なども含めたわかりやすい名前を付けておきましょう。ここでは「sample-azfunc-dotnet」と名前を付けています。

［サブスクリプション］は現在Azure Portalに結び付いている課金アカウントになります。課金先を振り分けるときに利用してください。

［リソースグループ］は今回作成するFunction Appやストレージ、連携するWebサービスなどをまとめておくためのグループ名になります。［新規作成］を選択して作成するFunction

図2-4　Function Appの新規作成

　Appごとにリソースグループを作成してもよいし、［既存のものを使用］を選択して既に作成済みのFunction AppやWebサービスとまとめて管理してもよいでしょう。ここでは「sample-azure-functions」というリソースグループを作成しています。
　第2章の練習で作成するFunction Appはすべてこのリソースグループに入れておきます。リソースグループは、それに含まれるサービスをリソースグループごと削除することができるので、練習用のサービスをまとめて削除するときに便利です。開発プロジェクトの場合も、同じリソースグループにまとめておくと、複数の開発プロジェクトで混乱しなくて済みます。
　［OS］はFunction Appが動作する環境で、［Windows］と［Linux］を選択できます。ここでは最初に作成するFunction Appとして、Windowsの環境で動かせるようにします。
　［ホスティングプラン］は、Function Appが動作するときの課金状態を選択します。［従量課金プラン］と［App Serviceプラン］の2つあります。従量課金プランでは、Function Appが呼び出された回数によって課金されるプランです。Function Appが呼び出される回数が少なければこのプランでよいでしょう。App Serviceプランは他のApp Serviceと同じように専用のVMが割り当てられます。VM単位で課金されるため、Function Appを呼び出した回数などは関係ありません。10分以上の長い処理をFunction Appで行わせたい場合やすでに他のサービスがVM上で動いていて稼働率が低い（Function Appを実行する余裕が十分にある）場合などに利用します。練習用には従量課金プランを使うとよいでしょう。
　［場所］はFunction Appが動作する場所を指定します。日本で利用する場合は［東日本］か［西日本］を選択しておきます。他サービスとの連携や利用するブラウザなどの場所と近いほうが、ネットワークの速度上有利になります。ただし、場所（リージョンとも呼ぶ）によっては従量課金の料金や利用できるプランに違いがあります。従量課金の価格は「Azure Functionsの価格（https://azure.microsoft.com/ja-jp/pricing/details/functions/）」で調べることができます。
　［ランタイムスタック］はFunction Appを実行するプログラム言語です。ここではC#でFunction Appを作るために［.NET］を選択しておきます。1つのFunction Appには1種類のプログラム言語のみを割り当てられます。
　［Storage］は、作成したFunction Appなどを保存するストレージです。作成するFunction

Appに対して、[新規作成]または[既存のものを使用]から選択することができます。ここでは練習用のために[新規作成]を選択して新しいストレージを作成しておきます。ストレージの名前は[アプリ名]から自動的にユニークに生成されるので、そのままでよいでしょう。

それぞれの項目を確認して[作成]ボタンをクリックします。入力にミスがあればエラーメッセージが表示されるので、適切に項目を修正します。

2.1.3 関数を作成

Function Appの作成が完了すると、右上の通知に「展開が成功しました」とメッセージが出ます。デプロイには1、2分時間がかかります。作成が成功すると、[リソースに移動]と[ダッシュボードにピン留めする]のボタンが表示されます。ここでは[リソースに移動]ボタンを押して、作成したリソースである新規作成したFunction Appを開いてみましょう。

左上にFunction Appの名前（sample-azfunc-dotnetなど）が表示されます。まだ、このFunction Appには関数は1つもありません。左側のツリー表示されている[関数]の横にある[+]記号をクリックすると、新しい関数を作ることができます（図2-5）。

図2-5　新規作成したFunction App

.NET環境でのAzure Functionsでは、4つの開発環境が用意されています。

- ひな形のコードをダウンロードして、Visual Studioを用いて開発
- ひな形のコードをダウンロードして、Visual Studio Codeを用いて開発
- 任意のエディタ（viなど）を利用して、Azure Functions Core Toolsを用いて開発
- ブラウザで表示されているAzure Portalを使って直接開発

ここでは手軽に関数の動作確認ができる[ポータル内]を使ってみましょう。[ポータル内]のアイコンをクリックして選択した後、[続行]ボタンをクリックします（図2-6）。

Asure Functions入門

図2-6　クイックスタート（開発環境を選択する）

図2-7　クイックスタート（関数の選択）

次に関数を起動するときのトリガーを選択します。ここではブラウザからのチェックが簡単な［webhook + API］を選択して［作成］ボタンをクリックします（図2-7）。

正常に関数が作成できたら、左側のリストから［関数］をクリックして、新しく作成した関数（HttpTrigger1）の内容を確認してみましょう（図2-8）。

図2-8　新しい関数 HttpTrigger1

ツリー表示の「HttpTrigger1」をクリックすると、関数の内容がブラウザに表示されます。「run.csx」というファイル名に関数が保存されていることがわかります。

関数はstaticメソッドとして定義されています。このひな形を書き換えて、自分でオリジナルな関数を作成していきます。「webhook + API」で作成した関数は、HTTPプロトコルのPOSTやGETなどを使い、関数の起動とパラメーターの受け渡しを行います。通常のHTTPサーバーで動作するASP.NETのアプリケーションやWeb APIと変わりません。

ざっと内容を解説しておきましょう（リスト2-1）。詳細は第7章で解説します。

リスト2-12　run.csx

```
#r "Newtonsoft.Json"

using System.Net;
using Microsoft.AspNetCore.Mvc;
using Microsoft.Extensions.Primitives;
using Newtonsoft.Json;

public static async Task<IActionResult>
```

20 Asure Functions 入門

```
Run(HttpRequest req, ILogger log)                              ①
{
    log.LogInformation(                                        ②
      "C# HTTP trigger function processed a request.");
    string name = req.Query["name"];                           ③
    string requestBody =                                       ④
      await new StreamReader(req.Body).ReadToEndAsync();
    dynamic data = JsonConvert.DeserializeObject(requestBody);
    name = name ?? data?.name;
    return name != null                                        ⑤
        ? (ActionResult)new OkObjectResult($"Hello, {name}")
        : new BadRequestObjectResult("Please pass a name on the
query string or in the request body");
}
```

①関数の呼び出しをstaticメソッドで記述します。引数にはHttpRequestオブジェクトと
　ILoggerオブジェクトが渡されています。HttpRequestオブジェクトを利用して、関数
　を呼び出したときのデータ（クエリ文字列のパラメーターやPOSTによるデータなど）
　を取得します。関数の戻り値はIActionResult型になります。
②動作を確認するためのログ出力をしているところです。関数をAzure Portalで実行し
　たときに確認ができます。
③クエリ文字列から「name」に対応するデータを取得しています。
④クエリ文字列から取得できなかったときに、リクエストのデータからnameデータを取
　り出しています。
⑤取り出したnameデータを「Hello, {name}」の形で呼び出し元に返しています。name部
　分は、クエリ文字で渡したデータになります。クエリ文字列が渡されてないときはエ
　ラーが発生して「Please pass a name on...」という文字列を返します。

このひな形となる関数を試しに動かしてみましょう。

2.1.4 │ 関数を実行

　ポータルで編集した関数はそのままテスト実行が可能です。何も編集せずにそのまま［実
行］ボタンをクリックしてみましょう（図2-9）。

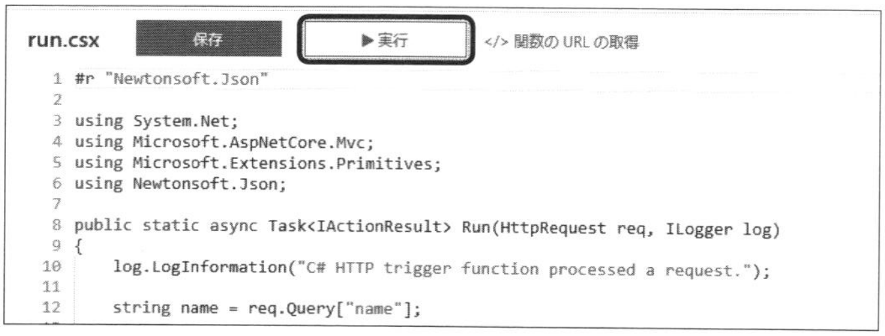

図2-9　［実行］ボタンをクリック

［実行］ボタンをクリックすると、テスト実行の結果とログが表示されます（図2-10）。

図2-10　テスト実行の結果

テストの実行結果では「Hello, Azure」と表示されます。このときにAzure Functionsに渡した引数は、要求本文に記述されています（リスト2-2）。

リスト2-2　呼び出し時の要求本文

```
{
    "name": "Azure"
}
```

nameパラメーターに「Azure」という文字列をJSON形式で設定し、POSTで送信しています。

POST形式で送信されたデータが先のRunメソッドの引数に引き渡されます。

この要求本文の「Azure」部分を書き換えることによって、「Hello, ○○」の部分が変わります。

また、テスト実行ではPOST形式（HTTPプロトコルのボディ部でデータを送る）を使っていますが、URLにデータを埋め込むGET形式（クエリ文字列を使う）を使ってテストをすることもできます。

［HTTPメソッド］のリストを［GET］に切り替え、［クエリ］の［パラメーターの追加］リンクをクリックします。クエリ文字列として引数nameに「Masuda」などの値を設定します（図2-11）。

図2-11　HTTPメソッドをGETに切り替える

これを実行すると「Hello, Masuda」のように、「Hello, ○○」の部分が変更されて、Function Appの関数が正しく呼び出されていることが確認できます（図2-12）。

図2-12　出力の確認

ログ出力を確認してみると、Functions.HttpTrigger1関数が呼び出され、メソッドの最初にある「C# HTTP trigger function processed a request.」が出力されていることが確認できます（図2-13）。

図2-13　実行時のログの例

このようにAzure Portalを利用すると、Azure Functionsを手軽に試すことが可能となっています。ポータルの編集画面では複雑なコード修正には向きませんが、簡単な動作確認や実験的なテストを手軽に繰り返すことができます。

2.2 ｜ Function Appの言語をJavaScriptに変える

.NET環境を使いC#での関数の作成ができました。今度はJavaScriptを使ってAzure Functionsを作成してみましょう。JavaScriptはNode.jsなどで使われるスクリプト形式のプログラミング言語です。.NETのクラスライブラリと同様に便利なライブラリがOSSなどで用意されています。Node.jsの登場からサーバーサイドでも幅広く使われている言語ですので、JavaScriptでの使い方も覚えておきましょう。

2.2.1 Function Appを作成する

　1つのFunction Appの環境では、1つのプログラム言語あるいは実行環境しか動作しません。このため、.NET環境で動作するC#で作成したFunction Appとは別に、JavaScriptが動作するFunction Appを作ります。

　C#のFunction Appを作ったときと同様に、左側のメニューから［リソースの作成］をクリックし、［最近作成］のリンクをクリックしてみましょう（図2-14）。すでにFunction Appを作成したことがあるので［Function App］のアイコンが表示されているはずです。このアイコンをクリックして、JavaScriptで動作する新しいFunction Appを作ります。

図2-14　［リソースの作成］をクリックして［最近作成］のリストを表示

図2-15　Function Appの新規作成

C#でFunction Appを作ったときと同じように各種の設定をしていきます。基本は同じ設定になるので、違う部分だけを説明していきます（図2-15）。
　［アプリ名］は呼び出されるFunction Appによってユニークになるように作成します。ここではC#で作成したアプリ名と異なるように「sample-azfunc-js」と名前を付けています。
　［OS］はWindowsのままにしておき、［ランタイムスタック］をJavaScriptに変更します。ここをJavaScriptに変更することによって、Function Appの動作環境がJavaScriptのランタイムに変わります。
　［リソースグループ］や［Storage］などは、いまのところ適当につけておいてください。リソースグループは［既存のものを使用］に設定しておき、練習用のリソースグループ（sample-azure-functionsなど）を選択しておくと、一気に削除できるので便利です。
　それぞれの項目を確認して［作成］ボタンをクリックします。

2.2.2 関数を作成

　C#でのFunction App作成と同じように、通知欄に「デプロイを実行しています」のメッセージが1～2分ほど表示された後に「展開が成功しました」というメッセージに変わります。［リソースに移動］ボタンをクリックして、作成できたJavaScriptのFunction Appを確認します（図2-16）。

図2-16　新規作成したFunction App

左上に名前（sample-azfunc-jsなど）が表示され、関数が1つもない状態のFunction Appが表示されます。左側のツリー表示されている［関数］の横にある［＋］記号をクリックして新しい関数を作ります。

JavaScriptで関数を作成する場合は、C#とは違って「Visual Studio」を除いた次の3つの開発環境が利用できます。

- ひな形のコードをダウンロードして、Visual Studio Codeを用いて開発
- 任意のエディタ（viなど）を利用して、Azure Functions Core Toolsを用いて開発
- ブラウザで表示されているAzure Portalを使って直接開発

Azure Functions Core Toolsを利用して任意のエディタを使う場合は、Node.jsの開発で使われるCloud9を使ってもよいでしょう。AtomやEclipseなどを使うこともできます。

今回はC#と同様に手軽に関数の動作確認ができる［ポータル内］の方法を使っていきます。［ポータル内］のアイコンをクリックして選択した後、［続行］ボタンをクリックします。

図2-17　クイックスタート（関数の選択）

ここでは関数を起動するときのトリガーは、C#のときと同じように［webhook + API］を選択します（図2-17）。［作成］ボタンをクリックすると、「HttpTrigger1」関数がひな形として作成されます（図2-18）。

図2-18 新しい関数 HttpTrigger1

　関数名はC#の時と同じ「HttpTrigger1」という名前ですが、中身は同じものではありません。関数名はFunction Appのアプリ名（サブドメイン名）ごとにユニークになるため、それぞれの関数名はユニークになります。ちょうど、クラス名とメソッド名の関係と同じです。無理に長い名前を付ける必要はないので、わかりやすい名前を付けてください。
　JavaScriptの関数はモジュール単位の関数として定義されています（リスト2-3）。このひな形を書き換えて思ったように動作できる関数を作っていきます。[webhook + API]で作成した関数は、HTTPプロトコルのPOSTやGETなどを使い、関数の起動とパラメーターの受け渡しを行います。JavaScriptでは、関数の呼び出し時に引き渡された変数reqを使うことにより、GETでのクエリ文字列やPOSTで渡されたJSON形式のデータを取り出します。

リスト2-3　index.js

```
module.exports = async function (context, req) {         ①
    context.log(                                          ②
      'JavaScript HTTP trigger function processed a request.');
    if (req.query.name || (req.body && req.body.name)) { ③
        context.res = {
            // status: 200, /* Defaults to 200 */
            body: "Hello " + (req.query.name || req.body.name)
        };
    }
    else {
        context.res = {                                   ④
            status: 400,
```

```
                body: "Please pass a name on the query string or in ⮑
the request body"
            };
    }
};
```

① 関数の呼び出しをmodule.exportsに設定します。関数の引数には、リクエストのオブジェクトであるreqと、HTTPプロトコルで利用されるコンテキスト全体を示すcontextが引き渡されます。
② 動作を確認するためにログを出力しています。
③ GETで使われるクエリ文字列あるいはPOSTデータから「name」に対応するデータを取り出しています。
④ どちらのデータもないときには、HTTPプロトコルのステータス「400」でエラーメッセージを返します。「400」は「リクエストが不正である」の意味です。

では、このひな形となる関数を試しに動かしてみましょう。

2.2.3　関数を実行

ポータルで編集した関数はそのままテスト実行が可能です。何も編集せずにそのまま［実行］ボタンをクリックします（図2-19）。

図2-19　［実行］ボタンをクリック

［実行］ボタンをクリックすると、C#と同じようにテストの結果とログが表示されます（図2-20）。

図2-20　テストの結果

テストの実行結果はC#のときと同じように「Hello, Azure」と表示されます。リスト2-4のように要求本文にJSON形式が使われているため、リスト2-3の③の場所でJSON形式のPOSTデータが解釈されています。

リスト2-4　呼び出し時の要求本文

```
{
    "name": "Azure"
}
```

このJSON形式のデータを「Azure」から「masuda」に変更したり、HTTPメソッドをGETに切り替えたりしながら、動作を確認しておきましょう。C#のときと同じように関数呼び出しが行われ、正しくクライアント（ここでは出力画面）に結果が表示されていることを確認します。

図2-21　ログの確認

ログ出力を確認してみると、HttpTrigger1関数が呼び出され、メソッドの最初にある「JavaScript HTTP trigger function processed a request.」が出力されていることが確認できます（図2-21、リスト2-5）。

リスト2-5　実行時のログの例

```
2019-03-08T06:30:43  Welcome, you are now connected to log-streami
ng service.
2019-03-08T06:33:07.551 [Information] Executing 'Functions.HttpTri
gger1' (Reason='This function was programmatically called via the
 host APIs.', Id=44c3e8ec-81d0-4d9a-9cf0-e9e4e6cfbaab)
2019-03-08T06:33:07.747 [Information] JavaScript HTTP trigger func
tion processed a request.
2019-03-08T06:33:08.012 [Information] Executed 'Functions.HttpTrig
ger1' (Succeeded, Id=44c3e8ec-81d0-4d9a-9cf0-e9e4e6cfbaab)
2019-03-08T06:34:43  No new trace in the past 1 min(s).
```

JavaScriptの関数（Functions.HttpTrigger1）が正常に呼び出されていることを確認しておきましょう。

2.3 動作環境をLinuxに変えてみる

これで2つのFunction Appができました。どちらもWindows環境で動くFunction App（.NET環境とJavaScript）ですが、Azure FunctionsにはLinuxで動作する関数も作れるので、これを確認しておきましょう。

Linux環境にも.NET環境（.NET Core）があります。.NET Coreを使うと、WindowsでもLinuxでも同じようにプログラムを動作させることができます。Linux環境では、JavaScriptを使った動作もできますが、ここでは.NET環境を使ってみます。

2.3.1 Function Appを作成する

JavaScriptでFunction Appを作ったときと同じように、Linux環境で動作するFunction Appを新しく作ります。

Windows環境のFunction Appを作ったときと同様に、左側のメニューから［＋リソースの作成］をクリックし、［最近作成］のリンクをクリックしてみましょう。すでにWindows環境のFunction Appを作成したことがあるので、Function

図2-22　［最近作成］のリスト

Appのアイコンが表示されています。このアイコンをクリックして、Linuxで動作する新しいFunction Appを作ります。

図2-23 Function Appの新規作成

　Windows環境でFunction Appを作ったときと同じように設定をしていきます。動作環境が異なると少し設定項目が変わってきます。Windows環境とLinux環境の違いを示しながら解説します。
　［アプリ名］は呼び出されるFunction Appによってユニークになるように作成します。ここでは「sample-azfunc-linux-dotnet」と名前を付けています。
　［OS］は［Linux］に変更します。［公開］方法が［コード］と［Dockerイメージ］の2つから選べるようになります。［コード］のほうはWindows環境と同じようにLinux上で.NET環境やJavaScriptの動作環境上でプログラムが動きます。［Dockerイメージ］はLinux上でDockerをホストさせる方法です。Docker上に各種のソフトウェアを入れ込むため、関数から使うライブラリなどを自由にインストールすることが可能になります。ただしその分、起動に時間がかかるかもしれません。関数をコンパクトに起動したい場合は、Windows環境と同じように［コード］を選択しておきます。
　ここでは［コード］を選択して、ランタイムスタックを［.NET］にしておきましょう。Linux環境で利用できるランタイムスタックは、.NET環境やJavaScriptのほかにPythonが使えるようになっています。

2.3.2　関数を作成

　設定を終えて［作成］をクリックすると、Windows環境でのFunction App作成と同じように、通知欄に「デプロイを実行しています」のメッセージが1〜2分ほど表示された後に「展

開が成功しました」というメッセージに変わります。

［リソースに移動］ボタンをクリックして、作成したLinux環境のFunction Appを確認します（図2-24）。

図2-24　新規作成したFunction App

左上に名前（sample-azfunc-linux-dotnetなど）が表示され、関数が1つもない状態のFunction Appが表示されます。ただし、左側のツリー表示されている［関数］が（読み取り専用）となり、追加のための［＋］記号はありません。

Linuxの場合には、クライアントからコマンドラインであるAzure Functions Core Toolsを使って関数のコードをアップロードする必要があります。Azure Functions Core Toolsのインストールについては「付録A.2 Azure Functions Core Tools」を参照してください。

コマンドラインあるいはターミナルで「func」コマンドを使ってAzure Functionsの関数を作成します。ここでは、WSL（Windows Subsystem for Linux）を利用したUbuntuのターミナルを使って、Azure Functionsの関数を作ってみましょう。

リスト2-6　ローカルでプロジェクトを作成

```
func init <プロジェクト名>
```

ローカルでプロジェクトの作成や関数の作成などはfuncコマンドを使います。funcコマンドでは1つめの引数にサブコマンドを指定して利用します。「func init」では、Function Appのためのプロジェクトとローカルのgitレポジトリの作成を行います（リスト2-6）。

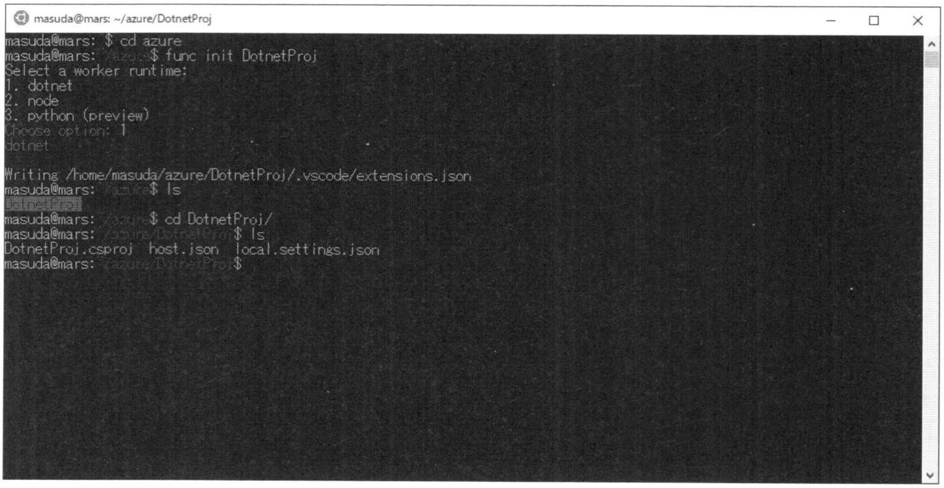

32 Asure Functions入門

図2-25　ローカルプロジェクトの作成

　func initを実行すると、Azure FunctionsのLinux環境で実行できるランタイム環境を選択できます。dotnet（.NET環境）、node（JavaScript）、Pythonから1つを選択します。Linuxのターミナルの場合は番号を指定します。Azure内に作成したFunction Appのランタイムに合わせて「dotnet」を選択します（図2-25）。

　作成したプロジェクトフォルダーの中には、C#のプロジェクトファイル（*.csproj）といくつかの設定ファイル（*.json）があります。.NET Coreランタイムのバージョンなどは、この設定ファイルを書き換えることで変更が可能です。

リスト2-7　新しい関数を追加

```
func new
```

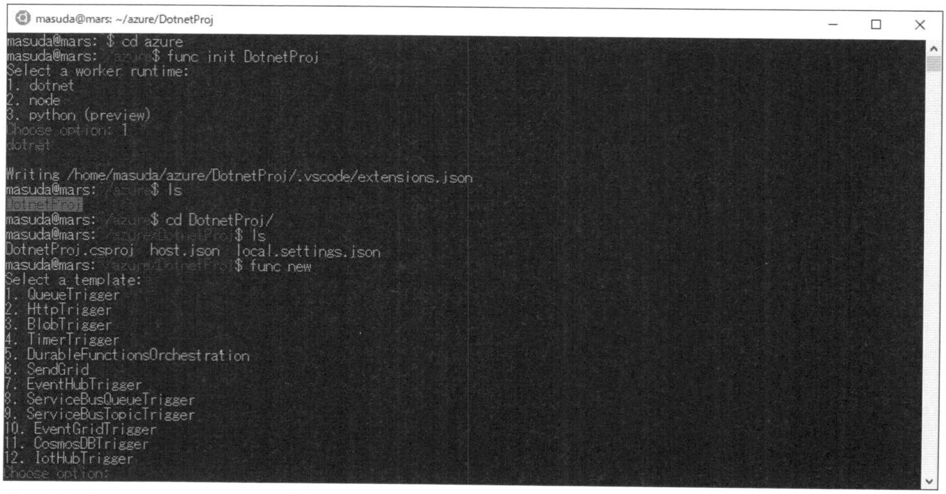

図2-26　func newコマンドの実行

プロジェクトフォルダーの中には関数のコードはありません。関数で実行するコードは「func new」コマンドでプロジェクトに追加します（リスト2-7）。

func newコマンドを実行すると、作成するトリガーのひな形を選択できます（図2-26）。ここでは「webhook + API」にあたる「HttpTrigger」を選択してください。関数の名前はFunction Appにアップロードされる関数になります。ここでは「SampleTrigger1」という名前を設定したので、「SampleTrigger1.cs」というファイルが作成されます（リスト2-8）。作成されたファイルをVSCodeなどで中身を確認してみましょう。

リスト2-8　**SampleTrigger1.cs**

```csharp
using System;
using System.IO;
using System.Threading.Tasks;
using Microsoft.AspNetCore.Mvc;
using Microsoft.Azure.WebJobs;
using Microsoft.Azure.WebJobs.Extensions.Http;
using Microsoft.AspNetCore.Http;
using Microsoft.Extensions.Logging;
using Newtonsoft.Json;

namespace TestProj
{
    public static class SampleTrigger1                              ①
    {
        [FunctionName("SampleTrigger1")]                           ②
        public static async Task<IActionResult> Run(              ③
            [HttpTrigger(AuthorizationLevel.Function,
                "get", "post", Route = null)]
            HttpRequest req, ILogger log)
        {
            log.LogInformation(                                    ④
              "C# HTTP trigger function processed a request.");
            string name = req.Query["name"];
            string requestBody =
              await new StreamReader(req.Body).ReadToEndAsync();
            dynamic data =
              JsonConvert.DeserializeObject(requestBody);
            name = name ?? data?.name;
            return name != null
                ? (ActionResult)new OkObjectResult($"Hello, {name⮡
}")
                : new BadRequestObjectResult("Please pass a name ⮡
on the query string or in the request body");
        }
    }
}
```

①関数を定義するクラスをstaticで記述します。

②Azure Functionsとして呼び出される関数名を属性で指定しておきます。

③関数の呼び出し形式はWindows環境と同じものです。HttpTrigger属性には、認証の方法、メソッドの種類（GETとPOST）が指定されています。

④そのあとログ出力やパラメーターの取得方法などはWindows環境のHttpTriggerのひな形と変わりません。

　HttpTriggerのひな形の書き方が、Windows環境とLinux環境のものと少し異なりますが、大まかなところは変わりません。動作環境は、.NET Coreであるため、どちらも同じように.NETクラスライブラリを利用できます。usingで指定される名前空間も、Windows/Linuxのどちらも同じものを使えます。

　macOSを利用してAzure Functionsの関数を開発する場合もLinuxと同様になります。ターミナルを開き、funcコマンドを使ってプロジェクトや関数の作成を行います。あるいは、VSCodeの拡張機能を使って作成してもよいでしょう。VSCodeを使う場合は、「2.5 Visual Studio Code でひな形を作る」を参考にしてください。

2.3.3 | 関数をテスト実行

　ターミナルやコマンドラインを使ってfuncコマンドで作成した関数は、ローカル環境でテストができます。Azureへのデプロイを数多く繰り返すと課金が発生するために、まずはローカル環境で動作確認をしておきます。Azure特有の機能を使う場合には、ローカル環境では動かないこともあります。あるいは、Azureのストレージを頻繁に利用する場合は、ローカル環境で動作させるとネットワークのスピード上、少し実行時間が遅くなる可能性があります。それ以外の場合は、ローカル環境でテストを繰り返すと開発効率が良いです。

リスト2-9　ローカル環境でのテスト実行

```
func host start
```

　ローカル環境でのテスト実行には「func host start」コマンドを使います（リスト2-9）。

　func host startを実行すると自動的にコードがビルドされ（同時にNuGetによるライブラリの復元も行われます）、テスト実行を行うとデフォルトでポート7071番を使ってHTTPサーバーが起動します（図2-27、図2-28）。

　ここでは、ブラウザから「http://localhost:7071/api/SampleTrigger1」へアクセスすることにより、作成した関数を実行させることができます。

　ブラウザのURLアドレスに「http://localhost:7071/api/SampleTrigger1?name=masuda」のように入力して、画面を開いてみましょう（図2-29）。

　Azure Portalで実行したときと同じように「Hello, masuda」が返されていることが確認できます。同時にターミナルには、ログが出力されていることを確認してください。

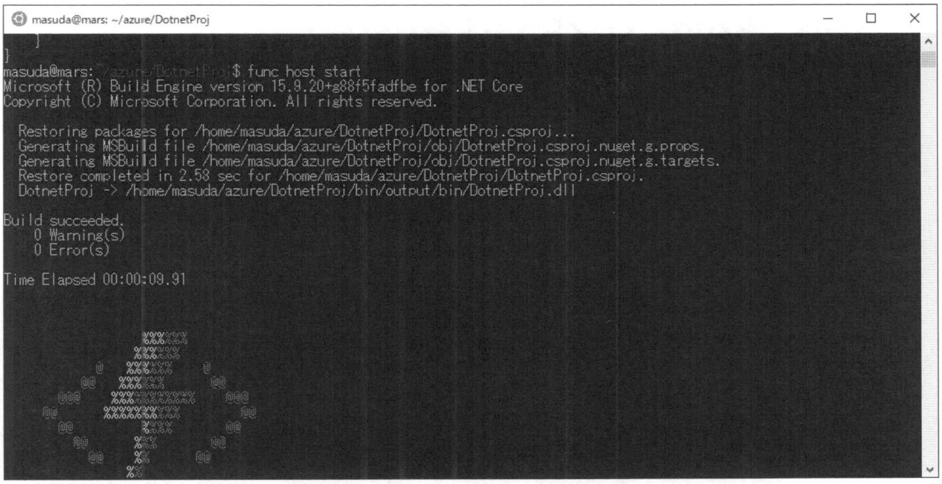

図2-27　テスト実行(1)

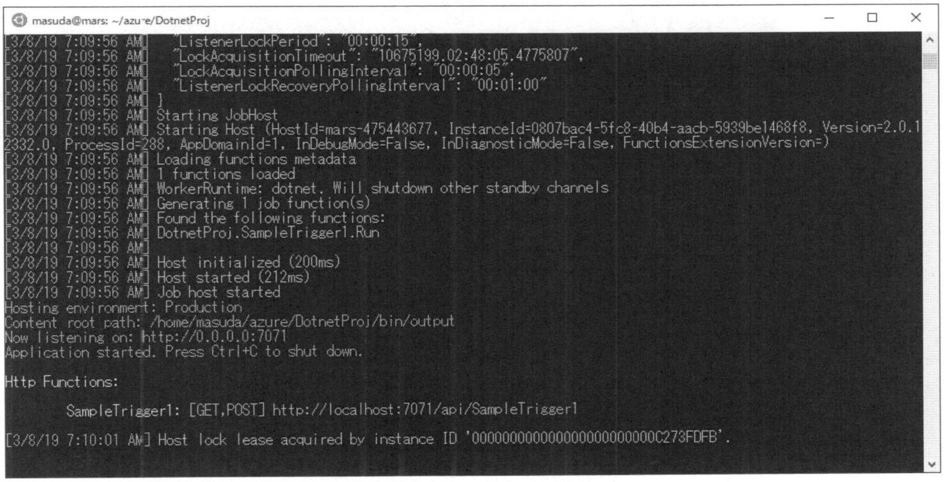

図2-28　テスト実行(2)

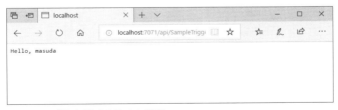

図2-29　ブラウザでのテスト実行

2.3.4 Azureへデプロイして実行

　ローカルで作成した関数プログラムをAzure上のFunction Appへデプロイします（リスト2-10）。デプロイ先はFunction Appを作ったときのアプリ名になります。たとえば、アプリ名が「sample-azfunc-linux-dotnet」の場合には、「func azure functionapp publish sample-azfunc-linux-dotnet」でAzureへデプロイを行います（図2-30）。

図2-30　デプロイの実行

リスト2-10　**Azure**へデプロイ

```
func azure functionapp publish <アプリ名>
```

図2-31　追加された関数一覧

デプロイをするときはあらかじめプロジェクトのフォルダーで「az login」を実行しておきます。デプロイ先のAzureアカウントとのログイン認証を行います。

デプロイが成功すると、登録先のFunction Appの関数一覧にデプロイした関数が追加されます。ここでは「SampleTrigger1」が追加されています（図2-31）。

読み取り専用のため関数の内容（コード）を見ることはできませんが、テスト実行をすることはできます。［HTTPメソッド］で［GET］を選択して、クエリのパラメーター追加を行い、nameパラメーターの値を「masuda」に設定します。このようにして［実行］ボタンをクリックすると、関数をテストできます。

実行結果は「Hello, masuda」になります。ログ出力をみて「SampleTrigger1」が正常に呼び出されていることを確認しておきましょう（図2-32）。

図2-32　ログ出力

このように、Windows環境での.NET（C#）とJavaScript、Linux環境での.NET（C#）のそれぞれでAzure Functionsを作れることがわかりました。動作環境によって少しだけ関数の作り方は異なりますが、.NETであれば（あるいはJavaScriptであれば）同じコードを使ってWindows/Linuxの双方の動作環境を使えます。Function Appの動作環境は利用する機能やライブラリによって選択していきます。

2.4 Visual Studioでひな形を作る

これまではAzure Portalを使ってAzure Functionsのコードを書いてきましたが、ブラウザ上でのコード編集は規模が大きくなるとなかなか大変です。今回のようにちょっとしたテストには最適でしょうが、外部ライブラリの追加や更新、クラス設計をした後のコーディング、そして動作確認と本格的なテストを考えると、統合開発環境（IDE）を使いたいところです。

Azure Functionsの作成は当然のことながらブラウザ以外でもできます。まずは、Visual Studioを使ったFunction Appの関数作成方法を解説していきましょう。

2.4.1 新しいAzure Functionsを作成

　Visual Studioを起動して、[ファイル]メニューから[新規作成]→[プロジェクト]を選択します。[新しいプロジェクト]ダイアログで、左側のテンプレートから[Visual C#]→[Cloud]を選びます。

　テンプレートリストから[Azure Functions]を選んで、プロジェクトの名前を入力して[OK]ボタンを押します(図2-33)。

図2-33　[新しいプロジェクト]ダイアログ

　作成するトリガーを選択します。URLアドレスを使う場合は[HTTP trigger]を選択します。Azure Portalで選択した[webhook + API]と同じHTTPトリガーになります。

図2-34　トリガーの選択

第**2**章　Azure Portalで初めての関数を作成する　　**39**

　　［ストレージアカウント］は［ストレージ エミュレーター］、［Account rights］は
［Function］のままで使います（図2-34）。
　　［OK］ボタンを押すとFunction Appのプロジェクトが作成できます。

2.4.2 ┃ 作成した関数の確認

　　では、作成された関数のコードを見ていきましょう（リスト2-11）。コードの中身は、Linux
環境で作成した.NETの関数とほとんど変わりません。using部分が少しだけ変わりますが、
関数の内容はWindows環境での.NET（C#）もLinux環境での.NET（C#）も同じものが使わ
れていることがわかります。
　　プロジェクトはHttpTriggerが使われています。

リスト2-11　**Function1.cs**

```
using System.IO;
using Microsoft.AspNetCore.Mvc;
using Microsoft.Azure.WebJobs;
using Microsoft.Azure.WebJobs.Extensions.Http;
using Microsoft.AspNetCore.Http;
using Microsoft.Azure.WebJobs.Host;
using Newtonsoft.Json;

namespace FunctionApp1
{
    public static class Function1
    {
        [FunctionName("Function1")]                          ①
        public static IActionResult Run(
          [HttpTrigger(AuthorizationLevel.Function,
            "get", "post", Route = null)]
            HttpRequest req, TraceWriter log)
        {
            log.Info(
              "C# HTTP trigger function processed a request.");
            string name = req.Query["name"];
            string requestBody =
              new StreamReader(req.Body).ReadToEnd();
            dynamic data =
              JsonConvert.DeserializeObject(requestBody);
            name = name ?? data?.name;
            return name != null
            ? (ActionResult)new OkObjectResult($"Hello, {name}")
            : new BadRequestObjectResult("Please pass a name on ➋
the query string or in the request body");
        }
    }
}
```

関数名は、①のようにFunctionName属性を使って指定します。ここではプロジェクト名の「FunctionApp1」から作成した「Function1」という関数名がつけられています。「FunctionApp1」はアセンブリ名（DLLの名前）となり、「Function1」はクラス名としても使われています。

2.4.3 関数のテスト実行

通常のWebアプリケーションと同じように、Visual Studio上からデバッグ実行ができます。ローカル環境でHTTPサーバーを実行し、クライアント（ブラウザなど）からの要求を受け付けるようになります。

標準ツールバーの実行ボタン（[Function1]と表示されているボタン）あるいはF5キーを押してデバッグ実行を開始します。

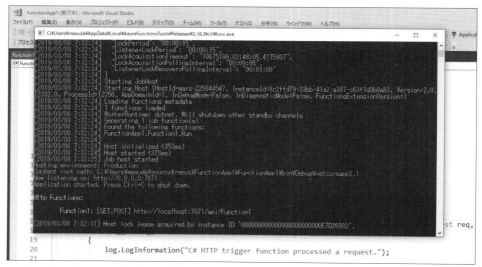

図2-35　実行時のコマンドプロンプト

ビルドが正常に行われてデバッグ実行が開始すると、コマンドプロンプトでエミュレーターが実行されます（図2-35）。ここではFunction Appのアドレスは「http://localhost:7071/api/Function1」となっています。

Azure Portalのようにテスト実行をしてみましょう。ブラウザでURLアドレスを「http://localhost:7071/api/Function1?name=masuda」のようにクエリ文字列を設定します。こうすると、GETメソッドが呼び出されます。

ブラウザでの表示が「Hello, masuda」になります（図2-36）。クエリ文字列のnameに渡す値をいろいろと変えて確認してみましょう。

図2-36　GETメソッドで実行

2.4.4 関数を発行

　作成したFunction AppのプロジェクトをAzureへデプロイしてみましょう。デプロイ（発行）の方法は2種類あります。Azure上に新規にFunction Appを作成してデプロイする方法と、すでにAzure上に作成されているFunction Appに上書きする方法です。

　既存のFunction Appに上書きする場合は、OSが「Windows」環境であり、ランタイムを.NET環境で揃えます。動作している.NET Coreのバージョンも同じにしておきます。

　ここでは、新規にプロファイルを作って新しいFunction Appとしてデプロイをします。プロファイルはデプロイ先のアカウントや設定などをまとめて保存しておくデータです。プロファイルの情報だけを保存しておき、別の開発PCでプロファイルをインポートして利用することも可能です。

　ソリューションエクスプローラーでプロジェクトを右クリックし、［発行］メニューを選択します。

　［発行先を選択］ダイアログで、左のリストから［Azure 関数アプリ］を選択し、［Azure App Service］で［新規選択］を選びます。右下の［発行］ボタンをクリックして、Azureへデプロイをします（図2-37）。プロファイルだけを作成する場合は、▼ボタンをクリックして［プロファイルの作成］を選んでください。

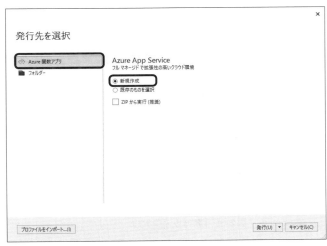

図2-37　発行先を選択

既にAzureへのアカウントに結び付けている場合は、そのまま［App Serviceの作成］ダイアログが表示されます（図2-38）。まだ、結び付けていない場合や別のアカウントを使う場合は、適切なMicrosoftアカウントを選択してください。

図2-38　App Service の作成

　アプリ名やリソースグループなどが自動で入力された状態になります。たとえばアプリ名はユニークになるように「FunctionApp120190308043722」のように設定されているので、これを適切なものに書き換えます。アプリ名を書き換えた場合、アプリ名が「azurewebsites.net」のサブドメインとしてユニークであるかどうかがチェックされます。既に利用されている場合は、別のアプリ名を指定します。リソースグループ名やホスティングプランなども再確認しておきましょう。

　［作成］ボタンをクリックすると、［発行］ウィンドウが表示されます（図2-39）。

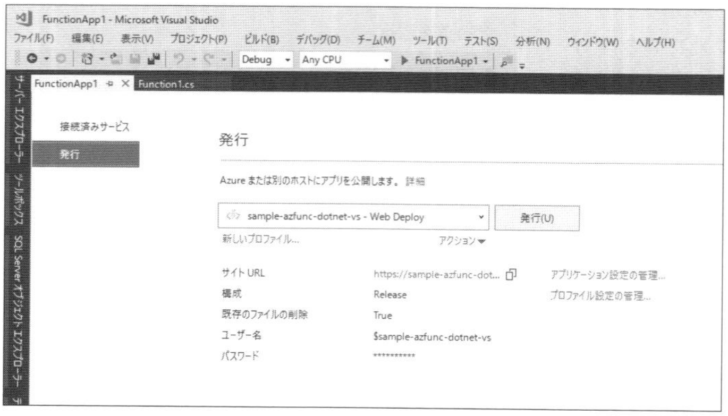

図2-39　発行ウィンドウ

無事発行（デプロイ）が終わったら、Azure Portal（https://portal.azure.com/）を開いてデプロイされたFunction Appを確認しておきましょう。

Function Appはアセンブリとして登録されるので、関数はLinux環境と同じように（読み取り専用）となっています（図2-40）。

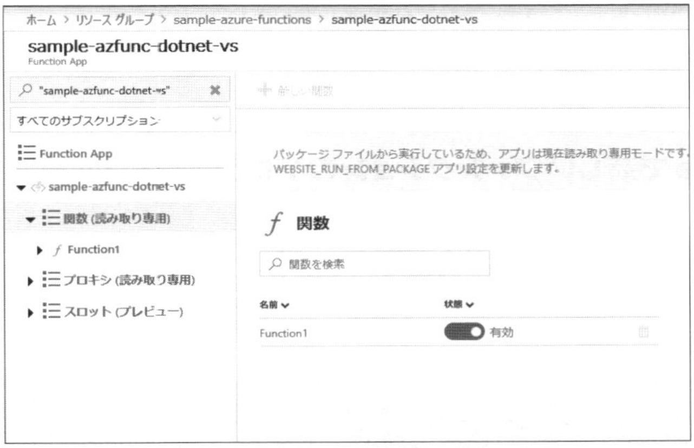

図2-40　Azure PortalでのFunction Appの確認

関数のテスト実行はAzure Portal上でFunction Appを編集したときと同じように可能です。[HTTPメソッド] を [GET] に変更して、nameパラメーターを追加して値を「masuda」のように設定します。[実行] ボタンをクリックして、戻された出力やログの状態を確認してみましょう（図2-41）。

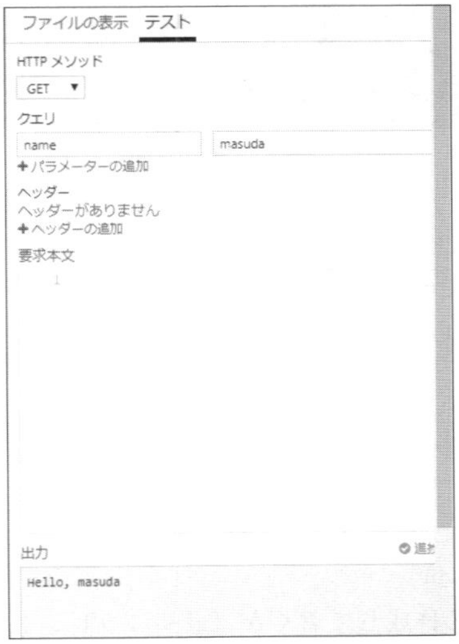

図2-41　Azure Portal上でのテスト実行

2.5 Visual Studio Code でひな形を作る

　Visual Studio（Visual Studio 2017や2019）の場合はWindows上で動かす必要がありますが、Visual Studio Code（以下、VSCodeと略す）はLinuxやmacOSでも動作させることができます。VSCodeに「Azure Functions 拡張機能」を追加することで、Visual Studioと同じようにローカル環境でのテスト実行やAzureへのデプロイを行えます。

2.5.1 VSCodeで新しいファンクションのプロジェクトを作成

　「Azure Functions 拡張機能」は、https://marketplace.visualstudio.com/items?itemName=ms-azuretools.vscode-azurefunctions あるいは、VSCodeの［拡張機能］アイコンをクリックして「Azure Functions」と検索してインストールすることができます。

図2-42　Azure Functions拡張機能

　執筆時点（2019年3月）の段階ではプレビュー版ですが、Function Appプロジェクトの作成からビルド、テスト実行、デプロイまでのひと通りの流れが実装されています。執筆時はプレビュー版のため、正式版では少し動作が違うかもしれません。その部分は適宜読み替えてください。
　VSCodeにAzure Functions拡張機能をインストールすると、左端のメニューに［Azure］のアイコンが表示されます。これをクリックして、Azure Functionsのメニューアイコンを表示させます（図2-43）。
　一番左の［Create New Project］アイコンをクリックして、Function Appのプロジェクトを作成するフォルダーを選択します（図2-44）。
　プロジェクトのフォルダーはあらかじめ作成しておくか（最初にカレントフォルダーが表示されます）、上部のコマンドパレットで［Browse］を選択してフォルダーを指定します。
　次にFunction Appが実行するプログラム言語を選びます（図2-45）。C#、JavaScript、Python、Javaを選択できます。ここでは、.NET環境で動作するC#を選択します。

図2-43 [Azure]アイコンとAzure Functions
メニューアイコン

図2-44 プロジェクトフォルダーの選択

図2-45 Function Appの言語選択

プロジェクトが作成されると、プロジェクトファイル（*.csproj）などが生成されたフォルダーがVSCodeのワークスペースに追加されます。

次に［Create Function］のアイコンをクリックして、プロジェクトに関数のコードを追加します。

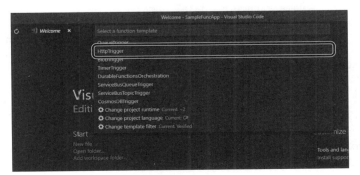

図2-46 追加できるトリガーを選択

関数を追加するワークスペースを選択すると、追加できるトリガーが表示されます（図2-46）。ここでも［HttpTrigger］を選択して、URLアドレスを使い利用できるようにしましょう。自動的に生成された関数名（HttpTriggerCSharpなど）や名前空間（Company.Function）を適切に変更します。ただし、今回は実験プログラムなのでそのまま利用しています。認証（AccessRights）は［Function］のままでよいでしょう。

これによりFunction Appプロジェクトに関数のコードが追加されます（リスト2-12）。

リスト2-12 **HttpTriggerCSharp.cs**

```csharp
using System;
using System.IO;
using System.Threading.Tasks;
using Microsoft.AspNetCore.Mvc;
using Microsoft.Azure.WebJobs;
using Microsoft.Azure.WebJobs.Extensions.Http;
using Microsoft.AspNetCore.Http;
using Microsoft.Extensions.Logging;
using Newtonsoft.Json;

namespace Company.Function
{
    public static class HttpTriggerCSharp
    {
        [FunctionName("HttpTriggerCSharp")]
        public static async Task<IActionResult> Run(
            [HttpTrigger(AuthorizationLevel.Function,
            "get", "post", Route = null)]
            HttpRequest req,
            ILogger log)
        {
            log.LogInformation(
            "C# HTTP trigger function processed a request.");
            string name = req.Query["name"];
            string requestBody =
                await new StreamReader(req.Body).ReadToEndAsync();
            dynamic data =
                JsonConvert.DeserializeObject(requestBody);
            name = name ?? data?.name;
            return name != null
            ? (ActionResult)new OkObjectResult($"Hello, {name}")
            : new BadRequestObjectResult("Please pass a name on ⮐
the query string or in the request body");
        }
    }
}
```

できあがった関数は、名前空間の設定など少し異なるだけで、他のHttpTriggerのひな形と変わりません。このコードを修正しながら関数を作成していきます。

2.5.2 | テスト実行する

　Visual Studioと同じようにVSCode上からもテスト実行（デバッグ実行）が可能です。［デバッグ］メニューから［デバッグの開始］を選択するかF5キーを押して、デバッグ実行をします。ターミナルウィンドウが開き、Azureのエミュレーターが実行されます（図2-47）。

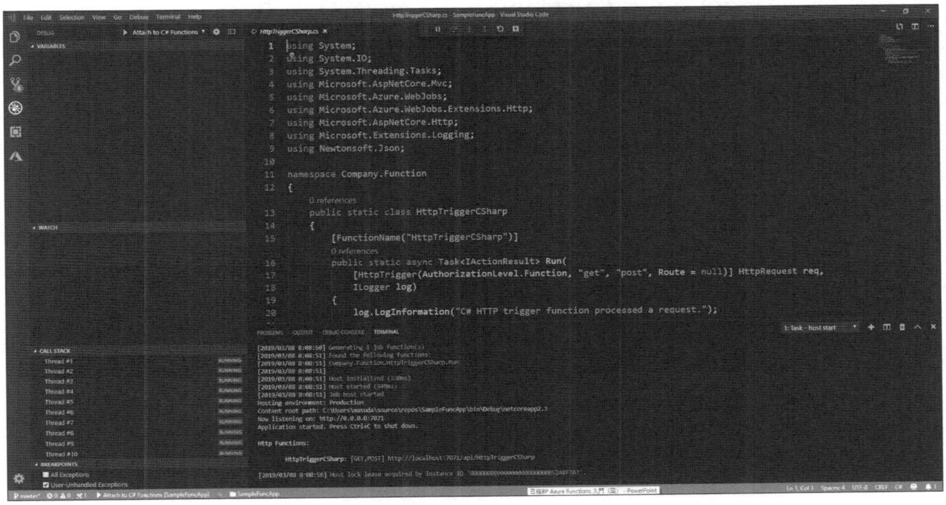

図2-47　ターミナルウィンドウ

　ターミナルウィンドウで表示されるURLアドレス（http://localhost:7071/api/HttpTrigger CSharp など）にカーソルを当てて、Ctrlキーを押しながらクリックするとブラウザが開きます。
　ブラウザの表示ではクエリ文字列を設定していないためにエラーになるので、「http://localhost:7071/api/HttpTriggerCSharp?name=masuda」のようにパラメーター name に値を入れてブラウザで再表示をさせます。「Hello, masuda」のように表示されれば成功です。
　URLの呼び出しに従って、VSCodeのターミナルウィンドウにログが出力されます。

2.6 | コマンドラインでひな形を作る

　Function Appのプロジェクトや各種の関数は、Visual StudioやVSCode以外でもコマンドラインで作成できます。Azure CLIをインストールすると「func」コマンドが使えるようになります。「func」コマンドでは、.NET Coreの各種プロジェクトを扱う「dotnet」コマンドのように、コンテキスト（context）とアクション（action）を組み合わせてさまざまな機能が使えます。

2.6.1 | func init コマンド

　Function App プロジェクトは「func init」コマンドを使ってプロジェクトフォルダーを作成します（リスト2-13）。作成したフォルダーの中には、ソースコードを管理するためのGitの設定（.gitignore）とAzure Functionsのバージョンファイル（host.jsonなど）が作られます。Function AppをC#で作るようにランタイム環境を「dotnet」にした場合は、C#のプロジェクトランタイムの指定は「dotnet」、「node」、「python」から選択できます。「dotnet」はC#のプロジェクトを作成し、「node」はJavaScriptのプロジェクトを作成します。

リスト2-13　C#プロジェクトを作成

```
func init --worker-runtime dotnet <プロジェクト名>
```

　「func init <プロジェクト名>」とすると、実行するランタイム環境の選択肢が表示されますが、あらかじめオプションを使いランタイム環境を指定することもできます。プロジェクトファイル（*.csproj）も一緒に作成されています。

　func init コマンドで指定できるオプションは以下の通りです（リスト2-14）。

リスト2-14　`func init` コマンド

```
init Create a new Function App in the current folder.
Initializes git repo.
    --source-control Run git init. Default is false.
    --worker-runtime Runtime framework for the functions.
                     Options are: dotnet, node, python
    --force          Force initializing
    --docker         Create a Dockerfile based on the selected
                     worker runtime
    --csx            use csx dotnet functions
```

　.NETのアセンブリ作成やJavaScriptのコード作成だけではなく、Function AppをDockerファイルで動作させる場合は--dockerオプションを指定します。このときDockerfileも同時に作成されます。

　アセンブリを作成するC#コードではなく、Azure Portalで作成するようなC#スクリプトを指定する場合は--csxオプションを指定します。

2.6.2 | func new コマンド

　Function Appプロジェクトのフォルダーが作成できたら、動作する関数ファイルを作成します。func newコマンドでは、作成する関数のテンプレートを指定してコードファイルを作成します（リスト2-15）。たとえば、HTTPトリガーは「HttpTrigger」のように指定します。

第**2**章　Azure Portalで初めての関数を作成する　**49**

リスト2-15　テンプレート名の一覧

```
QueueTrigger
HttpTrigger
BlobTrigger
TimerTrigger
DurableFunctionsOrchestration
SendGrid
EventHubTrigger
ServiceBusQueueTrigger
ServiceBusTopicTrigger
EventGridTrigger
CosmosDBTrigger
IotHubTrigger
```

　C#のコードを作成する場合は「func new」で起動し、C#スクリプトのコードを作る場合は「func new --csx」で起動します。関数名まで指定する場合は、--templateオプションでテンプレート対象を指定します（リスト2-16）。

リスト2-16　関数ファイルを作成

```
func new --template httptrigger --name HttpTrigger1
```

　func newコマンドのすべてのオプションは以下の通りです（リスト2-17）。

リスト2-17　**func new** コマンド

```
new     Create a new function from a template. Aliases:
        new, create
    --language [-l] Template programming language, such as
                    C#, F#, JavaScript, etc.
    --template [-t] Template name
    --name [-n]     Function name
    --csx           use old style csx dotnet functions
```

　プログラム言語は、--languageオプションで指定ができます（ただし、執筆時点の2019年3月時点では、dotnetではC#のみが有効のようです）。

2.6.3 func host startコマンド

　Function AppはHTTPトリガーの動作確認をするために、ローカルな環境でも実行ができるようになっています。「func host start」コマンドを実行すると、.NET環境であれば内部で.NET Core（dotnet）を動作させてテスト実行が可能になります（リスト2-18）。JavaScript（Node.js）の環境であれば、Node.jsを使ってFunction Appが実行されます。

50 Asure Functions 入門

2-18リスト `func host start` コマンド

```
start   Launches the functions runtime host
    --port [-p]        Local port to listen on. Default: 7071
    --cors             A comma separated list of CORS origins
        with no spaces.Example: https://functions.azure.com,
        https://functions-staging.azure.com
    --cors-credentials Allow cross-origin authenticated requests
        (i.e. cookies and the Authentication header)
    --timeout [-t]     Timeout for on the functions host to
        start in seconds. Default: 20 seconds.
    --useHttps         Bind to https://localhost:{port} rather
        than http://localhost:{port}. By default it creates and
        trusts a certificate.
    --cert             for use with --useHttps. The path to
        a pfx file that contains a private key
    --password         to use with --cert. Either the password,
        or a file that contains the password for the pfx file
    --language-worker  Arguments to configure the language worker.
    --no-build         Do no build current project before
        running. For dotnet projects only. Default is set to
        false.
```

「func host start」を実行すると、HTTPサーバーが実行されデフォルトでポート7071番を使って受付待ちになります。ポート番号を変更する場合は、--portオプションを使います（リスト2-19）。

リスト2-19　ポート番号指定でテスト実行

```
func host start --port 5000
```

コマンドラインには、HTTPクライアントからの呼び出しがログ出力されます。log.infoメソッドなどを利用して実行中のログ出力を行えます。

2.6.4 | func azure functionapp publishコマンド

ローカル環境でテストしたFunction AppプロジェクトをAzureへデプロイするためには、「func azure functionapp publish」コマンドを使います（リスト2-20）。事前に「az login」コマンドなどを使い、Azure Portalにログインしておく必要があります。

リスト2-20　**Azure**へデプロイ

```
func azure functionapp publish <Function Appの名前>
```

あらかじめAzure Portalで作成したFunction Appの名前を指定してデプロイします。リスト2-21は、「func azure functionapp publish」コマンドのすべてのオプションです。

第2章 Azure Portalで初めての関数を作成する 51

リスト2-21 **func azure functionapp publish**コマンド

```
publish            Publish the current directory contents to
   an Azure Function App. Locally deleted files are not removed
   from destination.
   <FunctionAppName> Function App name
   --publish-local-settings [-i] Updates App Settings for
      the function app in Azure during deployment.
   --publish-settings-only [-o]  Only publish settings and
      skip the content. Default is prompt.
   --overwrite-settings [-y]     Only to be used in conjunction
      with -i or -o. Overwrites AppSettings in Azure with
      local value if different. Default is prompt.
   --list-ignored-files          Displays a list of files that
      will be ignored from publishing based on .funcignore
   --list-included-files         Displays a list of files that
      will be included in publishing based on .funcignore
   --nozip                       Turns the default
      Run-From-Package mode off.
   --build-native-deps           Skips generating .wheels
      folder when publishing python function apps.
   --no-bundler                  Skips generating a bundle
      when publishing python function apps with
      build-native-deps.
   --additional-packages         List of packages to install
      when building native dependencies. For example:
      "python3-dev libevent-dev"
   --force                       Depending on the publish
      scenario, this will ignore pre-publish checks
   --csx                         use old style csx dotnet functions
   --no-build                    Skip building dotnet functions
   --dotnet-cli-params   When publishing dotnet functions,
      the core tools calls 'dotnet build --output
      bin/publish'. Any parameters passed to this will be
      appended to the command line.
```

「list-functions」を指定すると、Function Appに含まれる関数の一覧が取得できます（リスト2-22）。

リスト2-22 関数の一覧を取得

```
func azure functionapp list-functions ＜Function Appの名前＞
```

一連のfuncコマンドやazコマンドを使うと、Windows環境のコマンドプロンプトやLinux環境のシェル環境でAzureの操作が可能となっています。Function Appの作成や操作には、Azure Portalを利用してブラウザとマウスを使い試行錯誤しながら作成する方式と、バッチ的にルールに従って環境構築をするコマンドライン方式の2種類が用意されています。

2.7 HTTPトリガーの動作確認方法

Function AppでよくつかわれるHTTPトリガーの動作確認方法をいくつか紹介します。Azure Portalだけでなく、ブラウザやデスクトップクライアントなどを使って動作の確認ができます。利用するときにはそれぞれの特徴があるので、動作確認や運用試験などに適したものを選びます。

2.7.1 ブラウザで動作確認する

Function AppのHTTPトリガーは、HTTPプロトコルの各種メソッド（GET/POST/PUT/DELETE）に対応した関数で起動されます。このため、ブラウザやコマンドラインなどのツールを使って簡単にテストが可能です。

Azure PortalにあるHttpTriggerの［テスト］タブでは、［HTTPメソッド］で［GET］と［POST］のいずれかを選択できます。

図2-48　HttpTriggerの［テスト］タブ

GETメソッドではURLアドレスに含まれるクエリ文字列を使い、POSTメソッドでは要求本文にJSON形式のデータを指定しています。これをブラウザ（Microsoft Edgeなど）で行いましょう。

まず、送信するときのキー情報（code）を含めたURLを取得します。Azure Portalの［関数のURLの取得］をクリックして、キー情報付きのURLアドレスをコピーします（図2-49）。

第2章 Azure Portalで初めての関数を作成する　53

図2-49　関数のURLの取得

　これをそのままブラウザのアドレスに貼り付けて、クエリ文字列である「name=＜値＞」を指定します（図2-50）。

図2-50　URLアドレスを貼り付ける

　ブラウザからPOSTメソッドをそのまま送ることはできません。テスト用のブラウザにChromeを使っている場合は、「Advanced REST client（https://chrome.google.com/webstore/detail/advanced-rest-client/hgmloofddffdnphfgcellkdfbfbjeloo/related）」や「postman（https://www.getpostman.com/）」を使うことでHTTPリクエストにPOSTを使えるようになります（図2-51）。

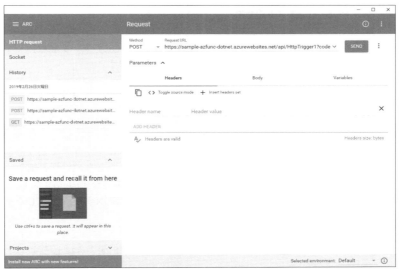

図2-51　Advanced REST client

［Method］を［POST］に設定して、［Body］タブを開いて要求本文を設定してみましょう（リスト2-23）。

リスト2-23　要求本文

```
{
    "name": "Azure"
}
```

Advanced REST clientの［SEND］ボタンをクリックすると「Hello, Azure」という結果を得られます。

図2-52　POSTリクエストの結果

このようにブラウザで手軽に動作確認が行えます。GETメソッドやPOSTメソッドを使ってHTTPリクエストの結果を得るときに便利な方法です。

2.7.2　WPFクライアントで動作確認する

HTTPトリガーのFunction Appをテストするときにブラウザを使うと手軽に動作確認ができますが、呼び出し時のエラーや戻り値が返ってきたときの処理の細かい制御ができません。このサンプルでは、Function Appを呼び出すと単純な「Hello, ○○」という文字列を返すだけですが、大きなXMLデータを返したり複雑なJSONデータを返したりする関数の場合は、目視ではチェックが大変です。

そのようなときは、テスト用のクライアントを作成します。ここではVisual StudioでWPFアプリケーションを使って、HTTPリクエストを呼び出すようにします（図2-53）。

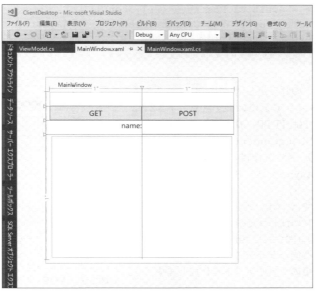

図2-53　テスト用WPFクライアント

HTTPプロトコルを扱うクラスは、HttpClientクラスです。名前空間System.Net.Httpにある、GETやPOSTなどのメソッドを呼び出すクラスです。

リスト2-24　GETメソッドの実行

```
public async void GoGet()
{
    var cl = new HttpClient();
    var url = this.TextUrl + $"?name={this.ParamName}";
    var res = await cl.GetAsync(url);
    var result = await res.Content.ReadAsStringAsync();
    this.Output = result;
}
```

GETメソッドの呼び出しは、HttpClientクラスのGetAsyncメソッドを使います（リスト2-24）。レスポンスで取得するコンテンツはReadAsStringAsyncメソッドで文字列に変換するとよいでしょう。

リスト2-25　POSTメソッドの実行

```
public async void GoPost()
{
    var cl = new HttpClient();
    var url = this.TextUrl ;
    var cont = new StringContent(
      $"{{ name: '{this.ParamName}' }}");
```

```
            var res = await cl.PostAsync(url, cont);
            var result = await res.Content.ReadAsStringAsync();
            this.Output = result;
        }
```

POSTメソッドの呼び出しは、HttpClientクラスのPostAsyncメソッドを使います（リスト2-25）。POSTメソッドではHTTPプロトコルの要求本文を指定するので、StringContentクラスなどでボディ部に指定するデータを作成します。戻り値は、ReadAsStringAsyncメソッドで文字列に変換しています。

このサンプルでは、URLアドレスしか指定していませんが、HTTPプロトコルのヘッダー部やCookieの指定もできます（図2-54）。Function AppのHTTPトリガーで認証機能などをテストしたい場合は、このようにテスト用のクライアントを作成します。

図2-54　POSTメソッドの実行

2.7.3　コマンドラインで動作確認する

ブラウザやデスクトップアプリを使ってHTTPトリガーをテストするのは、大量なテストケースを動作させる場合には向いていません。xUnitによるテストやVisual Studioでコマンドラインのプロジェクトで自作することも可能ですが、Linux環境であればwgetやcurlなどのコマンドを使うことで連続的にHTTPリクエストを呼び出せます。wget/curlコマンドは、Windows環境であっても、cygwinやmingw、Windows Subsystem for Linux（WSL）などで利用できます。

リスト2-26　wgetコマンドの利用

```
wget <Function AppのURL>
```

wgetコマンドは、URLアドレスで呼び出した結果をファイルに保存します（リスト2-26）。保存するファイル名はURLアドレスの文字列から自動的に作成されます。ファイル名を指定したいときは、「wget -O ＜保存ファイル名＞ ＜Function AppのURL＞」のように、保存するファイル名を指定します。

リスト2-27　curlコマンドの利用

```
curl <Function AppのURL>
```

curlコマンドはHTTPリクエストの結果を標準出力に表示します（リスト2-27）。Function Appのレスポンスをスクリプトなどで処理したい場合に便利でしょう。呼び出し時の詳しい情報は「curl -v ＜Function AppのURL＞」のようにオプションを指定することで、サーバー

とのやり取りを表示できます（リスト2-28）。

リスト2-28 **curl -v の結果**

```
masuda@luna:~$ curl -v http://localhost:8000/api/HttpTrigger1?◯
name=masuda
*   Trying 127.0.0.1...
* TCP_NODELAY set
* Connected to localhost (127.0.0.1) port 8000 (#0)
> GET /api/HttpTrigger1?name=masuda HTTP/1.1
> Host: localhost:8000
> User-Agent: curl/7.58.0
> Accept: */*
>
< HTTP/1.1 200 OK
< Date: Tue, 26 Feb 2019 07:05:11 GMT
< Content-Type: text/plain; charset=utf-8
< Server: Kestrel
< Content-Length: 12
<
* Connection #0 to host localhost left intact
Hello masuda
masuda@luna:~$
```

UbuntuやWSL上で動作確認してみてください。

2.7.4 Androidスマホで動作確認する

Function Appの動作スピードを確認する手段として、実際にスマホ（AndroidやiPhone）を使ってテストをすることも必要でしょう。社内ネットワークの高速なWi-Fi接続であればスピードは十分だと思いますが、野外での4Gネットワークではスピードが足りなくなるかもしれません。

スマートフォンのアプリは、JavaやKotlin、Objective-CやSwift、JavaScriptなど、さまざまなプログラム言語で作れます。ここでは、Xamarin.Formsを利用してC#で記述する方法を紹介しましょう。

リスト2-29 **XAMLでデザイン**

```xml
<?xml version="1.0" encoding="utf-8" ?>
<ContentPage xmlns="http://xamarin.com/schemas/2014/forms"
    xmlns:x="http://schemas.microsoft.com/winfx/2009/xaml"
    xmlns:local="clr-namespace:ClientDroid"
    x:Class="ClientDroid.MainPage">

    <Grid Margin="4">
        <Grid.ColumnDefinitions>
```

```
                    <ColumnDefinition Width="*"/>
                    <ColumnDefinition Width="*"/>
                </Grid.ColumnDefinitions>
                <Grid.RowDefinitions>
                    <RowDefinition Height="40"/>
                    <RowDefinition Height="40"/>
                    <RowDefinition Height="40"/>
                    <RowDefinition Height="*"/>
                </Grid.RowDefinitions>
                <Entry Text="{Binding TextUrl}" Grid.ColumnSpan="2" />
                <Button Text="GET" Clicked="clickGET" Grid.Row="1" />
                <Button Text="POST" Clicked="clickPOST"
                    Grid.Row="1" Grid.Column="1" />
                <Label Text="name:" Grid.Row="2"/>
                <Entry Text="{Binding ParamName}"
                    Grid.Row="2" Grid.Column="1" />
                <Entry Text="{Binding Output}"
                    Grid.Row="3" Grid.ColumnSpan="2" Margin="4" />
            </Grid>
        </ContentPage>
```

　Xamrin.Formsを使うと、デスクトップのWPFアプリと同じようにXAMLを使ってユー
ザーインターフェイスを作成できます（リスト2-29）。ここではMVVMパターンを使い、
WPFアプリで作成したViewModelをそのまま流用しています（リスト2-30）。

リスト2-30　**ViewModel**クラス

```
class ViewModel : ObservableObject
{
    public string TextUrl { get; set; }
    public string ParamName { get; set; }
    private string _Output;
    public string Output {
      get => _Output;
      set => SetProperty(ref _Output, value, nameof(Output));
    }
    public ViewModel()
    {
        TextUrl = "<Function AppのURL>";
    }
    /// <summary>
    /// GETメソッドでHTTPリクエスト
    /// </summary>
    public async void GoGet()
    {
        var cl = new HttpClient();
        var url = this.TextUrl + $"?name={this.ParamName}";
        var res = await cl.GetAsync(url);
```

```
            var result = await res.Content.ReadAsStringAsync();
            this.Output = result;
        }
        /// <summary>
        /// POSTメソッドでHTTPリクエスト
        /// </summary>
        public async void GoPost()
        {
            var cl = new HttpClient();
            var url = this.TextUrl;
            var cont = new StringContent(
              $"{{ name: '{this.ParamName}' }}");
            var res = await cl.PostAsync(url, cont);
            var result = await res.Content.ReadAsStringAsync();
            this.Output = result;
        }
    }
```

テスト実行は、Androidエミュレーターや実機を使うとよいでしょう（図2-55）。

図2-55　Androidエミュレーターでの実行

　Function AppへのURLはViewModelのコンストラクターで指定しておけば、実機での入力（フリック入力など）の手間が省けます。

第3章

Azure Functionsの適用範囲

Function Appは手軽にAzureの各機能を使える良い手段です。しかし、手軽だからといって何もかもFunction Appを通して使わないといけない訳でもありません。仮想環境（VPS）、Webアプリ／サービス、Function Appとそれぞれ得意・不得意分野があります。

ここではFunction Appを中心にして、それぞれの適用範囲を考えていきましょう。

3.1 | Azure Functionsの動作原理

まずはAzure Functionsの詳しい動作原理を見ていきましょう。どのように動作をしているかをざっと把握しておくと、運用時の得意／不得意分野がみえてきます。運用に適したシステムを選定する上で、仮想環境やWebアプリとの違いをつかんでおくと、運用条件に従って実行環境を選べるようになります。

3.1.1 | Azure Cloud Serviceの動作

Function Appは何らかの「要求」で関数を動作させます。要求は、HTTPプロトコルを使ったトリガーや、Azure Cosmos DBのデータ挿入時のトリガーなど、さまざまです。

Function Appも一般的なAzure Cloud Serviceと同じように動きます（図3-1）。

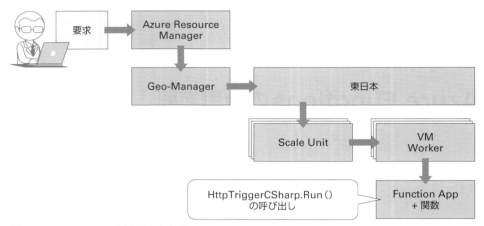

図3-1　Function Appを呼び出すまで

①外部からの要求をAzure Resource Managerで受け取ります。これは、ちょうどHTTPトリガーをURLアドレスで呼び出したときのドメイン識別にあたります。
②Azureのリージョンは全世界に散らばっています。Function Appは、リージョンを選んで保存されるため、目的のリージョンに要求を転送する必要があります。この役目がGeo-Managerになります。ここでは、Function Appを「東日本」に配置したときを想定してみましょう。
③東日本のリージョンの中には複数のScale Unitがあります。負荷に応じてScale Unitの数は違いますが、その1つを選び出し、Virtual Machine (VM) が起動されます。これはWorkerとも呼ばれます。VMの環境には、.NET環境やJavaScriptの動作環境、LinuxのDockerなどがあります。
④このWorkerの中にFunction Appが作成され、目的の関数 (staticなRun関数など) が呼び出されます。このとき、利用するプログラム言語 (C#やJavaScriptなど) により、引数などが設定されています。

ここまでがFunction Appを呼び出すまでの仕組みです。たとえば社内アプリケーションからFunction AppのURLアドレスを呼び出す場合に、呼び出しスピードが重要になるときはネットワーク的に近いリージョンの選択など考慮が必要になります。

3.1.2　Function Appの動作

次にFunction App自身の動作を考えていきます。Function Appで作成できる関数 (トリガー) は複数あります。ここでは一般的なHTTPトリガーを例にとって、関数の中身をみていきます。

HTTPトリガーの処理を行える関数は、複数のプログラム言語で記述できます (図3-2)。関数に渡されるデータは、それぞれの言語で扱えるデータ形式 (オブジェクト) に変換されます。たとえば.NET環境のC#の場合は、HTTP要求を表すHttpRequestクラスとログ出力のためのILoggerクラスのオブジェクトが渡されます。JavaScriptの場合は、リクエストとレス

ポンスを含むcontextオブジェクト、Javaの場合は、クライアントからの要求を受け取るHttpRequestMessageクラスとレスポンスを返すためのExecutionContextクラスのオブジェクトが渡されています。

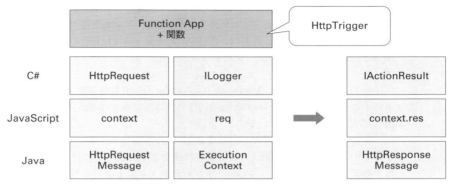

図3-2　Function Appの内部動作

　それぞれの関数の引数で若干の違いはありますが、VM作成時にそれぞれの動作環境に合わせて要求オブジェクトが渡されます。
　HTTPトリガーの関数は、戻り値としてHTTPレスポンスを返します。HTTPレスポンスはステータスコード（200など）と出力するデータなどを返します。C#はIActionResultクラス、JavaではHttpResponseMessageクラスを使います。JavaScriptの場合は、context.resオブジェクトで戻り値を返します。
　C#のHTTPトリガーはASP.NET MVCのControllerクラスと同じように作れます。名前空間も「Microsoft.AspNetCore.Mvc」を使うことから、ASP.NET MVCと同じようにFunction Appを作ることができます。

3.1.3 関数に引き渡されるクラス

　Function Appで定義する関数に渡される引数の詳細をみていきましょう。HTTPトリガーのC#コードを例にとって解説をします（リスト3-1）。

リスト3-1　Runメソッド

```
[FuncticnName("Function1")]
public static IActionResult Run(
  [HttpTrigger(AuthorizationLevel.Function,
  "get", "post", Route = null)]
    HttpRequest req,
    TraceWriter log)
```

　関数の定義は、staticメソッドとして定義しています。これにより、クラスに定義される（new演算子で生成されているオブジェクト/インスタンスではなく）メソッド呼び出しにな

ります。ちょうど、C#のコマンドラインのプロジェクトで作られるMain関数のようなもの
です。このRunメソッドは「エントリポイント」と呼ばれます。

C#のRunメソッドは2つの引数を持っています。HTTPプロトコルのデータをやり取りす
るためのHttpRequestクラスと、トレースログを出力するためのTraceWriterです。
JavaScriptやJavaの場合は、1つのデータコンテキストにHTTPプロトコルのデータとログ
出力機能が含まれています。「コンテキスト」とは、データを利用する範囲のことを示します。

TraceWriterオブジェクトは、アプリケーションのパフォーマンス管理を行うAzure
Application Insightsへの出力を行います。Visual Studioのデバッグログ出力のようなもので
す。

HttpRequestクラスは、Microsoft.AspNetCore.Http名前空間で定義されているHTTPリク
エストの情報をまとめたものです。HTTPプロトコルではメッセージプロトコルがヘッダー
部とボディ部に分かれています。

ヘッダー部は1行単位でキーと値を表し、Headersコレクションで参照ができます。ブラウ
ザからのエージェント情報(ブラウザの機種などを特定するに使われる)やクッキーの情報が
含まれています。クッキーはCookiesコレクションでも取得が可能です。

ボディ部は、データそのものをBodyプロパティで参照ができます。クライアントから送ら
れてきたJSON形式やXML形式、時にはバイナリ形式のデータをBodyプロパティから取り
出します。BodyプロパティはStreamクラスを示しているので、適宜StreamReaderクラスな
どを使い目的のデータを取り出します。HTTPトリガーを作成したときに、データはボディ
部にJSON形式で送られてくることを想定しているため、Bodyプロパティから
StreamReaderクラスとJsonConvertクラスを使って、データのデシリアライズ(元のオブ
ジェクトのデータ形式に戻す処理)を行っています。

HttpRequestクラスの引数には属性が付けられています。C#での「属性」はクラスに結び
付いているメソッドやプロパティの情報と同じように、クラス定義に直接結び付けられた情
報になります。クラス定義だけではなく、メソッドやメソッドの引数に付加情報を付けるこ
とができます。

ここではHTTPトリガーの呼び出し形式(HTTPプロトコルのGETあるいはPOSTメソッ
ド)、認証レベルが指定されています。

HttpRequestクラスは、Microsoft.AspNetCore.Http名前空間にある通り、.NET Core環境
で動作するASP.NETでも使われるクラスです。これにより、Azure Functionsで動作する環
境が、Azure特有なものではなく通常のASP.NETで動作するものと同じものが動くことが
わかります。HTTPトリガーのFunction Appを作成するときのテクニックも、通常のASP.
NETから十分流用できます。

表3-1 トリガーに引き渡される主なクラス

トリガーの種類	引数の型	説明
Http Trigger	HttpRequestクラス	クライアント(ブラウザなど)から渡されるHTTP プロトコルの要求データ
Timer Trigger	TimerInfoクラス	定期起動されるCRON情報
Queue Trigger	文字列型	Queueを定義したアイテム情報
Blob Trigger	Streamクラス、文字列型	Blobを定義したデータ
EventGrid Trigger	EventGridEventクラス	Event Gridをまとめて扱うデータ
Event Hub Trigger	文字列型	Event Hub に引き渡され文字列データ

どのトリガーの関数もstaticメソッドとして静的に定義されています。ローカル環境のAzureエミュレーターを使ってデバッグ実行する場合は、この関数部分をうまく取り出してテストをするとよいでしょう。

3.1.4 呼び出し元へ返すクラス

基本的にFunction Appの関数は呼び出し元に値を返しません。これはタイマートリガーやストレージのトリガー（BlobやQueueなど）では、データの向きが一方通行で呼び出し元にデータを返す必要がないからです。ただし、HTTPトリガーのみは特別で、ブラウザからの呼び出しやアプリからのWeb API呼び出しを想定するため、HTTPレスポンスとしてステータス情報（200など）と適切なデータを返します。

HTTPトリガーで作られる関数の戻り値は、IActionResultインターフェイスです。Microsoft.AspNetCore.Mvc名前空間で定義されていることでわかる通り、ASP.NET Core MVCでも使われるインターフェイスになります。MVCパターンのControllerクラスの戻り値です。

Microsoft.AspNetCore.Mvc名前空間では、さまざまなHTTPレスポンスのクラスが定義されています。HTTPステータスコードごとに、正常（200）の場合はOkObjectResultクラス、リクエスト不正（400）の場合はBadRequestObjectResultクラスのように分かれています（表3-2）。

表3-2　主なHTTPステータスコードとの対応

ステータスコード	ステータス	クラス	意味
200	OK	OkObjectResult	リクエストが成功し、要求に応じた情報を返す
201	Created	CreatedResult	リクエストが完了し、新たに作成したデータのURIを返す
202	Accepted	AcceptedResult	リクエストを受理したが処理はまだ終わっていない
400	Bad Request	BadRequestObjectResultBad	不正リクエスト、パラメーターが不足している場合
401	Unauthorized	UnauthorizedObjectResult	認証が必要である場合
404	Not Found	NotFoundObjectResult	指定したリクエストのURIがない、あるいはアクセス権がない

HTTPトリガーは、主にアプリからWeb APIとしての呼び出しや、JavaScriptを使って非同期呼び出しをされることが多いでしょう。このとき、適切なエラーコードを返すことによってクライアント（ブラウザやアプリなど）がユーザーに対して適切な動作を行えます。

これらのクラスは、次のような継承関係となっています（図3-3）。

関数の戻り値はIActionResultインターフェイスですが、実際にレスポンスを作成するには

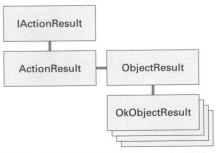

図3-3　HTTPレスポンスクラスの継承関係

ObjectResultクラスを継承したOkObjectResultクラスなどを使うと便利です。

3.2 利点・活用場所

Azure Functionsの適用範囲として、利点と欠点を確認しておきましょう。利点だけではなく、技術の欠点を知っておくことで、システム開発において代替技術への転換や補うべき部分が明確になります。

まずは、Azure Functionsを利用するときの利点を解説します。

3.2.1 サーバーレスの利点

なんといっても、Azure Functionsの利点はサーバーレス（Serverless Framework）であるところです。「サーバーレス」というのは言葉通り「サーバーのない」ということですが、ここで言うサーバーというのは主にHTTPサーバー（Webサーバー）やそれに付随するサーバー機能のことです。一般的に、ブラウザアプリケーションやサーバーを扱ったデスクトップアプリケーションを作成する場合、HTTPサーバーが必須になります。Linuxの環境であれば「LAMP環境」として、Linux+Apache+PHP+MySQLのような組み合わせが考えられ、Windows Serverでは、Windows+IIS+ASP.NET+SQL Serverが考えられます。どちらにしても、LinuxやWindows Serverを含めて、OSの管理や各種のサーバー機能の設定が必要になってきます。

これらの物理サーバーはシステムを構築＆管理するための手間は相当なものです。物理サーバーが持つ物理ストレージ（HDDやSSD）の劣化や容量、CPUの選定、LinuxやWindowsのバージョンアップ、ApacheやMySQLなどの細かな管理とバージョンアップなどなど、さまざまなところで「インフラシステムを構築＆運営」する手間がかかります。クラウドや仮想化技術により、これらの物理サーバーをインターネット上のデータセンターに分離することで、

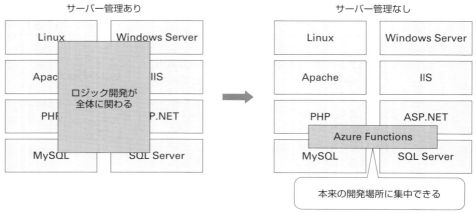

図3-4　サーバーの運用管理から離れる

構築や運用の手間を簡略化できるようになってきました。しかし、仮想化されたOS上であっても、その中で動作するシステム設定やソフトウェアバージョンアップの管理は引き続き構築しなければならず手間が掛かっています。

そこで「Serverless Framework」の登場です。Azure Functionsや、AWS Lambda、Google Cloud Functionsは、作成するべき範囲をぐっと狭めて、目的を達するためのロジック（関数やメソッド）にまで絞り込みました（図3-4）。ロジックとして動作する関数を動かす、HTTPサーバーやデータベースへのアクセス、定期的な起動などのシステム側の設定は極力、ロジックとは分離させて実装できるようになっています。システム側の設定は、Azure Portalのようにブラウザでの設定、あるいはAzure CLIを使ったコマンドラインやPowerShellなどを使った設定で行えるように工夫されています。時には設定ファイルとしてJSON形式やXML形式のものが使われます。

定型的でありベストプラクティスから流用可能なシステム管理の分野と、開発プロジェクトごとに細かなコーディングが必要であり継続的なバージョンアップが必要となるロジック作成の分野とをうまく分離できているところが、Azure Functionsの「サーバーレス」の利点となります。

3.2.2 | 開発効率の利点

サーバーレスであるところから、本来開発すべき部分にプログラミングのためのリソースを集中できます。サーバーが持つシステム構築や運営のノウハウは、一定のパターンとベストプラクティスがあります。OSのセッティングやメモリ/キャッシュファイルの配置、データベースファイルの配置や冗長化、認証関係のセキュリティ機能やメールサーバーの機能など、システムを構築するためのスキルと設定は多岐に渡ります。これらのシステム機能に習熟したシステムエンジニアが常にいるとは限りません。完全に最適ではないかもしれませんが、準最適化として運用に際して問題のないシステムを手早く組む必要が現在のスピードアップされたITプロジェクトには求められています。巨大な大規模システムの構築ならば数か月のサーバーセッティングの期間も問題はないのですが、突発的な広告配信のシステムや何らかのイベントで行われる一時的に負荷の高いシステムの構築は、主に時間に追われるところが多いものです。

この場合、案件ごとに最適化されたシステム構築を模索していたのでは、開発期間や運用テストの時間を食いつぶしてしまいます。手早くかつ信頼のおける方法で運用システムを構築することが求められます。

Azureなどのクラウド機能では、冗長性やスケールアップのしやすさが主な利点となりますが、もう1つ仮想化技術によるサーバーシステムの構築と削除のしやすさが大きな利点です。物理的にマザーボードの選定やHDDやメモリの取り付けを行うことなく、ブラウザなどを利用して仮想的にサーバーを組み立てることが可能となっています。

これらの開発環境の構築の速さは、同時に運用と同じ状態を保つ検証環境の構築しやすさも意味しています。運用と同じシステムを開発プロジェクトの早い時期に構築しておくことで、運用時のトラブルを事前に把握することが可能です。負荷テスト。セキュリティテスト、デッドロックなどのデータベースの競合や分散システムのテストなど、開発の初期段階ではなかなか判明しにくい現象に対して検証環境を利用して動作チェックすることは、設計そのもの変更やコードの分割の仕方に良い影響を与えます。

3.2.3 | 継続的更新（インテグレーション）の利点

プログラムは巨大になればなるほどコードの修正が大変になるものです。プログラミングにおけるオブジェクト指向言語や関数型言語のテクニック、モジュール化、コンポーネント技術などを駆使したとしても、コード量の多いシステムに常に付きまとうのは改修のためのリスクです。

十数年と利用方法が変わらない従来のシステムであれば、コードの改修は不具合などのやむ得ないものに限られていました。しかし、昨今のように競合するシステムが常にあり、新しい使い方を次々と取り入れていかねばならないシステムの場合は、もっと積極的にコードに手を加える必要がでてきます。

定期的に行われるWindows Updateや、定期的に行われる各種ソフトウェアの機能アップデートと同じように、クラウド上のシステムやブラウザから使われる各種のWeb APIも定期的な機能アップが求められていることでしょう。

このような継続的な更新（インテグレーション）という意味でもAzure Functionsは優れています。

定型的な運用構築を担うシステム構築＆メンテナンスと、機能そのものを顧客に提供するロジックを分離することにより、ロジックであるFunction Appに開発時間を集中できます。Azure Functionsのプログラムはstaticな関数で作成され、各種のクラスライブラリを駆使することになります。関数自体を複雑怪奇にせずシンプルに保つことによって、複雑な機能を持つAPIよりも、単機能で動作の早いAPIが作れるようになります。これらの単機能のAPIを組み合わせることによって、要件をクリアしていくのがAzure Functionsの開発スタイルです。このためFunction AppからさまざまなAzureの機能を呼び出せるような工夫がなされています。システムが実現すべき要件を満たすために、あらゆる機能を1つのFunction Appに持たせるべきではありません。より、シンプルで単機能なものを実現することより、それぞれの機能（Function AppやAzureの機能も含む）を別々にバージョンナップしやすくなります。これにより、修正による他モジュールへの影響を少なくし、手の入れやすいコードができあがります。

うまくこの「型」にはまりやすいのが、Function Appの書き方になります。

3.2.4 | デプロイ（発行）のしやすさとコード管理（Git）のしやすさ

Function Appのプログラムは、func initコマンドで作成されるように、1つのフォルダー内に収まっています。設定ファイル（host.json、local.setting.json）も含めて1つのフォルダーに含まれるということは、このままGitなどの構成管理システム（CI）を使い、一括で管理できることを示しています。

たとえば、インストールするときの情報をGUIで行う必要があったり、必要なソフトウェアのインストールを別々の設定ファイルに記述が必要になると、複数の手順書が必要となってしまいます。一度か二度のインストールならば数種類の手順に従ってもよいのでしょうが、数十回となると手順に従って正確に行うのは苦痛でしょう。何らかの形で自動化したいところです。

Function Appでは、Azure Functions Core Tools（funcコマンド）とAzure CLI（azコマンド）を利用することで、コマンドラインを使ってFunction Appの作成やAzureへのデプロ

イが可能となっています。このため手順書に従って間違えないように注意しながら、慎重に
ブラウザで各項目を選択するだけではなく、バッチファイルやスクリプトを用いて同じ手順
を何度も正確に繰り返せます。手順を自動化しておけば、ヒューマンエラーを減らすことが
可能です。また、構築に失敗したとしてもスクリプトを見直すことにより、間違いが発見し
やすくなります。

Function Appに対するコードの管理もGitと統合されています。たとえば、Function App
をLinuxのDocker環境で動かすとき、Docker内のファイルアクセスはFTPを使ってアクセ
スできるとともに、ローカルのGitレポジトリを作ることによりバージョン管理ができます。
Docker側にGitレポジトリを作ることで、Gitツールを通じてローカルにある開発PCから
Azure上にあるDockerへとファイルのコミットが可能となっています。

3.3 | 不得意なところ

Azure Functionsの利点を把握したところで、避けるべき条件を見ていきましょう。どんな
システムでもクラウド環境であるAzureそしてAzure Functionsを使えば解決するという訳
ではありません。ソフトウェア開発の進歩に伴い新しい技術を使えばよい場面もあれば、コ
スト面や利用時の効率を考えたときに、Function Appでの開発・運用が向いていない点もあ
ります。

3.3.1 | すべてはVM上で動く

クラウド環境のAzure上で動作している以上、Azure Functionsのアプリケーションはす
べてVM（Virtual Machine）上で動いています。VMとはいえ、.NET言語の動作環境として
のVMと仮想OSを動かすためのVMなどが存在します。これらのVMがAzure上で動作して
います。

このため、安全にVMの起動や停止ができる反面、直接的なハードウェアのアクセスはVM
からはできません。もともと、クラウド環境（Azure、AWS、Google Cloudなど）ではハード
ウェアアクセスすることはあり得ない（どこに存在するかわからない装置を直接触ることはで
きません）ので、VMから直接ハードアクセスができないことは問題にはならないでしょう。

最近のIoTアクセスのように、間接的にハードウェア（工場の機器やセンサーなど）にアク
セスすることは可能です。AzureのIoT Hubはその機能の1つです。

外部機器へのアクセスや特殊な内部ライブラリへのアクセスは、現状のところクラウド上
に持ち込むことはできません（将来的には、研究機器などが持ち込み可能になるかもしれませ
ん）。ハードウェアへのアクセスは、HTTPプロトコルなどを利用して通信経路を媒介します。

もう1つ、Azure Functionsで利用しているVM環境は、一定時間（5分程度）が過ぎると
Workerプロセスが落ちてしまいます。このため、再びFunction Appにアクセスしたときに
改めて起動するため、動作が遅くなりがちです。頻繁にアクセスがあるFunction Appならば
常に起動した状態となるため問題はないのですが、1日に数回などの低いアクセス数の場合
には何らかの形で定期的にアクセスしておく必要があります。これは外部からアクセスをし
てもよいし、Azure Functionsのタイマートリガーを使ってもよいでしょう。あるいはホス

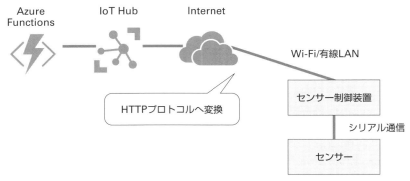

図3-5　Azureからハードウェアを扱う方法

ティングプランを「App Service プラン」にしておくことで、価格は高くなりますが常に起動状態にしておくこともできます。あるいは、執筆時点（2019年3月）では、Function Appに対して100万回のアクセスまでは無料なので、適当なヘルスチェック（定期アクセス）をしたほうが安価に済みます。

VMのためのアクセススピードに関しては、いくつかの運用前に性能試験をしておきます。

- クライアントから初回アクセス時のFunction Appのレスポンス時間
- 数回連続でアクセスしたときのレスポンス時間
- 1時間おきにアクセスしたときのレスポンス時間

VMの動作だけでなくネットワーク速度なども含めて測定しておきます。

3.3.2 ステートレスで動作する

　Function Appで扱われる主に扱われるAPIはHTTPトリガーでしょう。一般的なWeb APIと同じように、Function Appは「ステートレス」として動作します。ステートレスというのは、状態を保存しないという意味で、たとえばオブジェクト指向のクラスのように内部で値を保持できるのではなく、関数型言語のコードのように内部に値を持たない（あるいは持てない）仕組みです。

　もともと、HTTPプロトコルには状態を管理する仕組みはありません。このため、HTTPプロトコル自体はステートレスな仕様となっています。しかし、一般的な通販Webサイトのようにカートシステムがある場合には、Webサーバー側のセッションデータの仕組みや、Cookie、ブラウザに表示するページ自体へのキー情報の埋め込み、などを使って複数回のリクエストをまたがって「データ」を保持しておく仕組みを作っています。これらのセッション情報やCookieなどを使って、ユーザー認証データなどを引き継ぐことができます。

　これらの仕組みはFunction Appでは提供されていません。もちろん、Azureのストレージを使いWebサイトのセッションの仕組みを実現することもできますが、最初の設計の時点ではステートレスであることの制限を意識した作りにしたほうがよいでしょう。内部で状態を引き継がない仕組みは、関数型プログラム言語と同じように、関数/メソッド自体をシンプル

に保つことができ独立性を高めることができます。

　逆に言えば、複数回のアクセスをひとまとめに扱うような、ステートを持つアプリケーションを作るときに、Function Appは向いていません。複数のFunction Appを束ねるWeb Serviceを別途作成するか、Azure VMを構築してその中でWebサービスを作成します。

3.3.3 オンプレミスのデータベースとの接続の問題

　データベースのアクセスを含んだAzure Functionsで構築したシステム構成が、Azure内で収まっている間はネットワークのアクセススピードをそれほど気にする必要はありません。同じリージョンに配置しているならば、MicrosoftのAzureデータセンターの内部配置によりネットワークは最適化されて常に高速な状態に保たれていると想像ができるからです。これはAWSやGoogle Cloudの場合も同じです。

　しかし、すべてのデータやロジックをクラウド上に置けるとは限りません。100GBのような大きすぎるデータはAzureに保管しておくには月額がかかり過ぎます。また、顧客データや社内の設計データのような機密データをクラウドに置くにはセキュリティ的に不安があるでしょう。このような場合、大容量のデータや機密データは社内に置き、それらを社外にあるAzure Functionsからアクセスするという方法が考えられます。しかし、データそのものが外部にさらされなくても、外部からのデータアクセスに十分なセキュリティ対策や通信回線の確保が必要となってきます。セキュアな通信の確保としてVPNが考えられますが、コストに見合うものかどうかの検討が必要です。

　この場合は、クラウド上のAzure Functionsを使うには問題がでてきます。1つの解決策として、オンプレミスで動作するAzure Stack（https://azure.microsoft.com/ja-jp/overview/azure-stack/）を使う方法があります。Azure Stackは、あたかもクラウド上のAzureが社内にあるかのように動作するシステムです。月額で費用はかかりますが、クラウド上のAzure Functionsと同じ機能を社内で利用できます。社内の機密サーバーにAzure Stackからアクセスすることにより、社内の閉じたネットワークでAzureの機能を活用できます。

3.3.4 複雑な動作の場合はWeb Serviceを検討する

　Azure Functionsでは、基本シンプルな構造と動作で実行されることを想定した仕組みとなっています。このためAzure Functionsの課金も実行時間が短ければ効率よく、利用メモリや利用するストレージが少なければより安くなるというプランとなっています。

　処理時間を短くするには、いくつもの複雑なデータを同時に検索／更新を行うよりも、分割してシンプルに構築されたFunction Appとして作成するべきです。HTTPトリガーの関数の場合、与えられるパラメーターはPOSTメソッドを使ってJSON形式で指定できます。

　たとえば、クライアントアプリから複数のFunction Appを何度か呼び出してアプリ内で表示時に再構成するパターンと、多機能なFunction Appを一度だけ呼び出して大きいデータファイルを作成するパターンの2種類を考えます（図3-6）。

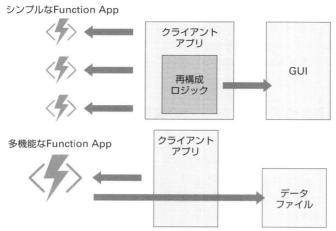

図3-6　シンプルな機能と多機能化の問題

　Azure Functionsの場合、前者のようなシンプルな組み合わせのほうが有利に働きます。複数のクライアントが同時にFunction Appを呼び出すときに、後者のような多機能なFunction Appの呼び出しではデータアクセスの時間やロジック解析などの時間がかかってしまい、多数のクライアントからのパフォーマンスが悪くなってしまいます。前者のように複数のFunction Appに分けておくと、複数のクライアントからの呼び出しにも小さな関数単位での処理が進み、パイプライン風な処理が行えます。また、機能をバージョンアップする場合でも、細かく分かれているFunction Appを修正することにより、クライアントからのシステムを止めずに続けて機能が使える状態になります。

　ただし、すべてがシンプルな機能に分割されればよいかというと、そうでもありません。多くの機能が分割されてしまうと、クライアントからの呼び出しの順序や組み合わせが多岐にわたり、クライアントの開発と更新が難しくなってしまいます。Function Appの更新に伴い、クライアントアプリの更新が頻繁に発生してしまっては、システム全体の稼働率が悪くなってしまうでしょう。また、複雑なレポート作成のような帳票出力のシステムでは、入力項目が多くなり過ぎて、シンプルなFunction Appのインターフェイスでは活用が難しくなってしまう場面もあるでしょう。

　このような場合は、クライアントアプリやブラウザから呼び出されるところは通常のAzure App Serviceとして作成し、内部コールをFunction Appで分離させるという方法が使えます。

3.4　他システムとの組み合わせ

　Azure FunctionsはHTTPトリガーなどで外部から関数を起動することが多いのですが、同時にFunction Appから他の機能を呼び出すパターンもあります。具体的な例は6章以降の応用編で説明していきますが、よく使われるパターンを紹介しておきましょう。

3.4.1 Function App から Azure のサービスを利用

　サーバーレス機能である Azure Functions は、それだけではシンプルであり単機能であるがゆえに、Azure Functions の機能だけで使われることは少ないでしょう。必ず、何かのライブラリやサービスなどと組み合わせて使われることになります。

　いままで紹介している Function App プロジェクトのテンプレートは、クライアントからGET や POST メソッドを使って文字列を渡し、Function App で何らかの加工をして文字列を返すだけの単純なものです。これは、Azure Functions で提供しているいくつかのライブラリと .NET Core が提供するクラスライブラリの範囲で収まるものです。

　しかし、実際の業務で使われる情報システムや B2C や B2B などの Web サービスは、こんな単純なものではありません。単純なデータ検索のための機能を Function App で作成するときであっても、認証のためのサービスやストレージへのアクセスが発生します。取得したデータに従ってレポートの作成やグラフの作成を行う場合は、特殊なクラスライブラリを使うことも考慮しなければいけません。

　.NET 環境（.NET Core）や JavaScript 環境（Node.js）では、それぞれのプログラム言語で提供されているライブラリやモジュールを Function App に導入できます。

　.NET 環境であれば、C# のプロジェクトに NuGet を使ってライブラリを追加していきます。Azure SQL Database ならば、接続情報を利用してデスクトップアプリと同じようにAzure SQL Database に接続できます。System.Data.SqlClient 名前空間を利用した単純なデータベース接続だけでなく、Entity Framework を利用して LINQ を使ったアクセスが可能です。

　また、Azure が提供するマルチモデルデータベースサービスである Cosmos DB へのアクセスも、NuGet から「Microsoft.Azure.DocumentDB」をインストールすることで効率的に利用できるようになります。

　これらのライブラリを利用して、.NET Core で動作するクラスライブラリや Azure で提供する機能を Function App に組み込んで、実際に利用に耐える関数を完成させていきます。

3.4.2 Azure Event Grid を利用する

　Azure 上で発生したイベントに対して既存の Function App をつなげる方法として、「AzureEvent Grid」が考えられます。Azure Event Grid には、イベント側で発生する「イベントソース」と、イベントが発生したときに呼び出される「イベントハンドラー」が指定できます。このイベントソースとイベントハンドラーを Webhook でつなげるのが Azure Event Grid の役目です。

　執筆段階で設定できるイベントソースの種類は以下の通りです。

- Azure サブスクリプション（管理操作）
- Container Registry
- カスタムトピック
- Event Hubs
- IoT Hub
- Media Services

74 Asure Functions 入門

- リソースグループ（管理操作）
- Service Bus
- ストレージ Blob
- ストレージ汎用 v2（GPv2）

　Function App を呼び出す方法としては、HTTP トリガーやタイマートリガーなどがありますが、Azure Event Grid を利用することでも、イベント発生時に Function App を呼び出すことができます。
　Azure Event Grid ではイベントハンドラーは Function App だけではありません。Function App 以外に次のものがイベントハンドラーとして設定できます。

- Azure Automation
- Event Hubs
- Hybrid Connections
- Logic Apps
- Microsoft Flow
- Queue Storage
- Webhook

　このように Function App の呼び出しは、既に提供済みの HTTP トリガーなどだけではなく、Azure Event Grid を活用して他の Azure とのサービスのイベントを利用することができます。

3.4.3 | Azure内のストレージを使う

　Function App で扱える Azure のストレージ機能をもう少し詳しく解説しておきましょう。ストレージは、揮発性のメモリとは異なり、永続性のあるデータを保持しておく機能です。一般的にデータベースを示すことが多いのですが、ファイルや特殊なテーブル型のデータもストレージに含まれます。
　Azure ではデータを保持するための Azure SQL のようなデータベース機能と、主に分析を行うためのデータベース機能（Data Lake Analytics など）の 2 種類が提供されていますが、ここでは前者のようなデータを蓄積するための一般的なストレージを解説します。
　ストレージにデータを蓄積し、何らかの方法で検索やデータ抽出を行えるものとして、以下の Azure サービスが提供されています。

- Azure SQL Database
- Azure Database for PostgreSQL
- Azure Cosmos DB
- Azure Redis Cache
- Blob ストレージ
- ファイルストレージ
- テーブルストレージ
- Queue ストレージ

「Azure SQL Database」と「Azure Database for PostgreSQL」は、通常のリレーショナルデータベースです。オンプレミスにあるデータベースと同じようにCRUD（Create、Read、Update、Delete）の機能が用意されています。SQLクエリやLINQを使ってデータの検索が可能になっています。社内で利用している情報システムをクラウド移行する際には、まずはこのリレーショナルデータベースをそのまま使う方法を検討するとよいでしょう。

「Azure Cosmos DB」と「Azure Redis Cache」は、SQL文を使ったリレーショナルデータベースとは異なり、NoSQLと呼ばれるものを扱います。データはリレーショナルデータベースのように複数のテーブルを結合するようなことはできませんが、形式が単純化されているため非常に大量なデータを高速にアクセスすることが可能です。これはデータが分散化されて蓄積されているためです。製品の生産管理の登録や検索などはリレーショナルなデータベースを利用し、センサー情報の蓄積やログ情報の蓄積と検索ではNoSQL型のデータベースを利用するというように、使い分けていきます。

非常に数の多いデータを扱うためには「BLOB Storage」や「Table Storage」を使う方法もあります。Azureの当初からあるストレージで、Azure Web Serviceなどで利用されています。

「Queue Stcrage」は非常にアクセス数の多いストレージを扱うときに有効です。サービス間のメッセージ通信などに使うとよいでしょう。「File Storage」は大きめのデータをファイルとして保存するためのストレージ機能です。

これらのストレージは、Function Appからであれば自由に利用ができます。.NET環境であればNuGetを使い、適切なクラスライブラリを追加することにより通常のデスクトップアプリを作る感覚でFunction Appからの利用が可能となっています。

もちろん、外部で提供されているストレージ（オンプレミスな社内データベースも含む）を利用することも可能ではあるのですが、ネットワーク的な距離を考えると、Azure内でのストレージアクセスのほうがFunction Appの処理スピードに有利に働きます。

また、Azureのストレージ機能（特にAzure SQLやAzure Cosmos DB）には容量やアクセス数により課金が発生します。このため、Function App自身へのアクセス数やデータ転送量（帯域）を考慮して、どのストレージを使うかを検討してください。

3.4.4 | HTTPプロトコルでの外部通信

インターネット上で提供されているサービスは、主にHTTPプロトコルを使ってデータ通信が行われています（HTTPSは、TLSで暗号化されているHTTPプロトコルです）。Function AppでもHTTPプロトコルでの呼び出しを受けるHTTPトリガーが主に使われています。

インターネット上の各種サービスは、Web APIとして整理された形でGETメソッド（URLアドレスにクエリ文字列を埋め込む方）やPOSTメソッド（要求本文にJSON形式やフォーム形式などのデータを送る方式）を使い呼び出す方法も多いのですが、単純にCSV形式のデータをダウンロードしたり、Excel形式のデータをダウンロードしたりするものもあります。また、ブラウザで表示するためのHTML形式のデータしか提供していないサイトも多いでしょう。入力にはINPUTタグなどを使ったフォーム形式での受付しかないサイトもあると思います。

これらのWeb APIやWebサイトをうまく利用するためには、.NET環境ではHTTPプロトコルが利用できるHttpClientクラスを使います。HttpClientクラスは、Function Appで使われる.NET Coreやデスクトップで使われる.NET Frameworkの両方で同じように使えるク

ラスです。

実際に、課題管理システムであるRedmineのAPIをFunction Appから呼び出してみましょう（リスト3-2）。

リスト3-2　**Redmine API**の呼び出し

```
public static class ProjectFunc
{
    private static string ApiKey = "<redmine_api_key>";
    private static string BaseUrl = "http://servername/redmine";
    private static HttpClient client = new HttpClient();

    [FunctionName("GetProjectList")]
    public static async Task<IActionResult> GetList(
        [HttpTrigger(AuthorizationLevel.Function,
        "get", "post", Route = null)]
        HttpRequest req, TraceWriter log)
    {
        var json =
          await client.GetStringAsync(
          $"{BaseUrl}/projects.json?key={ApiKey}");
        var data = JsonConvert
          .DeserializeObject<ProjectList>(json);
        foreach ( var proj in data.Projects )
        {
            log.Info($"{proj.Id}: {proj.Name}");
        }
        return new OkObjectResult(json);
    }

    [FunctionName("GetProject")]
    public static async Task<IActionResult> Get(
        [HttpTrigger(AuthorizationLevel.Function,
        "get", "post", Route = null)]
        HttpRequest req, TraceWriter log)
    {
        string id = req.Query["id"];
            var json =
              await client.GetStringAsync(
              $"{BaseUrl}/projects/{id}.json?key={ApiKey}");
        var proj = JsonConvert.DeserializeObject<Project>(json);
        log.Info($"{proj.Id}: {proj.Name}");

        return new OkObjectResult(json);
    }
}
```

Function AppでHttpClientクラスを扱うときは、接続するポート番号が枯渇しないようにするため、クラス変数（static変数）として定義しておきます。このようにすると、HttpClient

クラスのインスタンスが関数呼び出し時に再利用され効率的にアクセスができます。HTTPプロトコルのヘッダー部の変更やCookieの設定が必要な場合は、適宜修正していきます。

Redmineの API は、ユーザー設定から API キーを取得して、GET メソッドで呼び出しができます。次の URL アドレスでプロジェクトの一覧を取得できます（リスト3-3）。

リスト3-3　プロジェクト一覧を取得 (Redmine)

```
http://servername.com/redmine/projects.json?key=<api_key>
```

これを Function App での呼び出しでは以下のように簡略化しています（リスト3-4）。

リスト3-4　プロジェクト一覧を取得 (Function App)

```
http://localhost:7071/api/GetProjectList
```

このサンプルコードでは、Function App 内に Redmine の API が埋め込まれてしまうため、特定のユーザー（閲覧ユーザー専用のユーザーなど）に限られますが、外部ストレージを利用してRedmine ユーザーとの対応表を作ればユーザーごとの API 呼び出しが可能でしょう。あるいは、Redmine の個人単位のアクセス方法ではなく独自のグループ単位のアクセスに変換するなどのカスタマイズが可能です。

Function App から特定の Redmine の Web API のみを利用することで、Redmine へのアクセスを制御することができます。

リスト3-5　指定プロジェクトのチケット一覧を取得 (Redmine)

```
http://servername.com/redmine/projects/<id>.json?key=<api_key>
```

リスト3-6　指定プロジェクトのチケット一覧を (Function App)

```
http://localhost:7071/api/GetProject?id=<id>
```

この方法は HTTP プロトコルを使った Web API 全般に使える手法です。外部リソースをうまく使って自作の Function App を活用していきましょう。

3.5 セキュリティ・認証・APIコード

Function App の実行やそれを動作させる App Service の実行には、さまざまなセキュリティレベルがあります。一番簡単なのは、不特定多数の誰でもアクセスできる Function App の関数でしょう。セキュアな通信保護をせず、関数はいつでも誰でも呼び出しが可能になっている状態です。

しかし、実験的に作成した Function App であれば、個人や社内のみの安全な環境で動作させることができますが、いざ外部に公開するとなると、いろいろなセキュリティ上の問題が発生します。相互にする通信するデータの保護や、特定のユーザーのみ公開する Function

App、不正アクセスが起こったときにFunction Appを安全にロックする手段などが必要となります。

ここではセキュリティ保護の観点から、Function Appに追加できるいくつかの機能を解説しましょう。

3.5.1 承認レベル

Function AppでHTTPトリガーの関数を作成すると、関数の属性に「AuthorizationLevel.Function」の設定が付けられます。これはHTTPトリガーを呼び出すときの「承認レベル」を示しています。

HTTPトリガーの属性で指定できる承認レベルは次の通りです（表3-3）。

表3-3 承認レベル（AuthorizationLevel）

値	内容
Anonymous	匿名アクセスを許可する
Function	関数キーを必要とする
Admin	管理者権限（マスターキー）を必要とする

Functionは、Function Appの関数にデフォルトで利用されるキーです。関数単位で異なるキー情報が使われます。

Anonymousは、匿名アクセスを可能にします。「Function」を指定したときは関数を呼び出すときのURLにアクセスキーが必要になりますが、「Anonymous」ではアクセスキーの設定なしに呼び出せます。Visual Studioでデバッグ実行したときのHTTPトリガーの呼び出しのように、「http://localhost:7071/api/HealthCheckTarget?name=check」のようなキー情報を省いた形式になります。

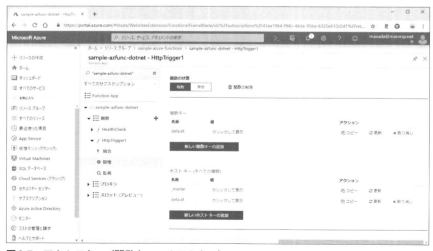

図3-7 アクセスキー（関数キー、ホストキー）

Adminは、マスターキー（ホストキーの「_master」のもの）を必要とします。_masterに記述されているキーは管理用に使われ、Function Appに含まれている関数全体で同じキーを使います。

　Azure Portalで、目的のFunction Appを開いて、関数の［管理］を開くと、関数に設定されるアクセスキーの確認ができます（図3-7）。この中で関数キーの「default」に設定されているキー情報が、「Function」で使われるキーです。「Admin」で必要となるキーは、ホストキーの「_master」になります。ホストキーの中で「default」に設定されているキーは、Adminと同じようにFunction App内にある各関数の共通のキーです。

　関数キーとホストキーの使い分けは、関数ごとにアクセスを管理したい場合は関数キーの「default」を使い、Function Appに複数の関数が含まれていて全ての関数で一括して管理したい場合はホストキーの「default」を使うことになります。

　どちらのキー情報も、データの更新や取り消し（削除）が可能です。関数のバージョンを上げたことにより互換がなくなった場合や、不正に漏れたキー情報を破棄する場合に、キー情報の更新を行うとよいでしょう。

　なおホストキーは、［プラットフォーム機能］→［Function Appの設定］を開くことで、キーの確認や変更が可能です（図3-8）。

図3-8　Function Appの設定

3.5.2　SSL証明書

　サーバーとのセキュアな通信を確保するためには、HTTPSを使いデータを暗号化してデータをやり取りします。これにはサーバーに設定する証明書が必要となります。

　ただし、Azure Functionsは、Azureが提供するため「azurewebsites.net」のサブドメインが使われ、関数の呼び出しはすでに保護されたHTTPSによって行われています。Function Appの関数をブラウザから開いたときに、サーバーの証明書を確認できます（図3-9）。

図3-9 azurewebsites.netの証明情報

　このため、Azure Functionsの各種のトリガーを使ったデータのやり取りは、常に暗号化されてセキュリティ的に保護された状態と言えます。
　サブドメインを使うときは、azurewebsites.netサイトの証明書を利用しますが、App Serviceに独自ドメインを割り当てるときには、SSL証明書の取得と設定が必要です。
　［プラットフォーム機能］で［SSL］のアイコンをクリックすると、SSLバインドなどの画面が表示されます（図3-10）。公開証明書、プライベート証明書をアップロードすることにより、自前のSSL証明書を使うことが可能です。

図3-10　SSL

3.5.3 Microsoftアカウントによるユーザー認証

　外部のユーザー認証の機能を利用して、Function Appの呼び出しを制御できます。［プラットフォーム機能］から［認証/承認］をクリックすると、App Service認証を設定する画面が表示されます（図3-11）。

図3-11　認証/承認

　Function Appを作成した状態では、［App Service 認証］は［オフ］であり、匿名でのアクセスが可能となっています。これを［オン］にすることで、各種の認証プロバイダーを利用してFunction Appの呼び出しを制御できます。
　ここでは、「Microsoft アカウント」を利用した認証機能を使ってみましょう。あらかじめ、Function AppとHTTPトリガーを作成し、「https://sample-azfunc-auth.azurewebsites.net/api/HttpTrigger1?code=＜アクセスキー＞」のようにアクセスできるようにしておきます。
　最初にMicrosoft アカウントデベロッパーセンターの「マイアプリケーション（https://go.microsoft.com/fwlink/p/?LinkId=262039）」で、Function Appを呼び出すためのアプリケーションを登録しておきます。
　マイアプリケーションの集中型アプリケーションで［アプリの追加］ボタンをクリックします。
　アプリケーションの名前は、Function Appとの対応がわかりやすいようにつけておきます。ここでは「SampleAzureFunctionAuth」としています（図3-12）。

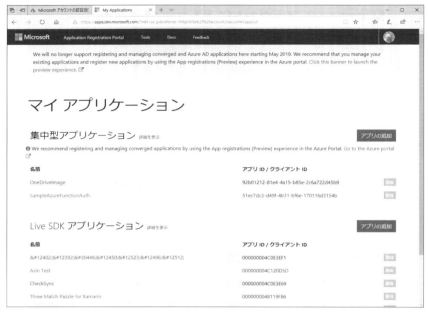

図3-12　マイアプリケーション

　Azure PortalでMicrosoftアカウントの認証プロバイダーを登録するときには、ここで登録した「アプリケーションID」と「アプリケーションシークレット」が必要になります（図3-13）。

図3-13　アプリケーションの登録

パスワードは［新しいパスワードを作成］ボタンをクリックして作ってください。この2つを
エディタなどでメモしておきます。

　［プラットフォームの追加］ボタンをクリックして、リダイレクトURLを登録しておきます
（図3-14）。リダイレクトURLは、Function Appのドメイン名に「/.auth/login/microsoft
account/callback」を追加したものになります。たとえば、Function Appを呼び出すための
URLが「https://sample-azfunc-auth.azurewebsites.net」の場合は、「https://sample-azfunc-
auth.azurewebsites.net/.auth/login/microsoftaccount/callback」のように登録します。

　認証プロバイダーへのアプリケーション登録が終わったら、再びAzure Portalに戻りま
しょう。

図3-14　リダイレクト先の登録

　［Microsoft アカウントの認証設定］の画面で、さきほどメモしておいた「クライアントID」
と「クライアントシークレット」を設定します（図3-15）。アカウント認証だけ利用するので、
アクセス範囲は何もチェックしません。

　［OK］をクリックして、認証/承認の画面に戻って［保存］ボタンをクリックして設定を反
映させます。

　登録したFunction AppのHTTPトリガーを呼び出してみましょう。ブラウザに結び付け
られたMicrosoftアカウントをログアウトした状態で、「https://sample-azfunc-auth.
azurewebsites.net/api/HttpTrigger1?code=＜アクセスキー＞」のようにFunction Appの関
数にアクセスすると、Microsoftアカウントのサインインダイアログが表示されます（図
3-16）。

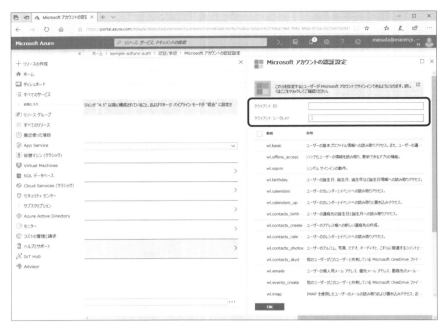

図3-15　Microsoft アカウントの認証設定

図3-16　Microsoftアカウントのサインイン

続けて、アカウントが許可するアプリケーション（SampleAzureFunctionAuth）の利用許可を求めるダイアログが表示されます（図3-17）。

図3-17　アプリケーションの使用許可

ここで［はい］ボタンをクリックすると目的のHTTPトリガーが実行されます。アカウントのログインや、利用許可のダイアログが初回のみ表示されます。Function Appを呼び出すユーザーは、自分のアカウントのページから許可するサービスを編集できます。

図3-18　アクセスが許可しているアプリとサービス

Function App自体は許可したアカウントのリソース（ユーザーの連絡先など）にはアクセスしませんが、要求ヘッダーから読み取り用のトークンを取り出して、ユーザーの名前などの情報を取得してFunction Appへのアクセス制御を実現できます。

第4章

Azure Portalの概要

Function Appの動作確認やテスト実行には、Azure Portal（https://portal.azure.com/）を使うと便利です。そのほかにもFunction Appではアクセス数の増加や課金状態を常にチェックしておく必要があります。不意なアクセス数の増加や関数の不具合といったエラーや警告が頻発していないかを、監視機能によってチェックします。

4.1 | リソースグループでまとめる

Azureでは、いろいろなサービスをひとまとめにして「リソースグループ」としてまとめています。リソースグループは、本書で扱うFunction Appだけでなくテーブルストレージや課金プランなどを含みます。

4.1.1 | リソースグループとは何か

ブラウザでAzure Portalを開いたときに、左側にあるメニューリストに［リソースグループ］があります。初期状態ではリソースグループには何もありません。ただし、第2章でFunction Appを作っている場合にはいつかのリソースグループがあります（図4-1）。ここでは「sample-azure-functions」というリソースグループを見てみましょう。

図4-1 リソースグループの一覧

「sample-azure-functions」という名前のリソースグループは第2章のFunction Appで作成したものです（図4-2）。

図4-2 sample-azure-functionsリソースグループ

最初に.NET環境のFunction Appを作ったときに、アプリ名だけでなく課金プラン（App Serviceプラン）やストレージアカウントを指定しました。Function Appでは、関数の呼び出し回数やVMに配置することによって課金が発生します。また、C#スクリプトで書いたコードなどは指定したストレージに保存されています。

つまり、Function Appを作成し運用維持していくためには、Function Appそのものだけでなく、付随する情報として課金プランやストレージの位置が重要になってくるのです。こ

のため、これらをひとまとめに扱う必要がでてきます。これを、見落としなく行うためにリソースグループがあります。

第2章ではFunction Appを新規に作成するときに新しくリソースグループを作り、その中にFunction Appやストレージの情報をまとめましたが、空のリソースグループを作ることもできます。開発プロジェクトや運用形態なので、あらかじめリソースグループを作成しておき、それぞれのAzureサービスを作るときに既に作成済みのリソースグループを設定します。

4.1.2 Function Appが必要とするリソース

Function Appを作成するときに必要なリソースは、「App Serviceプラン」と「ストレージアカウント」、そしてFunction App自身を示す「App Services」です（図4-3）。

Function Appが起動されるリージョンと課金方法によってApp Serviceプランが決められます。

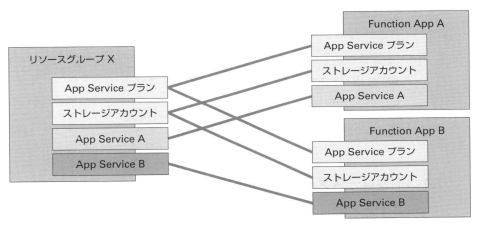

図4-3　リソースグループとリソースの関係

たとえば、App Serviceプランとストレージアカウントを共有している2つのFunction Appを考えてみましょう。図4-3のように、この2つのFunction Appを1つのリソースグループに属させます。Function Appの本体であるApp Servicesカテゴリはそれぞれ別になりますが、ストレージアカウントは同じリソースグループのものを参照しています。図4-3の「リソースグループ X」には、それぞれ関係しているリソース（Function Appを含む、App Serviceプランやストレージアカウントなど）がまとまって保存されていることが明確になります。

Function Appが、永続的なストレージとしてSQL Serverへのアクセスや仮想環境のLinuxと密接にかかわるシステムであったと仮定しましょう。そうすると、SQL Serverのストレージアカウントや、仮想空間（Virtual Machine）を動作させる環境も、Function Appと同じ「リソースグループ X」に入れたほうが具合はいいのです。リソースグループに対して適切なApp Serviceを追加することにより、リソースグループ自体の追加や削除の管理もしやすくなっています。

開発や運用のためのリソースグループを分けておくことにより、リソースグループを削除したときに、それに属しているリソースも同時に削除されます（図4-4）。

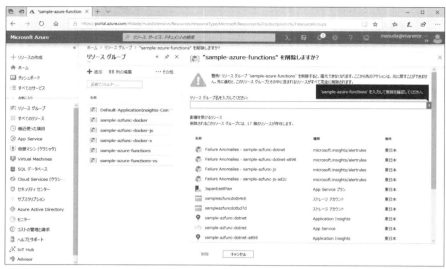

図4-4　リソースグループの削除

リソースグループの操作には、特定のリソースを別のリソースグループに移動する機能もあるので開発時や試験時などに活用できます。

4.1.3　リソースグループ単位の操作

Azureには各種のリソース（App Serviceや仮想環境など）に対するアクセス数や課金などを細かく設定ができますが、同時に複数のリソースをまとめたリソースグループに対してもアクセス制御が可能になっています。

特定のリソースグループを選択すると、リソースグループに対する操作メニューが表示されます（図4-5）。

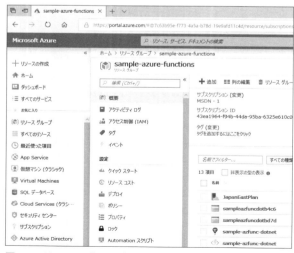

図4-5　リソースグループの操作メニュー

主な操作を簡単に解説しておきましょう。

上のメニューある［＋追加］をクリックすると、表示しているリソースグループにリソース（Function Appやストレージなど）を追加できます。表示される検索ボックスに「Function App」と入力して検索すれば、手早くFunction Appをリソースグループに追加できます。

対象のリソースグループを削除したいときは、［リソースグループの削除］をクリックします。リソースグループに含まれているリソースを一括で削除できます。

左のリストにある［アクティビティログ］は、リソースグループに追加したサービスやリソース操作の履歴を表示します。

［アクセス制御（IAM）］は、リソースに対してのアクセス権限の確認や設定ができます。Azure ADを利用します。

［設定］→［リソースコスト］は、グループ内に含まれているリソースの課金状態を一覧で確認できます。

［監視］→［インサイト（プレビュー）］は、リソースの動作状態を一覧で確認します。「Azure Resource Health」や「Application Insights」へ素早くアクセスができます。

［監視］→［警告］は、アラートルールを一覧表示や追加ができます。条件を設定して、ある閾値を超えたときに警告メールなどを送信することができます。

4.2 アクセス数・クォート制限

Function Appも他のAzureのサービスと同じように、アクセス数の監視や一定量を超えたときの警告を出せます。Azure Portalから［メトリック］を選び、Function Appのアクセス数などをグラフ化してみましょう。

4.2.1 メトリックでグラフを表示する

［メトリック］は、［モニター］から［メトリック］を選択するか、［リソースグループ］を選択した後に［メトリック］を選びます（図4-6）。

グラフ表示には選択する項目が4つあります。Function Appのアクセス数をグラフ化するための項目を具体的に選択していきます。

- リソース
- メトリックの名前空間
- メトリック
- 集計

図4-6 メトリック表示

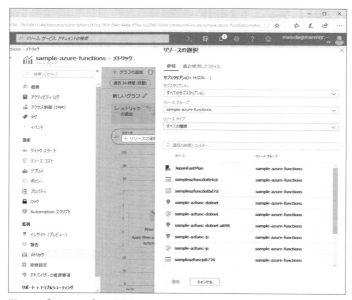

図4-7 ［リソース］の選択

　［リソース］では、目的のリソースグループで絞り込みをします。ここでは第2章で作成した［sample-azure-functions］を選択します。［リソースグループ］を選択すると、グループに含まれているリソースの一覧が表示されます。この一覧から［Function App（sample-azfunc-dotnet）］を選択し、［適用］ボタンをクリックします。
　［メトリック名前空間］は、たくさんあるメトリックを分類するための選択項目です。ここ

では［App Service 標準的なメトリック］のままにしておきます。

　［メトリック］は、グラフ対象となる設定です。ここではFunction Appに対するアクセス数を監視したいので、［Function Execution Count］を選択しておきます。Windows 10などで使われるリソースモニターの項目を想像するとよいでしょう。

　［集計］には、いくつかの集計関数が表示されています（表4-1）。それぞれ1分間ごとのサンプリングに対する計算値です。［Function Execution Count］の場合は［カウント］か［合計］を指定します。

表4-1　［集計］で使用できる関数

項目	説明
［カウント］	関数の呼び出し数などで使い、1分間の呼び出し数を表す
［平均］	メモリの利用量などで使い、1分間の平均値を表す
［最小値］	メモリの利用量などで使い、1分間の最小値を表す
［最大値］	メモリの利用量などで使い、1分間の最大値を表す
［合計］	関数の呼び出し数などで使い、いままでの累計を表す

　ダッシュボードにピン留めをして、Function Appをブラウザで何回か実行してみましょう。数分経ってグラフを更新すると、Function Execution Countの呼び出し回数が増えています（図4-8）。

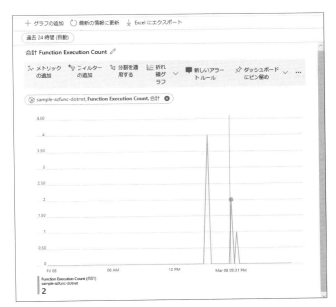

図4-8　グラフ表示の例

　呼び出し回数のほかにも、メモリの使用量、コネクションの回数、ガベージコレクションの回数などを監視するとよいでしょう。監視しているデータはExcel（*.xlsx形式）でもダウンロードができます。

4.2.2 アラートルールを設定する

メトリックで監視している項目が一定以上の値を超えたときに、アラートを出すことができます。Function Appの保守管理を行う場合、一定以上にアクセス数があったときやアクセス競合なので作業メモリが増え過ぎてしまったときの対処のきっかけになります。

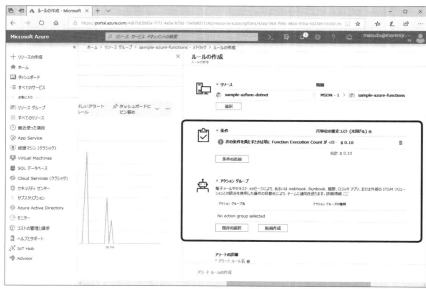

図4-9　ルールの作成

[メトリック]から[新しいアラートルール]をクリックすると、[ルールの作成]画面が表示されます。[条件]の追加と[アクショングループ]の設定を行います（図4-9）。

[条件の追加]をクリックすると、[シグナルロジックの構成]画面が表示されるので、アラートロジックを設定します（図4-10）。「次の値よりも大きい」などの条件を指定し、しきい値を設定します。たとえば「ワーキングメモリが1GB以上になったとき」のように設定し、条件を満たしたときにアラートが発生するようにします。しきい値は、

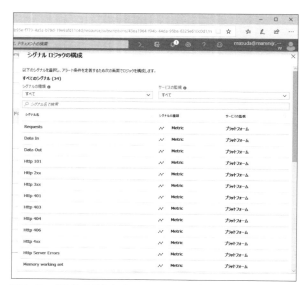

図4-10　[条件の追加]をクリックして[シグナルロジックの構成]画面を表示

あらかじめグラフで確認しておきます。

アクショングループの［新規追加］をクリックすると、［アクショングループの追加］画面が表示されるので、アラートが発生したときの処理を記述します（図4-11）。処理として、以下の6種類のアクションタイプが設定できます（表4-2）。

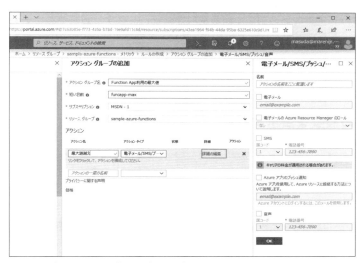

図4-11　［アクショングループの追加］画面

表4-2　設定できるアクションタイプ

選択項目	説明
［電子メール/SMS/プッシュ/音声］	アラートが発生したことをメールなどで通知する
［Azure Function］	アラート発生時に指定のFunction Appを呼び出す
［ロジック アプリ］	アラート発生時に指定のLogic Appを呼び出す
［Webhook］	指定URLを呼び出す
［ITSM］	Management Connectorを呼び出す
［Automation Runbook］	動的にVMの増強や減少などを行う

アラートの通知を電子メールだけで行うと、手動や自動によるメールの処理などが発生してしまいます。ログ記録としての警告の通知だけでない場合は、アラートを処理するFunction Appの作成やLogic Appを作成するとよいでしょう。ただし、このときApp Service認証の機能は使えないため注意が必要です。

瞬時的なアクセス数の増加に備えて柔軟にAzureリソースを増やしたい場合は、Automation Runbookを利用します。

4.3 課金状態

オンプレミスのサーバーとは違い、クラウドで用意したサーバーでは利用時間や利用回数によってお金がかかります。よって、クラウド上で構築するシステムでは、無駄な費用をかけないように実行時間の制限や回数制限を綿密に計画する必要があります。課金の状態によっては、クラウドサーバーよりもオンプレミスの専用サーバーのほうが安価になるかもしれません。

これらの課金状態をAzure Portalで確認してみましょう。

4.3.1 課金の概要を表示する

Azureの課金はサブスクリプションごとに発生します。全体を俯瞰するためにAzure Portalのメニューから［サブスクリプション］→［概要］を選択します。

図4-12　サブスクリプションの概要

概要として「リソースごとのコスト」と「支出の割合と予測」のグラフが表示されます（図4-12）。「リソースごとのコスト」の円グラフでは、課金の大きいリソースが主に表示されています。ここでは「sample-azfunc-cosmosdb」の課金が大きいことがわかります。Cosmos DBやAzure SQL Databaseはアクセス数やデータ量などで課金が大きくなるので、注意する必要があります。

支出の割合の予測のグラフは1か月の請求期間の予測値を出しています。多くのリソースは、時間単位やアクセス数単位などの細かい単位で課金が発生します。このため、不要なリソースを削除すれば、月額を下げることが可能です。本書のように学習のためにAzureのリソースを使う場合は、適宜不要になったリソースを削除すると請求金額を低く抑えられます。

消し忘れてしまったリソースによって不要な課金が発生している場合もあるでしょう。この概要のグラフは日単位で更新されるので、何日かおきに予測値をチェックして、予算を超えないように注意します。

4.3.2 課金状態を細かく分析する

もう少し課金状態を細かく見ていきましょう。[サブスクリプション] → [コスト分析] を選択すると、サービス名、ロケーション、リソースグループの単位で課金状態がわかります（図4-13）。

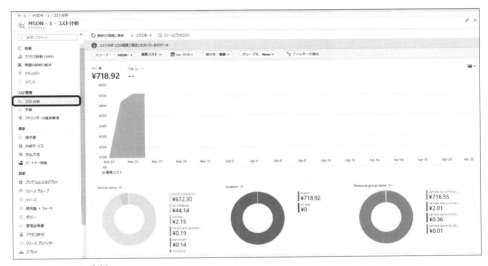

図4-13　コスト分析

サービス名（Service name）は、リソースを作成するときのサービスの名前になります。図4-13の場合、「Azure Cosmos DB」や「Azure SQL Database」の課金が大きいことがわかります。Blobストレージやテーブルストレージは比較的安価であるので、請求を抑えたい場合には開発時にデータ領域として「ストレージ」を使うように設計をするとよいでしょう。

ロケーション（Location）は、Azureの各種リソースが置かれている場所になります。筆者の場合は、住んでいる場所の関係から「東日本」を主に使っています。ロケーションの設定は、システム内のネットワーク負荷も関係するところから、サービスを作成するときに注意したいところです。日本のリージョン、米国のリージョンなど価格が異なります。

リソースグループ名（Resource group name）は、作成したリソースグループの名前ごとの課金です。リソースグループは、システムごとに複数のサービスが集まっています。運用しているシステムごとにリソースグループを分ければ、ここで運用システムの課金状態がわかります。逆に、本書のような実験のためのサービスは1つのリソースグループにまとめておいて、不用意な課金が発生していないか監視することができます。サービスがかみ合いすぎて課金が高くなりすぎる恐れがある場合、一度対象のリソースグループを削除して再構築する

とよいです。

図 4-14 ［リソースごとのコスト］を表示

　上のメニューにある［リソースごとのコスト］を選択すると、さらに細かいサービス単位での課金が確認できます（図4-14）。サービスにはさまざまな課金形態があるため、すべてを把握しておくことはなかなか難しいでしょう。
　適度な間隔で課金状態を収集しながら、予算内の金額を心がけていきます。

4.3.3 予算を決めて通知させる

　予算の金額を超えていないか毎日Azure Portalでチェックするのは大変です。あらかじめ予算額を決めておいて、予算額に近づいたときに警告を出したり、予算を超えたりしたときに通知のメールが配信されるようにしておきましょう。
　Azure Portalで［サブスクリプション］→［予算］を選択して、［＋追加］ボタンをクリックすると、アラートが発生するときのアクションを設定できます（図4-15）。
　予算の編集には、上限の金額を設定します。この金額に合わせて、警告条件を設定してアクションを発生させることができます。設定するアクショングループは事前に作成しておきます。警告条件は、予算の何パーセントを超えたかどうかでアクションを設定できます。図4-15では、80%を超えたときに電子メールが通知されるようにしています。
　予算を作成しておくと、その予算の状態が確認できます（図4-16）。予算の対象となる期間が設定できるので、定期的に予算を作成しておくと、月額あるいは四半期で予算がどれだけ使われたかを記録することができます。

第4章　Azure Portalの概要

図4-15　予算の編集

図4-16　予算の状態

　警告条件や予算を超えたときのメールは図4-17のようになります。警告を発生するときの通知は、電子メールだけでなくスマートフォンのSMSや電話による音声も使うことが可能です。

図4-17　通知メール

4.4　ログ出力・エラー発生・監視

　Function Appが実行されたときには、実行時の記録やログ出力が使われます。これらのログはAzure PortalやApplication Insightsで確認ができます。関数を実行したときのエラーの調査や、エラーが発生したとき通知を行うことができます。

4.4.1　関数の実行ログを監視

　Function Appの関数の［監視］を選択すると、実行時のログ出力を閲覧できます。sample-azfunc-dotnetプロジェクトにあるHTTPトリガーの［HttpTrigger1］をクリックしてツリーを展開し、［監視］をクリックします（図4-18）。

　Function Appの関数が実行された日時と結果コード、実行時間が表示されています。過去30日間の成功と失敗のサマリが表示されるので、失敗がないかどうか確認をします。リストは、最新の呼び出しが一番上に表示されています。

　リストの項目をクリックすると、詳細情報が表示されます（図4-19）。通常は関数が起動されたときのログ、関数から戻るときのログ、その間にプログラミングしたログが出力されます。

　図4-19では、sample-azfunc-dotnetプロジェクトのHttpTrigger1関数はテンプレートのまま実行したものなので、ひな形で記述されていた「C# HTTP trigger function processed a request.」がそのまま表示されています。

図4-18　監視

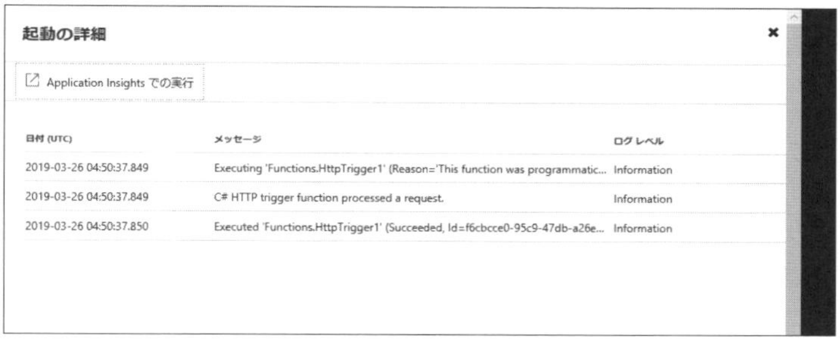

図4-19　起動の詳細

　実行時のログは、［プラットフォーム機能］→［ログストリーミング］でも表示ができます（図4-20）。

図4-20　ログストリーミング

　ログストリーミングはリアルタイムに表示されますが、監視のログは5分間程度のタイムラグがあります。用途によって使い分けてください。

4.4.2 Application Insightsインスタンス

監視のリストの上側にある「Application Insightsインスタンス」のFunction App名のリンクをクリックすると、関数を呼び出したときの記録がグラフになって表示されます（図4-21）。

図4-21 Application Insights

　この画面では関数が実行したときの状態が直近の期間を指定してグラフ化されています。最初の表示では、直近の1時間の表示になります。
　サーバーの負荷を考える場合、「サーバー応答時間」や「サーバー要求」に注目します。なんらかの理由で過負荷が発生している場合に対処が必要になります。
　プログラムに不具合がある場合は「失敗した要求」が発生しているでしょう。単純なプログラムコード間違いだけでなく、過負荷によるデータアクセスの超過も考えられます。
　左側のメニューから［アラート］を選択すると、アラートルールを設定できます。「4.2.2 アラートルールを設定する」で解説したように、Application Insightsの各種パラメーターの閾値を決めてアラートを発生させることが可能です。
　関数の呼び出し数の増加や処理する時間の超過によってアラートを発生させます。

4.4.3 監視ログの保存

　監視のリストの上側にある［Application Insightsでの実行］をクリックすると、別のApplication Insightsの画面が開かれます（図4-22）。

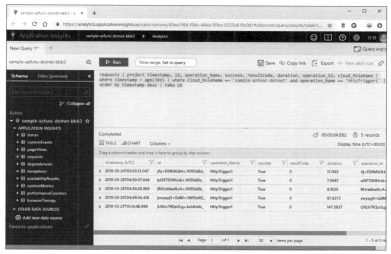

図4-22　クエリによる検索

　この画面では、蓄積された監視データをクエリで検索ができます。Function Appの関数はApplication Insightsで監視することにより、関数が呼び出された時刻や実行時間などが細かく記録されています。それらのすべてを、Azure Portalで確認することはできません。データを抽出したり分析したりするために、Application Insightsのサイトでクエリを実行して、必要なデータを検索してダウンロードします。

　検索したデータは、CSV形式やPower BIへエクスポート可能です。運営時のアクセス解析などに利用してください。

第5章 トリガーの種類

Function Appの関数は「トリガー」という形で呼び出されます。トリガーの種類にはさまざまなものが用意されています。

この章では、各種のトリガーにバインドされる関数を実際にAzure PortalとVisual Studioで作りながら、動作を確認していきます。

5.1 タイマートリガー

タイマートリガーは、定期的に起動させるFunction Appの関数です。定期的に実行される処理を行うために使います。目覚まし時計のアラームのように指定した時刻の起動や、10分おきに実行される周期的な処理を行うために利用します。

5.1.1 概要

タイマートリガーの仕組みは非常に簡単です。Azure側で実行される定期実行のプロセス（cron）によって、関数が呼び出されます（図5-1）。関数内で、処理を行いたいコードを記述します。

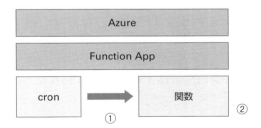

図5-1 タイマートリガーの動作

タイマートリガーの動作は次のようになります。

①cronから関数が定期実行されます。
②タイマートリガーにバインドされた関数で処理を行います。

定期実行の間隔が長い場合には、Function Appを実行しているVMの起動に少し時間がかかります。このため、ピッタリと指定した時刻通りに動くとは限りませんが（数秒遅れることがあります）、定期実行を行う精度としては十分でしょう。

5.1.2 Azure Portalで作成

実際にAzure Portal内でC#スクリプトのタイマートリガーを作ってみましょう。「2.1 ポータルから.NET CoreのFunction Appを作る」で行ったように、Azure Portalの［＋リソースの作成］をクリックした後に「Function App」を検索して、タイマートリガーを追加するFunction Appを作成します。ここでは「sample-azfunc-basic-timer」という名前で作成しています。

Function Appの［関数］を選択すると、作成した関数の一覧が表示されます。ここで［＋新しい関数］をクリックして、作成するトリガーのテンプレートを選びます（図5-2）。

図5-2 ［関数］を選択

トリガーのテンプレートでは［Timer trigger］を選びます（図5-3）。

第5章 トリガーの種類

図5-3 トリガーのテンプレート

　デフォルトで関数名に「TimerTrigger1」、スケジュールに「0 */5 * * * *」が表示されています。そのまま［作成］ボタンをクリックするとタイマートリガーを作成できます（図5-4）。

図5-4 ［新しい関数］ダイアログ

リスト5-1　作成されたコード

```csharp
using System;

public static void Run(TimerInfo myTimer, ILogger log)
{
    log.LogInformation(
        $"C# Timer trigger function executed at: {DateTime.Now}");
}
```

　関数には、Microsoft.Azure.WebJobs.TimerInfoクラスとログ出力用のオブジェクトが渡されます（リスト5-1）。TimerInfoクラスのScheduleStatusプロパティには、タイマートリガーを実行した時刻が入っています。

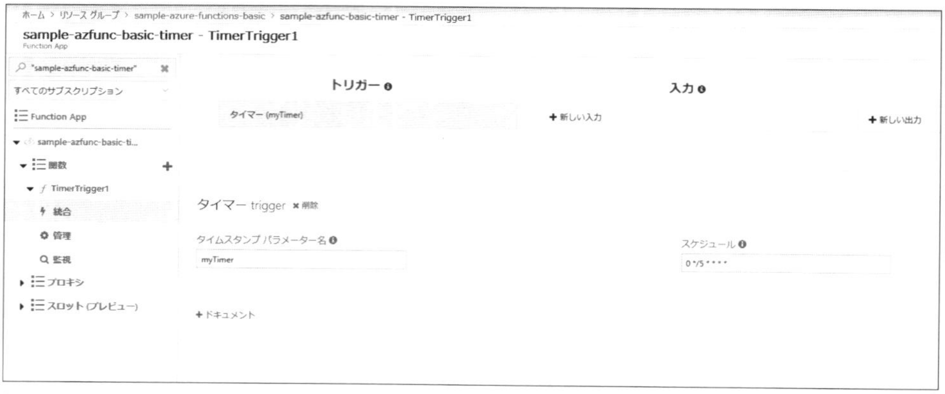

図5-5　タイマートリガーの設定

　［関数］→［TimerTrigger1］→［統合］をクリックすると、トリガーを呼び出すための設定があります。

　［タイムスタンプパラメーター名］は、関数が呼び出すときに渡される変数名です。TimerInfoオブジェクトの変数名です。

　［スケジュール］は、定期実行を行うための設定です。cron型式で「秒 時 分 日 月 曜日」で設定します。デフォルトで設定されている「0 */5 * * * *」は5分間隔という設定になります。詳しい形式については「6.4.1 タイマーの間隔を変える」を参照してください。

5.1.3 ┃ Azure Portalで実行

　C#スクリプトが表示された状態で［実行］ボタンをクリックすると、関数が実行されます。
　ログ出力を見ると、5分間隔で「C# Timer trigger function...」のメッセージが出ていることがわかります（図5-6）。

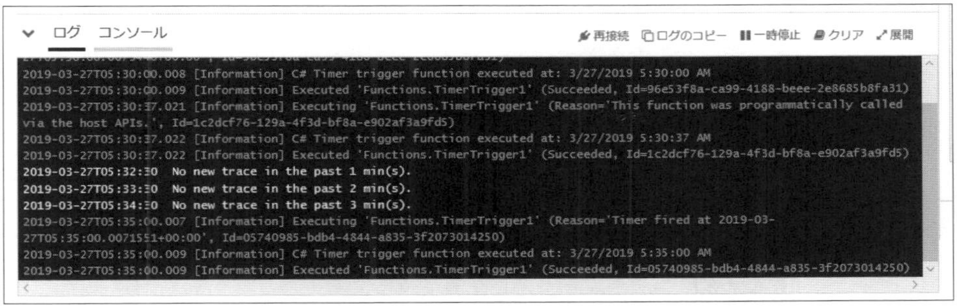

図5-6 ログ出力

5.1.4 Visual Studioで作成

次にVisual Studioでタイマートリガーの Function App を作成してみましょう。プロジェクト名を「FunctionAppTimer」にしてプロジェクトを作成します（図5-7）。

図5-7 ［新しいプロジェクト］画面

プロジェクトにタイマートリガーの関数を追加します。［Timer trigger］を選択して［OK］ボタンをクリックします（図5-8）。スケジュール（Schedule）は後から変更ができます。

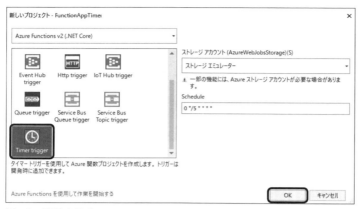

図5-8 関数の作成

リスト5-2 作成されたコード

```
using System;
using Microsoft.Azure.WebJobs;
using Microsoft.Azure.WebJobs.Host;
using Microsoft.Extensions.Logging;

namespace FunctionAppTimer
{
    public static class Function1
    {
        [FunctionName("Function1")]                                    ①
        public static void Run(
           [TimerTrigger("0 */5 * * * *")]                             ②
           TimerInfo myTimer, ILogger log)
        {
            log.LogInformation(
$"C# Timer trigger function executed at: {DateTime.Now}");
        }
    }
}
```

　関数名は①のFunctionName属性で指定される「Function1」です（リスト5-2）。これを変更することで、関数名を変更できます。
　定期実行されるタイマーは、②のTimerTrigger属性です。Azure Portalのときと同じように、デフォルトでは「0 */5 * * * *」が設定されています。

5.1.5 Visual Studioで実行

　Visual StudioでFunction Appをデバッグ実行してみましょう。コマンドラインが表示され

て、実行ログが出力されます（図5-9）。

ログ出力を見ると、Azure Portalと同じように5分間隔で「C# Timer trigger function...」のメッセージが出ていることがわかります（図5-9）。

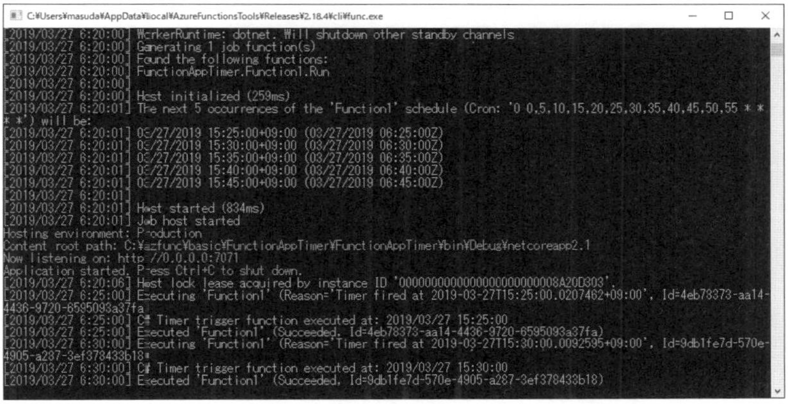

図5-9 デバッグ実行

5.1.6 バインド構成の比較

Azure PortalでC#スクリプトとVisual Studioで作成したC#のコードでは、関数名は違いますが（「TimerTrigger1」と「Function1」）、バインド構成は同じものです。2つのバインド構成は、C#スクリプトではfunction.jsonで、C#のコードでは属性で設定されています。

図5-10 詳細エディターのボタン

C#スクリプトのfunction.jsonは、［関数］→［TimerTrigger1］→［統合］を開き、右上の［詳細エディター］をクリックすることで確認できます（リスト5-3）。

リスト 5-3　**function.json**

```json
{
  "bindings": [
    {
      "name": "myTimer",
      "type": "timerTrigger",
      "direction": "in",
      "schedule": "0 */5 * * * *"
    }
  ]
}
```

function.jsonの設定と属性のパラメーターは表5-1の通りです。

表5-1　タイマートリガーのバインドのパラメーター

function.json	属性	値の例	説明
type	なし	timerTrigger	タイマートリガーであることを設定します。
direction	なし	in	「in」に設定します。
name	なし	myTimer	引き渡されるTimerInfoオブジェクトの名前です。
schedule	文字列	"0 */5 * * * *"	スケジュールをcron型式で指定します。
runOnStartup	runOnStartup	なし	ランタイムが開始されるときにも呼ばれます。タイマートリガーでは「false」にして不用意な呼び出しを防ぎます。デフォルトでは「false」になっています。
useMonitor	UseMonitor	false	スケジュールの監視をtrue/falseで指定します。

　これらのバインド構成を使うことにより、C#スクリプトやC#のコード、またはJavaScriptで関数を作ったときにも同じ動作を行わせることが可能になっています。

5.2 ┃ HTTPトリガー

　HTTPトリガーはURLを指定して呼び出されるFunction Appの関数です。一般的に利用されるWebhookと同じように利用できます。HTTPプロトコルのGETメソッドやPOSTメソッドを使うため、専用のクライアントだけでなくブラウザ上のJavaScriptやサーバーサイドスクリプトからの呼び出しが可能であり、広く活用できるFunction Appのトリガーです。

5.2.1 ┃ 概要

　HTTPトリガーの仕組みは、Web APIをサーバーサイドで作成するのと同じです。Azure上に用意されたHTTPサーバーに対して、クライアントがURLを指定して呼び出します。Web APIなどでHTTPサーバーを設置して目的の関数を呼び出すコーディングが必要にな

りますが、Function AppのHTTPトリガーではそのまま目的の関数が呼び出されます。
HTTPトリガーの動作は次のようになります（図5-11）。

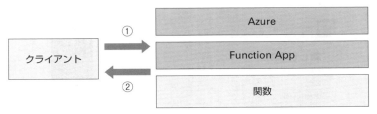

図5-11　HTTPトリガーの動作

①クライアントがURLを指定して関数を呼び出します。関数にはHTTPサーバーを呼び出したときのように要求データが入ってきます。
②クライアントにHTTPプロトコルの返信を送ります。HTTPプロトコルの状態値（200, 404など）を返すことができます。

5.2.2　Azure Portalで作成

Azure Portal内でC#スクリプトのHTTPトリガーを作ってみましょう。ここでは、Function Appを「sample-azfunc-basic-http」で作成しています。左のリストから［関数］を選択して、［＋新しい関数］をクリックしてテンプレートを表示させます。

図5-12　トリガーのテンプレート

114 Asure Functions入門

トリガーのテンプレートでは「HTTP Trigger」を選択します（図5-12）。

図5-13　［新しい関数］ダイアログ

　デフォルトで関数名に「HttpTrigger1」、承認レベルに「Function」が表示されています（図5-13）。そのまま［作成］ボタンをクリックすると、HTTPトリガーを作成できます（リスト5-4）。

リスト5-4　作成されたコード

```
#r "Newtonsoft.Json"

using System.Net;
using Microsoft.AspNetCore.Mvc;
using Microsoft.Extensions.Primitives;
using Newtonsoft.Json;

public static async Task<IActionResult> Run(
  HttpRequest req, ILogger log)
{
    log.LogInformation("
      C# HTTP trigger function processed a request.");

    string name = req.Query["name"];

    string requestBody =
      await new StreamReader(req.Body).ReadToEndAsync();
    dynamic data =
      JsonConvert.DeserializeObject(requestBody);
    name = name ?? data?.name;
```

```
        return name != null
        ? (ActionResult)new OkObjectResult($"Hello, {name}")
        : new BadRequestObjectResult("Please pass a name on the ➡
query string or in the request body");
    }
```

　関数には、Microsoft.AspNetCore.Http.HttpRequestクラスとログ出力用のオブジェクトが渡されます。HttpRequestクラスのQueryプロパティでGETメソッドから渡されたクエリ文字列を取得できます。POSTメソッドで渡されたデータはBodyプロパティを使いストリーム経由で取得します。

　関数の戻り値はMicrosoft.AspNetCore.Mvc.IActionResultとなっているため、ASP.NET Core MVCプロジェクトと同じようにレスポンスを返せます。文字列のデータのほか、画像のようなバイナリデータを返すことも可能です。

　このひな形では、クエリ文字列の「name」か、POSTメソッドで渡されてきたJSONデータの「name」の値を「Hello, ○○」として返しています。

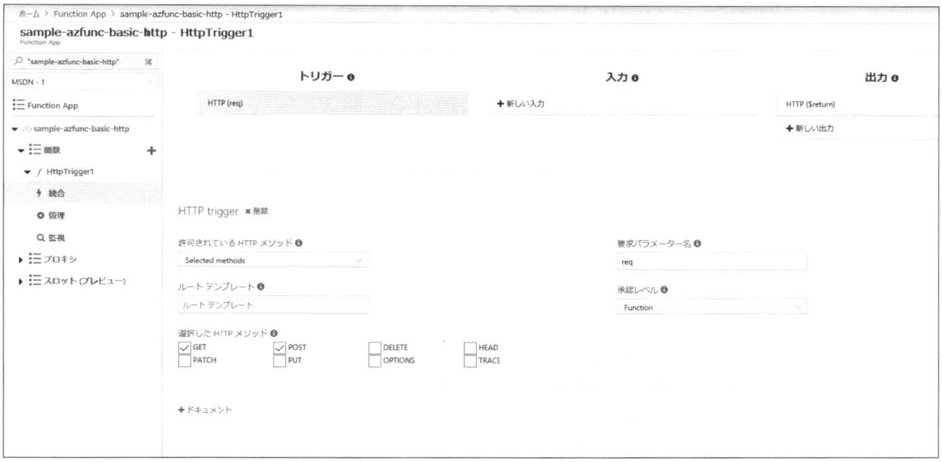

図5-14　HTTPトリガーの設定

　［関数］→［HttpTrigger1］→［統合］をクリックすると、トリガーを呼び出すための設定があります（図5-14）。クライアントから呼び出されたときに［選択したHTTPメソッド］が有効になります。ここでは、GETメソッドとPOSTメソッドが有効です。

　［要求パラメーター名］はC#スクリプトで記述されている関数の引数名になります。［承認レベル］は、関数キーでチェックを行う「Function」が指定されています。これを「Anonymous」にすることで、APIキーを必要としない匿名アクセスが可能になります。

5.2.3 ┃ Azure Portalで実行

　C#スクリプトが表示された状態で［実行］ボタンをクリックすると、関数が実行されます。

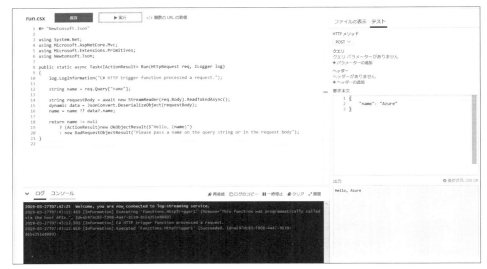

図5-15　ログ出力とレスポンス

　ログ出力を見ると、HTTPトリガーが呼び出され、「C# HTTP trigger function...」が表示されていることがわかります（図5-15）。
　また、HTTPトリガーのレスポンスとして「Hello, Azure」が返ってきています。POSTメソッドで渡しているJSONデータを変更することにより、レスポンスで返ってくるメッセージを変えることができます。
　ブラウザにURLアドレスを指定して呼び出す場合、［実行］ボタンの右横にある［関数のURLの取得］をクリックして、URLを取得します（図5-16）。

図5-16　関数のURLの取得

　このURLを使うことで、ブラウザから指定のHTTPトリガーを呼び出すことができます（図5-17）。

図5-17　ブラウザで実行

取得したURLには、HTTPトリガーにアクセスするためのホストキーが含まれています。ホストキーの確認は、[関数] → [管理] のホストキーでできます。このホストキーは変更可能なので、何かの理由でホストキーが外部に漏れてしまった場合は、ホストキーを変更して漏洩したキーでは接続できないように対処します。

5.2.4 Visual Studioで作成

次にVisual StudioでHTTPトリガーのFunction Appを作成してみましょう。プロジェクト名を「FunctionAppHttp」にしてプロジェクトを作成します。プロジェクトにHTTPトリガーの関数を追加します。

[Http trigger] を選択して [OK] ボタンをクリックします (図5-18)。アクセス認証 (Access rights) は後から変更ができます。

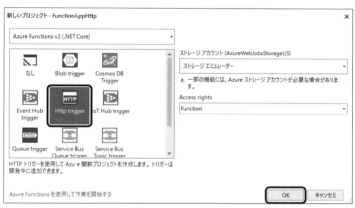

図5-18 関数の作成

リスト5-5 作成されたコード

```
using System;
using System.IO;
using System.Threading.Tasks;
using Microsoft.AspNetCore.Mvc;
using Microsoft.Azure.WebJobs;
using Microsoft.Azure.WebJobs.Extensions.Http;
using Microsoft.AspNetCore.Http;
using Microsoft.Extensions.Logging;
using Newtonsoft.Json;

namespace FunctionAppHttp
{
    public static class Function1
    {
        [FunctionName("Function1")]                    ①
```

```csharp
    public static async Task<IActionResult> Run(
        [HttpTrigger(AuthorizationLevel.Function,           ②
        "get", "post", Route = null)]
        HttpRequest req,                                    ③
        ILogger log)
    {
        log.LogInformation(
     "C# HTTP trigger function processed a request.");
        string name = req.Query["name"];
        string requestBody =
          await new StreamReader(req.Body)
          .ReadToEndAsync();
        dynamic data =
          JsonConvert.DeserializeObject(requestBody);
        name = name ?? data?.name;
        return name != null
        ? (ActionResult)new OkObjectResult(              ④
          $"Hello, {name}")
        : new BadRequestObjectResult("Please pass a name on ⤷
the query string or in the request body");
    }
  }
}
```

リスト5-5のコードが作成されます。

① 関数名はFunctionName属性で指定されている「Function1」となります。この関数名は変更可能です。HTTPトリガーを呼び出すときのURLに利用されます。
② 承認方法や呼び出しを許可するメソッド（GET、POST）などをHttpTrigger属性で指定します。
③ クライアントから呼び出されたデータは、HttpRequestオブジェクトで引き渡されます。
④ クライアントへ戻すデータは、OkObjectResultクラスなどを使ってIActionResultインターフェイスを継承したオブジェクトで返します。

5.2.5 | Visual Studioで実行

Visual StudioでFunction Appをデバッグ実行してみましょう。コマンドラインが表示されて、実行ログが出力されます（図5-19）。

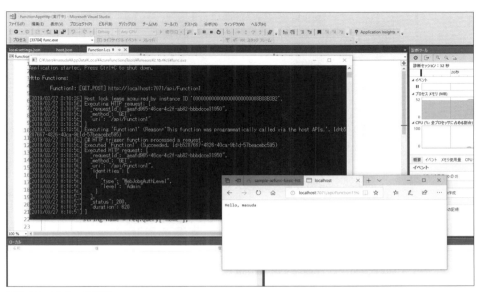

図5-19　デバッグ実行

出力されているURLをコピーして、ブラウザで開いてみましょう。クエリ文字列に「name」を設定して「http://localhost:7071/api/Function1?name=masuda」とすることで、正常に「Hello, masdua」が返されることがわかります。

5.2.6　バインド構成の比較

Azure Portalで作成したC#スクリプトとVisual Studioで作成したC#のコードでは、関数名は違いますが（「HttpTrigger1」と「Function1」）、バインド構成は同じものです。

2つのバインド構成は、C#スクリプトではfunction.jsonで、C#のコードでは属性で設定されています。

C#スクリプトのfunction.jsonは、[関数] → [HttpTrigger1] → [統合] を開き、右上の [詳細エディター] をクリックすることで確認できます（リスト5-6）。

リスト5-6　`function.json`

```
{
  "bindings": [
    {
      "authLevel": "function",
      "name": "req",
      "type": "httpTrigger",
      "direction": "in",
      "methods": [
        "get",
```

```
          "post"
      ]
    },
    {
      "name": "$return",
      "type": "http",
      "direction": "out"
    }
  ]
}
```

function.jsonの設定と属性のパラメーターは表5-2の通りです。

表5-2　HTTPトリガーのバインドのパラメーター

function.json	属性	値の例	説明
type	なし	httpTrigger	HTTPトリガーであることを設定します。
direction	なし	in	「in」に設定します。
name	なし	req	引き渡されるHttpRequestオブジェクトの名前です
methods	文字列	get、post	関数が応答するHTTPメソッドを指定します。
authLevel	AuthLevel 列挙子		関数を呼び出したときに必要なキー情報を指定します。
		Anonymous	キー情報は必要ありません。匿名アクセスが可能です。
		Function	関数ごとに指定されたAPIキーが必要です。
		Admin	マスターキーが必要です。
route	Route	null	関数が応答するときのルートテンプレートを設定します。既定値は関数名になります。

これらのバインド構成を使うことにより、C#スクリプトやC#のコード、またはJavaScriptで関数を作ったときにも同じ動作を行わせることが可能になっています。

5.2.7 ルートテンプレートの指定

既定では、HTTPトリガーの呼び出しは「http://＜Function App名＞.azurewebsites.net/api/＜関数名＞」となっていますが、これをHttpTrigger属性のRouteプロパティを設定することにより変更できます。

たとえば、リスト5-7のように文字列のパラメーターとして「category」、数値のパラメーターとして「id」を用意し、http://＜Function App名＞.azurewebsites.net/api/＜関数名＞/＜category＞/＜id＞」として呼び出されたときに、それぞれのパラメーターに値が入るようにします。

リスト5-7　ルート（**Route**）の指定

```
[FunctionName("Function2")]
public static async Task<IActionResult> Run2(
```

```csharp
    [HttpTrigger(AuthorizationLevel.Function, "get",
Route = "products/{category:alpha}/{id:int?}")]
        HttpRequest req,
        string category,
        int? id,
        ILogger log)
{
    if ( id == null )
    {
        return new OkObjectResult(
          $"category {category} and all items.");
    }
    else
    {
        return new OkObjectResult(
          $"category {category} and id = {id}.");
    }
}
```

　この関数をローカル環境で「http://localhost:7071/api/products/orange/100」で呼び出すと、クエリ文字列から「orange」と「100」が自動的に取り出されて、引数のcategoryとidに割り当てられます（図5-20）。

図5-20　実行結果

　ルートテンプレートの詳しい書式に関しては、Attribute Routing in ASP.NET Web API 2 の「Route Constraints（https://docs.microsoft.com/en-us/aspnet/web-api/overview/web-api-routing-and-actions/attribute-routing-in-web-api-2#constraints）」を参照してください。

5.3 Cosmos DBトリガー

　Azure Cosmos DBのトリガーは、Cosmos DBに対してデータの挿入や変更があったときに発生するトリガーです。SQL Serverのトリガーのように、データに変更があったときに関数を割り当てることができます。
　データ変更のトリガーを利用したチャットシステムや、ユーザーからのアクションを取り込んで複数の端末での相互通信などに利用できます。Cosmos DBが非常に大量なデータを分散環境で扱えるため、地域や事業ごとに分散したデータを扱うときに便利です。

5.3.1 概要

　Cosmos DBトリガーは、Azure Cosmos DB APIの変更フィールドの通知を受信することで実現されています。デスクトップと同じようにCosmos DBの変更通知をリッスンしておき、Function Appで通知を受け取ることができます。
　変更時のデータは、Microsoft.Azure.Documents.Documentクラスのコレクションとして引数で渡されます。
　Cosmos DBトリガーの動作は次のようになります（図5-21）。

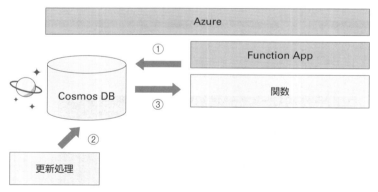

図5-21　Cosmos DBトリガーの動作

　①Function Appの登録時にCosmos DBの更新トリガーが設定されます。
　②Cosmos DBに対してデータの挿入や更新が行います。
　③データ更新のタイミングで、Function Appに登録されているCosmos DBトリガーが呼び出されます。

5.3.2 Azure Cosmos DBの作成

　最初に接続先のCosmos DBを作成しておきましょう。既にCosmos DBがAzure上に作成

済みであれば、それを再利用しても構いません。

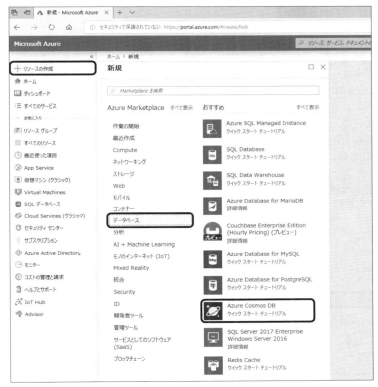

図5-22 リソースの作成

Azure Portalで左のメニューから[＋リソースの作成]をクリックします。カテゴリで[データベース]を選択して[Azure Cosmos DB]を選びます（図5-22）。

[基本]タブで、Cosmos DBを作成するグループを新規作成するか選択します。ここでは「sample-azure-functions-basic」という名前のリソースグループに属するようにしています。

図5-23 Azure Cosmos DBアカウントの作成

［アカウント名］はCosmos DBに接続するためのドメイン名です。アカウント名を「sample-azfunc-basic-cosmosdb」とすると「sample-azfunc-basic-cosmosdb.documents.azure.com」のサブドメインに接続します。

［API］は［コア（SQL）］のままで構いません。

［場所］は、利用するロケーションに合わせておきます（図5-23）。

［確認と作成］タブで各種の設定を確認したのちに、［作成］ボタンでCosmos DBをデプロイします。

Cosmos DBができたら、Cosmos DBトリガーから書き込むデータベース（Database）とコレクション（Collection）を作成しておきましょう。作成したCosmos DBをリソースグループから開いて、左側のメニューから［データエクスプローラー］を選択します。ページの上のほうにある［New Collection］をクリックして、新しいデータベースとコレクションを作成します（図5-24）。

図5-24　コレクションの作成

データベース名（［Database id］）は「SampleDB」、コレクション名（［Collection id］）を「SampleCollection」にしておきます。

［Partition key］はデータを分散させたときに分類として使われるキーです。今回はあまり必要ではないので「/Region」のように適当に指定しておきます。

［OK］ボタンをクリックすると、指定したデータベースとコレクションがデータエクスプローラーに表示されます。

データエクスプローラーのツリーで［SampleDB］→［SampleCollection］→［Documents］を開くと、コレクション内のデータが表示できます（図5-25）。この図ではまだ作成したばかりなので空の状態です。

［New Document］のボタンをクリックすると、新しいデータを作成できます。これは後で、Cosmos DBトリガーを動作させるときに使います。

図5-25 データエクスプローラー

図5-26 接続文字列

　Azure Cosmos DBに接続するための接続文字列は、Cosmos DBを開き、メニューから［キー］を選択すると見ることができます（図5-26）。
　データベースに対して読み書きができる接続文字列と読み取り専用の接続文字列の2種類があります。

5.3.3 Azure Portalで作成

　Azure Portal内でC#スクリプトのCosmos DBトリガーを作ってみましょう。事前にFunction Appを「sample-azfunc-basic-cosmosdb」で作成しています。
　左のリストから［関数］を選択して、［＋新しい関数］をクリックしてテンプレートを表示させます。
　トリガーのテンプレートでは［Azure Cosmos DB Trigger］を選択します（図5-27）。

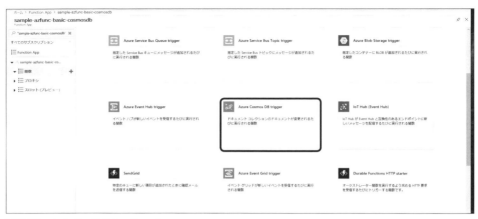

図5-27　トリガーのテンプレート

　Cosmos DBトリガーを使うには、Function Appに拡張機能「Microsoft.Azure.WebJobs.Extensions.CosmosDB」が必要になります（図5-28）。［インストール］ボタンをクリックして、拡張機能をインストールします。インストールは長い場合は5分から10分程度かかります。

図5-28　拡張機能のインストール

　しばらくして拡張機能のインストールが完了すると、メッセージが表示されます（図5-29）。［続行］ボタンをクリックして、関数の作成を続けましょう。

図5-29　拡張機能のインストール完了

デフォルトで関数名に「CosmosTrigger1」が設定されています（図5-30）。［Azure Cosmos DB アカウント接続］の［新規］のリンクをクリックして、先ほど作成したCosmos DBを指定します。

図5-30 ［新しい関数］ダイアログ

［接続］ダイアログの［データベースアカウント］で「sample-azfunc-basic-cosmosdb」を選択して、［選択］ボタンをクリックします（図5-31）。

図5-31 ［接続］ダイアログ

[Azure Cosmos DB アカウント接続]には「sample-azfunc-basic-cosmosdb_DOCUMENTDB」のような文字列が設定されます。この文字列は、アプリケーション設定で参照できるアプリ設定名になります。実際の接続URLは、このアプリ設定名に保存されています（図5-32）。

[コレクション名]に「Sample Collection」、[データベース名]に「SampleDB」として[作成]ボタンをクリックすると、Cosmos DBトリガーのひな形が作成されます（リスト5-8）。

図5-32　コレクション名とデータベース名の入力

リスト5-8　作成されたコード

```
#r "Microsoft.Azure.DocumentDB.Core"
using System;
using System.Collections.Generic;
using Microsoft.Azure.Documents;

public static void Run(
  IReadOnlyList<Document> input, ILogger log)
{
    if (input != null && input.Count > 0)
    {
        log.LogInformation("Documents modified " + input.Count);
        log.LogInformation("First document Id " + input[0].Id);
    }
}
```

関数には、Microsoft.Azure.Documents.Documentクラスのコレクションとログ出力用のオブジェクトが渡されます。コレクションに内容を確認して、Cosmos DBで更新した情報を取得できます。

5.3.4 Azure Portalで実行

C#スクリプトが表示された状態で［実行］ボタンをクリックすると、関数が実行されます。
初回のエラーは、Cosmos DBの更新ではなく関数が呼び出されたときのエラー表示なので問題はありません（図5-33）。

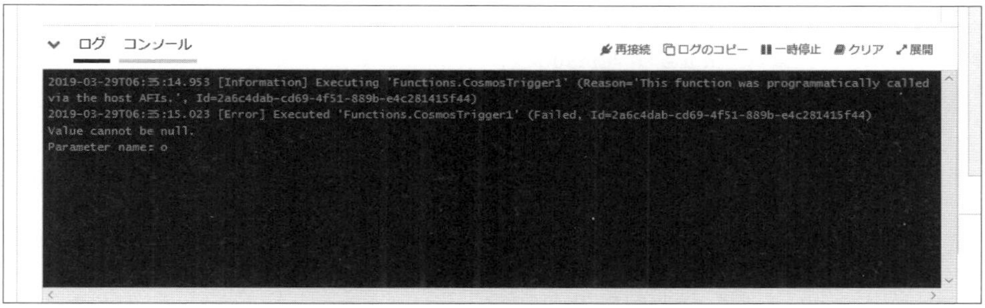

図5-33 ログ出力とトリガー待ち

ブラウザでもう1つAzure Portalを開き、データエクスプローラーを使ってCosmos DBにデータを登録します。
［SampleDB］→［SampleCollection］→［Documents］を開いて、［New Document］ボタンクリックします。

リスト5-9 挿入するデータ

```
{
    "Region": "Japan",
    "Name": "masuda",
    "Message": "Hello Cosmos DB."
}
```

図5-34 Cosmos DBへデータを登録して［Save］をクリック

挿入するデータは、JSON形式で記述します（リスト5-9）。自動で生成されていた「id」は、保存（Save）の時に自動的に割り振られるので、削除してしまって構いません。［Save］ボタンをクリックすると（図5-34）、データが切り替わり、SampleCollectionのデータが挿入されます（リスト5-10）。

リスト5-10　挿入されたデータ

```
{
    "Region": "Japan",
    "Name": "masuda",
    "Message": "Hello Cosmos DB.",
    "id": "f83f1ef4-6670-1233-8359-850a274014f5",
    "_rid": "9zdyANRpnuYCAAAAAAAAAA==",
    "_self": "dbs/9zdyAA==/colls/9zdyANRpnuY=/docs/9zdyANRpnuYCAA⏎
AAAAAAAA==/",
    "_etag": "¥""080061c8-0000-0000-0000-5c9dbe830000¥"",
    "_attachments": "attachments/",
    "_ts": 1553841795
}
```

ふたたび関数のログに戻ると、Cosmos DBトリガーのログが出力されて関数が起動されていることが確認できます（図5-35）。

図5-35　ログ出力

5.3.5 ローカル環境のCosmos DBの作成

次にVisual StudioでCosmos DBトリガーを作成しますが、その前にローカル環境で動作するAzure Cosmos DB Emulatorの準備をしましょう。Azure上のCosmos DBと同じように機能の制限はありますが、ローカルのWindows上で動作するエミュレーターになります。インストール方法は「付録A.6 Azure Cosmos DB Emulator」を参照してください。

タスクトレイから［Azure Cosmos Emulator］のアイコンを右クリックして、ショートカットメニューから［Open Data Explorer...］を選択し、ブラウザで「Azure Cosmos DB

Emulator」の設定画面を開きます（図5-36）。

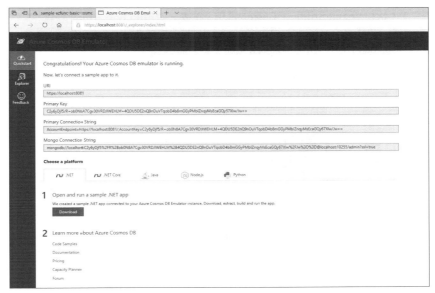

図5-36　Azure Cosmos DB Emulator（Quickstart）

［Primary Connection String］が、Azure Cosmos DB Emulatorに接続するための接続文字列になります。

Azure上のCosmos DBで作成したように、データベース「SampleDB」とコレクション「SampleCollection」を作成しておきます（図5-37）。

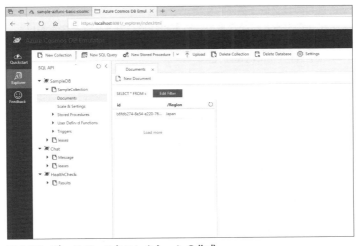

図5-37　データベースとコレクションの作成

5.3.6 Visual Studioで作成

次にVisual StudioでCosmos DBトリガーのFunction Appを作成してみましょう。プロジェクト名を「FunctionAppComsosDB」にしてプロジェクトを作成します。プロジェクトにCosmos DBトリガーの関数を追加します。

［新しいプロジェクト］画面で［Cosmos DB Trigger］を選択します（図5-38）。

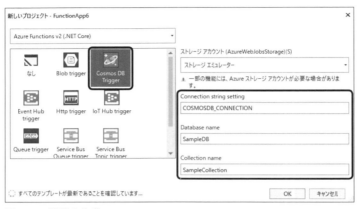

図5-38 関数の作成

［Connection string setting］は、Cosmos DBに接続する接続文字列のアプリ設定です。ここでは「COSMOSDB_CONNECTION」と入力しておきます。この文字列には好きな値を設定できます。

接続先のデータベース名（［Database name］）とコレクション名（［Collection name］）を設定しておきます。データベース名が「SampleDB」、コレクション名を「SampleCollection」にします。これらの設定値は後から変更ができます。

［OK］をクリックすると、ひな形のコードが作成されます（リスト5-11）。

リスト5-11 作成されたFunction1.csのコード

```
using System.Collections.Generic;
using Microsoft.Azure.Documents;
using Microsoft.Azure.WebJobs;
using Microsoft.Azure.WebJobs.Host;
using Microsoft.Extensions.Logging;

namespace FunctionAppCosmosDB
{
    public static class Function1
    {
        [FunctionName("Function1")]                                     ①
        public static void Run([CosmosDBTrigger(                        ②
            databaseName: "SampleDB",
```

```
        collectionName: "SampleCollection",
        ConnectionStringSetting = "COSMOSDB_CONNECTION",
        LeaseCollectionName = "leases")]
        IReadOnlyList<Document> input, ILogger log)
    {

        if (input != null && input.Count > 0)
        {
            log.LogInformation(
          "Documents modified " + input.Count);
            log.LogInformation(
          "First document Id " + input[0].Id);
        }

    }
}
```

①関数名はFunctionName属性で指定されている「Function1」となります。この関数名
は変更可能です。

②Cosmos DBへ接続するための設定は、CosmosDBTrigger属性で指定されています。

　ここで、CosmosDBTrigger属性で指定されている「LeaseCollectionName」はリース保存
先のためのコレクション名を示しています。このleasesコレクションを自動的に作成させる
ため、CosmosDBTrigger属性に「CreateLeaseCollectionIfNotExists = true」を追加してお
きます（リスト5-12）。

リスト5-12　`CreateLeaseCollectionIfNotExists`を追加

```
[FunctionName("Function1")]
public static void Run([CosmosDBTrigger(
  databaseName: "SampleDB",
  collectionName: "SampleCollection",
  ConnectionStringSetting = "COSMOSDB_CONNECTION",
  LeaseCollectionName = "leases",
  CreateLeaseCollectionIfNotExists = true)]            ①
  IReadOnlyList<Document> input, ILogger log)
{
```

　①のように「CreateLeaseCollectionIfNotExists = true」の行を追加するか、LeaseCollection
Nameの設定を削除しておきます。

リスト5-13　修正する`local.settings.json`

```
{
    "IsEncrypted": false,
  "Values": {
    "AzureWebJobsStorage": "UseDevelopmentStorage=true",
    "FUNCTIONS_WORKER_RUNTIME": "dotnet",
```

```
      "COSMOSDB_CONNECTION": "AccountEndpoint=https://localhost:↻
8081/;AccountKey=C2y6yDjf5/R+ob0N8A7Cgv30VRDJIWEHLM+4QDU5DE2nQ↻
9nDuVTqobD4b8mGGyPMbIZnqyMsEcaGQy67XIw/Jw=="
  }
}
```

　ソリューション エクスプローラーでlocal.settings.jsonファイルを開いて、COSMOSDB_
CONNECTIONのアプリ設定を追加しておきます（リスト5-13）。さきのAzure Cosmos DB
Emulatorで取得した［Primary Connection String］の値をそのままコピーして貼り付けます。
　これでローカルのCosmos DBエミュレーターに接続できます。本番のAzure Cosmos DB
に接続したい場合は、この値を「5.3.2 Azure Cosmos DBの作成」で閲覧できる接続文字列に
変更します。

5.3.7 | **Visual Studioで実行**

図5-39　デバッグ実行

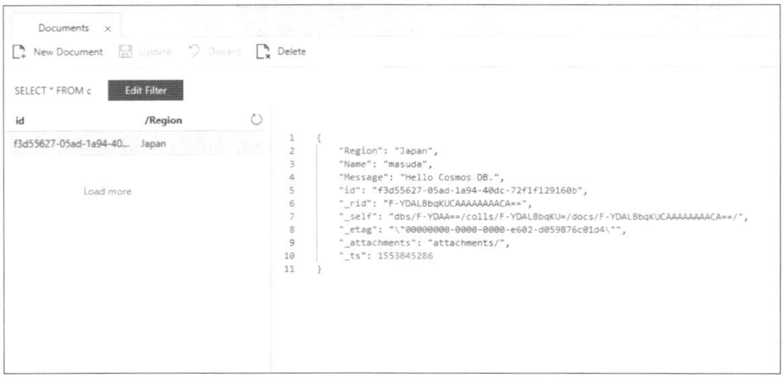

図5-40　SampleCollectionにデータを挿入した後の状態

Visual StudioでFunction Appをデバッグ実行してみましょう。コマンドラインが表示されて、実行ログが出力されます（図5-39）。

この状態で、Azure Cosmos DB Emulatorを使ってSampleCollectionに前出のリスト5-9のデータを挿入します（図5-40）。

データを挿入したときに、デバッグ出力のコマンドプロンプトに関数のログが出力できることが確認できます。

更新したデータの内容は、GetPropertyValueメソッドでアクセスできます。Function1.csを修正します（リスト5-14）。

リスト5-14　更新データを取得

```
if (input != null && input.Count > 0)
{
    log.LogInformation("Documents modified " + input.Count);
    log.LogInformation("First document Id " + input[0].Id);
    var doc = input[0];                                        ①
    var name = doc.GetPropertyValue<string>("Name");          ②
    var msg = doc.GetPropertyValue<string>("Message");
    log.LogInformation($"{name} : {msg}");                    ③
}
```

①通知された最初のデータを、変数docに代入しています。これはDocumentオブジェクトになります。
②DocumentクラスのGetPropertyValueメソッドを使ってデータの内容を取得します。JSONデータの「Name」と「Message」の値を取得します。
③取得したデータをログに出力します。

実行した結果は図5-41のようになります。

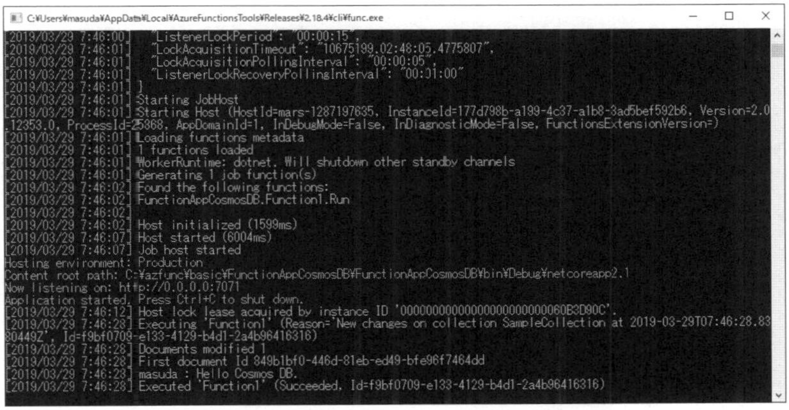

図5-41　データの内容を出力

このようにCosmos DBの指定したコレクションの更新に従って、Cosmos DBトリガーを呼び出すことができます。

5.3.8 バインド構成の比較

　Azure Portalで作成したC#スクリプトとVisual Studioで作成したC#のコードでは、関数名は違いますが（「CosmosTrigger1」と「Function1」）、バインド構成は同じものです。2つのバインド構成は、C#スクリプトではfunction.jsonで、C#のコードでは属性で設定されています。

　C#スクリプトのfunction.jsonは、［関数］→［CosmosTrigger1］→［統合］を開き、右上の［詳細エディター］をクリックすることで確認できます（リスト5-15）。

リスト5-15 `function.json`

```json
{
  "bindings": [
    {
      "type": "cosmosDBTrigger",
      "name": "input",
      "direction": "in",
      "connectionStringSetting":
       "sample-azufunc-basic-cosmosdb_DOCUMENTDB",
      "databaseName": "SampleDB",
      "collectionName": "SampleCollection",
      "leaseCollectionName": "leases",
      "createLeaseCollectionIfNotExists": true
    }
  ]
}
```

　function.jsonの設定と属性の主なパラメーターは表5-3の通りです。

表5-3　Cosmos DBトリガーのバインドのパラメーター

function.json	属性	値の例	説明
type	なし	cosmosDBTrigger	Cosmos DBトリガーであることを設定します。
direction	なし	in	「in」に設定します。
name	なし	input	引き渡されるDocumentオブジェクトの名前です。
connectionStringSetting	databaseName		監視対象のAzure Cosmos DBへ接続する接続文字列のアプリ設定です。
databaseName	databaseName		監視先のデータベース名。
collectionName	collectionName		監視先のコレクション名。
leaseCollectionName	LeaseCollectionName		リースの保存のために使用するコレクション名。

function.json	属性	値の例	説明
createLeaseCollection IfNotExists	CreateLeaseCollection IfNotExists		リースのコレクションがない場合、自動生成するかどうかのフラグ。
leaseCollectionPrefix	LeaseCollectionPrefix		複数の関数でトリガーする場合、異なるプレフィックスを付けてリースを共有します。

　リースのコンクションは、トリガーの関数ごとに異なるLeaseCollectionPrefixの値を付けておきます。共通のリースを使っている場合、トリガーは1つの関数にしか発生しません。

5.4 Blobストレージによるトリガー

　Azureのストレージとして、Blob、テーブル、Queue、ファイルの4種類のデータを保存することができます。
　それぞれのストレージには特徴があり、Blobストレージは汎用的なテキストやバイナリなどのデータ、テーブルストレージはデータベースのように整理された形でのデータ、Queueストレージは通知などで使われる一時期的なメッセージを扱うデータ型式、ファイルストレージは一般的なファイルと同じように扱えるストレージ、となっています。
　ここではBlobストレージのトリガーを見ていきましょう。

5.4.1 概要

　Blobトリガーは、ストレージアカウントのBlobストレージに対して挿入や更新が発生したときに、関数が呼び出されます。Blobストレージは複数のコンテナーを持つことができ、それぞれのコンテナーにファイルやフォルダーをアップロードすることができます。コンテナー内のBlobはバインド式によって、ファイル名を取得できます。
　Blobトリガーの動作は以下のようになります（図5-42）。

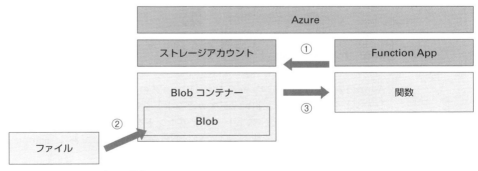

図5-42　Blobトリガーの動作

①Function Appの実行時にBlobコンテナーの更新トリガーが設定されます。
②Blobコンテナーに対して、Blob（ファイルやフォルダー、データなど）を登録します。
③Blobコンテナーに登録した関数が呼び出されます。

10万以上のBlobを含むコンテナーや、1秒あたりに100以上の更新が起こるようなBlobの場合は、更新通知の処理が10分ほど遅延する可能性もあります。このような高スケールのBlobの更新を遅延なく受けるためには、Event GridトリガーやQueueトリガーを利用します。

5.4.2 ストレージアカウントの作成

最初に接続先のストレージアカウントを作成しておきましょう。既に実験用のストレージアカウントがAzure上に作成済みであれば、それを再利用しても構いません。

図5-43　リソースの作成

Azure Portalで左のメニューから［＋リソースの作成］をクリックします。カテゴリで［ストレージ］を選択して［ストレージアカウント］を選びます（図5-43）。
　［リソースグループ］で、ストレージアカウントを含めるリソースグループを新規作成するか、既存のものを選択します。ここでは、あらかじめ作成してある［sample-auzre-functions-basic］を選んでいます。

［ストレージアカウント名］は3から24文字までの名前で設定します。この名前はファイルストレージを直接扱うときに「file.core.windows.net」のサブドメインになります。ここでは「sampleazfuncbasicstorage」としています。

［場所］は、利用するロケーションに合わせておきましょう。Function Appを実行するロケーションに合わせます。

［パフォーマンス］や［アカウントの種類］などは利用状況に設定を変更しますが、ここではデフォルトのままで使います（図5-44）。

図5-44　ストレージアカウントの作成

［確認と作成］タブで、各種の設定を確認したのちに、［作成］ボタンでストレージアカウントをデプロイします。

作成したストレージアカウントを［リソースグループ］から開いて、左側のメニューから［Storage Explorer］を開きます。

［BLOB CONTAINERS］を右クリックして、［Create blob container］を選択して、テスト用のBlobコンテナーを作成しておきます（図5-45）。

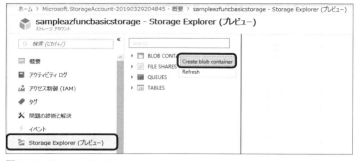

図5-45　Storage Explorer

　Blobコンテナーの名前は「samples-workitems」としておきます（図5-46）。後でこのBlobコンテナーにトリガーを設定します。目的のBlobコンテナーにファイルをアップロードすることで関数を起動させます。

図5-46　samples-workitems

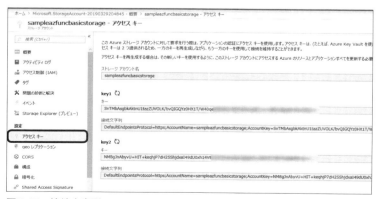

図5-47　接続文字列

ストレージアカウントに接続するための接続文字列は、メニューから［アクセスキー］を選択すると見ることができます（図5-47）。

アクセスキーは2つ発行されるため、定期的なアクセスキーの更新のときにも交互にアクセスキーを利用することで、継続的にストレージアカウントにアクセス可能にできます。

5.4.3　Azure Portalで作成

Azure Portal内でC#スクリプトのBlobトリガーを作ってみましょう。ここでは、あらかじめFunction Appを「sample-azfunc-basic-blob」という名前で作成しておきます。

左のリストから［関数］を選択して、［＋新しい関数］をクリックしてテンプレートを表示させます。

トリガーのテンプレートでは［Azure Blob Storage trigger］を選択します（図5-48）。

図5-48　トリガーのテンプレート

Blobトリガーを使うには、Function Appに拡張機能「Microsoft.Azure.WebJobs.Extensions.Storage」が必要になります。［インストール］ボタンをクリックして、拡張機能をインストールします（図5-49）。インストールは長い場合は5分から10分程度かかります。

拡張機能のインストールが完了すると、メッセージが表示されます。［続行］ボタンをクリックして、［新しい関数］ダイアログを表示させます（図5-50）。

図5-49 拡張機能のインストール　　図5-50 ［新しい関数］ダイアログ

　デフォルトで関数名に「BlobTrigger1」が設定されています。
　［パス］はデフォルトで「sample-workitems/{name}」と設定されています。「sample-workitems」が先に作成したBlobコンテナーの名前です。他のBlobコンテナーをトリガーの対象にする場合は、ここを変更します。「{name}」はBlobトリガーの引数で使われる変数名になります。追加あるいは更新されたBlobファイル名です。
　［ストレージアカウント接続］はデフォルトで「AzureWebJobsStoreage」となっています。ここで［新規］のリンクをクリックして、参照するストレージアカウントを選択します。ここでは「sampleazfuncbasicstorage」を選択して、「sampleazfuncbasicstorage_STORAGE」にしています。これはストレージアカウントに接続する接続文字列のアプリ設定です。
　［作成］ボタンをクリックすると、Blobトリガーのひな形が作成されます（リスト5-16）。

リスト5-16　作成されたコード

```
public static void Run(Stream myBlob, string name, ILogger log)
{
    log.LogInformation($"C# Blob trigger function Processed blob
¥n Name:{name} ¥n Size: {myBlob.Length} Bytes");
}
```

　関数には、Blobを読み取るためのSystem.IO.Streamクラスと更新されたBlobファイル名などを渡すname、ログ出力用のオブジェクトが渡されます。
　パスで指定した「sample-workitems/{name}」が、引数のmyBlobとnameに設定されています。
　［関数］→［BlobTrigger1］→［統合］をクリックすると、トリガーを呼び出すための設定があります（図5-51）。

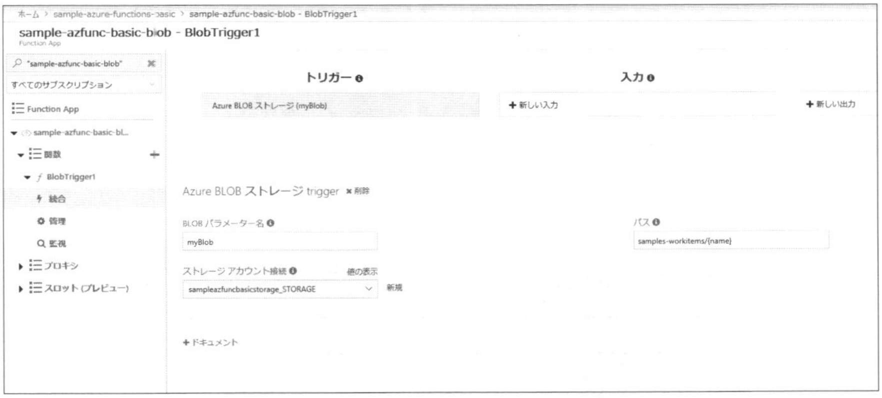

第5章 トリガーの種類

図5-51　Blobトリガーの設定

［BLOBパラメーター名］や［パス］を変更できます。［ストレージアカウント接続］の選択リストから、別のストレージアカウントに変更することも可能です。選択リストにはアプリケーション設定で記述されているアプリ設定の名前が表示されます。

5.4.4　Azure Portalで実行

C#スクリプトが表示された状態で［実行］ボタンをクリックすると、関数が実行されます（図5-52）。

図5-52　ログ出力とトリガー待ち

初回のエラーは、Blobコンテナーの更新ではなく関数が呼び出されたときのエラー表示なので問題はありません。

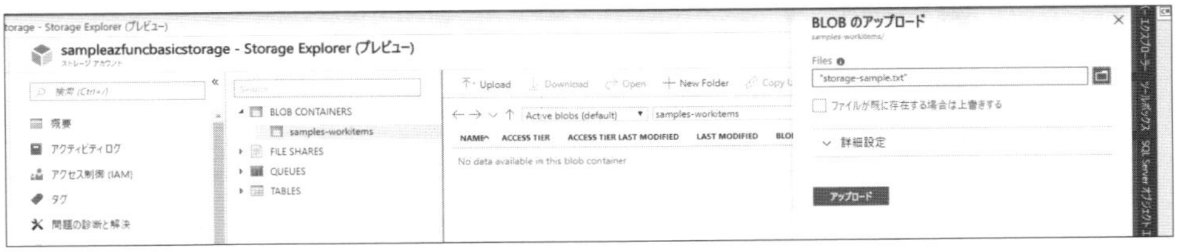

図5-53　Blobコンテナーへファイルをアップロード

ブラウザでもう1つAzure Portalを開き、Storage Explorerを使ってBlobコンテナーに適当なテキストファイルをアップロードします（図5-53）。

Blobコンテナーにファイルのアップロードをした後、数秒後にBlobトリガーのログが出力されます（図5-54）。アップロードしたファイル名「storage-sample.txt」や、ファイルのサイズがうまく取得できていることがわかります。

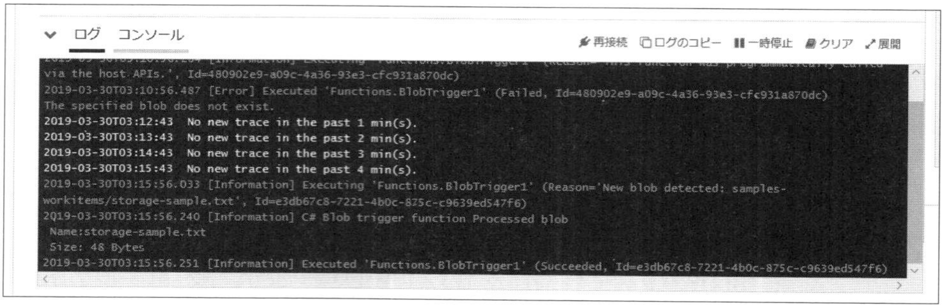

図5-54　ログ出力

5.4.5 ローカル環境のBlobコンテナーの作成

次にVisual StudioでBlobトリガーを作成しますが、その前にローカル環境で動作するMicrosoft Azure Storage Explorerの準備をしましょう。Azure上のストレージアカウントと同じように、ローカルのWindows上で動作しているストレージエミュレーターを操作できます。Azureアカウントを登録することで、Azure上のストレージも操作が可能です。イン

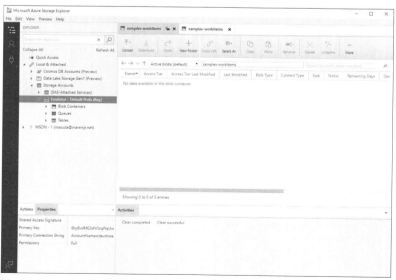

図5-55　Microsoft Azure Storage Explorer

ストール方法は「付録 A.7 Microsoft Azure Storage Explorer」を参照してください。

事前にMicrosoft Azure Storage Emulatorを起動しておいたのち、Microsoft Azure Storage Explorerで［Local & Attached］→［Storage Accounts］→［Emulator - Default Ports(Key)］→［Blob Containers］を開き、右クリックして［Create Blob Container］でBlobコンテナーを作成します。

Azure上のStorage Explorerで作成したのと同じように、「samples-workitems」としておきます（図5-55）。

5.4.6 Visual Studioで作成

次にVisual StudioでBlobトリガーのFunction Appを作成してみましょう。プロジェクト名を「FunctionAppBlob」にしてプロジェクトを作成します。プロジェクトにBlobトリガーの関数を追加します（図5-56）。

図5-56　関数の作成

［Blob trigger］を選択します。

［Connection string setting］は、ストレージアカウントに接続する接続文字列のアプリ設定値です。ここでは「STORAGE_CONNECTION」と入力しておきます。

［Path（パス）］は「sample-workitems」のままにしておきます。これはトリガーの対象となるコンテナー名です。

［OK］をクリックして、ひな形のコードを生成します（リスト5-17）。

リスト5-17　作成された`Function1.cs`のコード

```
using System.IO;
using Microsoft.Azure.WebJobs;
using Microsoft.Azure.WebJobs.Host;
using Microsoft.Extensions.Logging;

namespace FunctionAppBlob
```

```
{
    public static class Function1
    {
        [FunctionName("Function1")]                           ①
        public static void Run(
            [BlobTrigger("samples-workitems/{name}",          ②
            Connection = "STORAGE_CONNECTION")]               ③
            Stream myBlob, string name, ILogger log)          ④
        {
            log.LogInformation($"C# Blob trigger function ➲
Processed blob¥n Name:{name} ¥n Size: {myBlob.Length} Bytes");
        }
    }
}
```

コードの内容は以下の通りです。

①関数名はFunctionName属性で指定されている「Function1」となります。この関数名
　は変更可能です。
②Blobコンテナーに接続するための設定は、BlobTrigger属性で指定されています。パ
　スが「samples-workitems/{name}」と設定されています。Blobコンテナーの「samples-
　workitems」が監視の対象になります。更新されたBlobは「name」という名前の引数
　に渡されます。この記述方法はHTTPトリガーのルートテンプレートと同じです。
③ストレージアカウントに接続する接続文字列のアプリ設定を記述します。接続文字列
　自体はlocal.settings.jsonに記述します。
④変更が発生したBlob（myBlob）と、Blobファイル名（name）が引数として渡されま
　す。myBlobのSystem.IO.Streamオブジェクトを使いファイル内のデータを読み込み
　可能です。

リスト5-18　`local.settings.json`

```
{
    "IsEncrypted": false,
    "Values": {
        "AzureWebJobsStorage": "UseDevelopmentStorage=true",
        "FUNCTIONS_WORKER_RUNTIME": "dotnet",
        "STORAGE_CONNECTION": "UseDevelopmentStorage=true"    ①
    }
}
```

　ソリューションエクスプローラーでlocal.settings.jsonファイルを開いて、STORAGE_
CONNECTIONのアプリ設定を追加しておきます。設定する値は、ローカルのストレージエ
ミュレーターに接続するために「UseDevelopmentStorage=true」となります（リスト5-18の
①）。既に設定済みのアプリ設定AzureWebJobsStorageと同じ値になりますが、Blobトリ
ガーが監視対象としているストレージアカウントと分離させるために、設定を変更していま
す。STORAGE_CONNECTIONの設定値をAzure上のストレージアカウントに切り替える

ことで、Azure上のBlobコンテナーを監視対象に切り替えらえます。

5.4.7 Visual Studioで実行

　Visual StudioでFunction Appをデバッグ実行してみましょう。コマンドラインが表示されて、実行ログが出力されます（図5-57）。

図5-57　デバッグ実行

　この状態で、Microsoft Azure Storage Explorerを使ってBlobコンテナー「samples-workitems」にファイルを追加します（図5-58）。

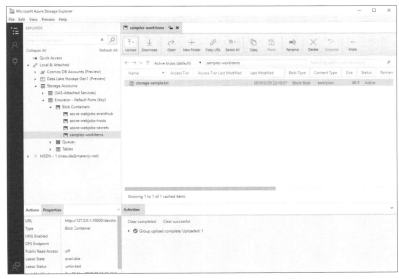

図5-58　Blobコンテナー「samples-workitems」にファイルを追加

ファイルを追加したときに、デバッグ出力のコマンドプロンプトに関数のログが出力していることが確認できます（図5-59）。

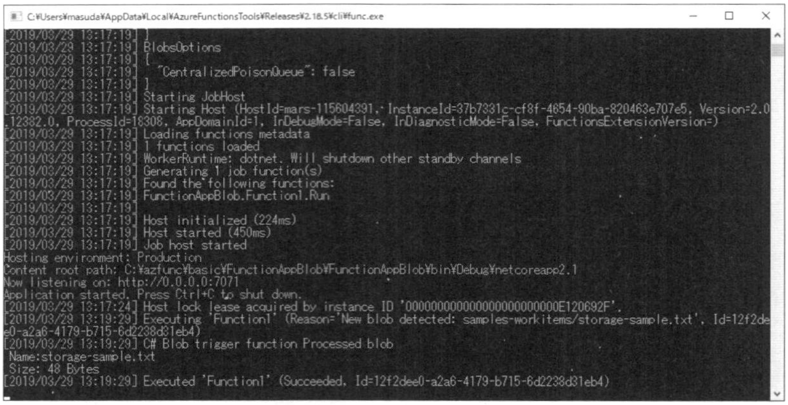

図5-59　追加後のログ出力

このようにBlobコンテナー内の更新に従って、Blobトリガーを呼び出すことができます。

5.4.8 バインド構成の比較

Azure Portalで作成したC#スクリプトとVisual Studioで作成したC#のコードでは、関数名は違いますが（「BlobTrigger1」と「Function1」）、バインド構成は同じものです。2つのバインド構成は、C#スクリプトではfunction.jsonで、C#のコードでは属性で設定されています。

C#スクリプトのfunction.jsonは、［関数］→［BlobTrigger1］→［統合］を開き、右上の［詳細エディター］をクリックすることで確認できます（リスト5-19）。

リスト5-19　function.json

```
{
  "bindings": [
    {
      "name": "myBlob",
      "type": "blobTrigger",
      "direction": "in",
      "path": "samples-workitems/{name}",
      "connection": "sampleazfuncbasicstorage_STORAGE"
    }
  ]
}
```

function.jsonの設定と属性の主なパラメーターは表5-4の通りです。

第5章　トリガーの種類　**149**

表5-4　Blobストレージトリガーのバインドのパラメーター

function.json	属性	値の例	説明
type	なし	blobTrigger	Blobトリガーであることを設定します。
direction	なし	in	「in」に設定します。
name	なし	myBlob	引き渡されるSystem.IO.Streamオブジェクトの名前です
path	文字列	samples-workitems/{name}	監視するBlobコンテナー。Blobファイル名にはパターンで指定することもできます。
connection	Connection		監視するストレージアカウントに接続する接続文字列のアプリ設定です。

　Blobトリガーに渡されるBlobファイル名をパターンで指定することによって、特定したパターンの名称のファイルを監視対象にすることができます。

　表5-5はBlobコンテナー「samples」内を対象としたパターンの例です。

表5-5　Blobファイル名のパターン例

パターン	取得できるファイル
samples/{name}.{ext}	ファイル名（name）と拡張子（ext）を分離して取得します。
samples/original-{name}	先頭が「original-」で始まるBlobファイルのみを監視します。
samples/{name}.png	拡張子が「.png」であるBlobファイルのみを監視します。

　あらかじめ、Blobファイルにパターンを指定することにより、Blobコンテナーの検索範囲が狭められます。

5.5 | Queueストレージのトリガー

　もう1つのストレージのトリガーとしてQueueストレージのトリガーを解説します。Queueストレージは、Blobやテーブルストレージとは違い、単純なメッセージを扱うための通知用のストレージです。

　非常に軽量なため、Function Appや各種のサービスを非同期につなげる役割としてよく使われます。

5.5.1 | 概要

　Queueトリガーは、ストレージアカウントのQueueストレージに対して挿入が発生したときに、関数が呼び出されます。Queueストレージは複数Queueを持つことができ、それぞれのQueueに対してメッセージ（主にテキスト型の文字列）を送ることができます。呼び出された関数は、Queueに挿入された文字列（Queue項目ペイロード）を取得します。

　Queueトリガーの動作は次のようになります（図5-60）。

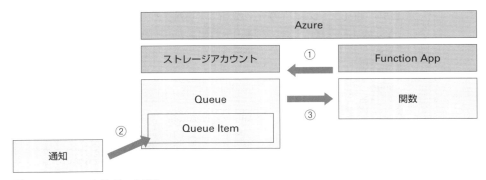

図5-60　Queueトリガーの動作

①Function Appの実行時にQueueの更新トリガーが設定されます。
②Queueに対して、Queue Item（文字列）を登録します。
③Queueに登録した関数が呼び出されます。関数の呼び出しが成功すると自動的にQueue Itemは削除されます。

　Queueが関数で読み出されると、Queueに保存されていたデータは自動的に消されます。このため、Queue Itemを参照できるのはトリガーで接続した関数のみとなります。BlobやCosmos DBのトリガーとは違い、通知された後のデータを消す手間はありません。このため、Queueに保存されているデータが少なくなり、通知の遅延はほとんどありません。

5.5.2 Queueストレージの作成

　実験用に使うストレージアカウントはBlobトリガーで作成した「sampleazfuncbasicstorage」を使います。Azure Portalを使って新しいストレージアカウントを作成する方法は、「5.4.2 ストレージアカウントの作成」を参照してください。

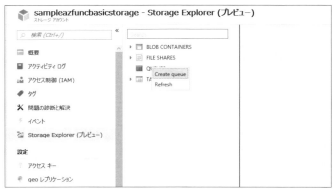

図5-61　Storage Explorer

作成済みのストレージアカウントをリソースグループから開いて、左側のメニューから[Storage Explorer]を開きます。[QUEUES]を右クリックして、[Create Queue]を選択して、テスト用のQueueを作成しておきます（図5-61）。

Queueの名前は「myqueue-items」としておきます（図5-62）。後でこのQueueにトリガーを設定します。目的のQueueにメッセージを追加して関数を起動させます。

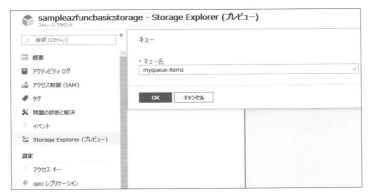

図5-62　samples-workitems

5.5.3　Azure Portalで作成

Azure Portal内でC#スクリプトのQueueトリガーを作ってみましょう。ここでは、あらかじめFunction Appを「sample-azfunc-basic-queue」という名前で作成しておきます。左のリストから[関数]を選択して[+新しい関数]をクリックしてテンプレートを表示させます。トリガーのテンプレートでは「Azure Queue Storage trigger」を選択します（図5-63）。

図5-63　トリガーのテンプレート

Queueトリガーを使うには、Function Appに拡張機能「Microsoft.Azure.WebJobs.Extensions.Storage」が必要になります（図5-64）。［インストール］ボタンをクリックして、拡張機能をインストールします。インストールは長い場合は5分から10分程度かかります。

図5-64　拡張機能のインストール

拡張機能のインストールが完了すると、メッセージが表示されます。［続行］ボタンをクリックして、［新しい関数］ダイアログを表示させます（図5-65）。

図5-65　［新しい関数］ダイアログ

デフォルトで関数名に「QueueTrigger1」が設定されています。
［キュー名］はデフォルトで「myqueue-items」と設定されています。
［ストレージアカウント接続］はデフォルトで「AzureWebJobsStoreage」となっています。ここで［新規］のリンクをクリックして、参照するストレージアカウントを選択します。ここ

では「sampleazfuncbasicstorage」を選択して、「sampleazfuncbasicstorage_STORAGE」という文字列にしています。これはストレージアカウントに接続するための接続文字列のアプリ設定になります。

　［作成］ボタンをクリックすると、Queueトリガーのひな形が作成されます（リスト5-20）。

リスト5-20　作成されたコード

```
using System;

public static void Run(string myQueueItem, ILogger log)
{
    log.LogInformation($"C# Queue trigger function processed: ➡
{myQueueItem}");
}
```

　関数には、Queueから読み取ったメッセージパラメーター（myQueueItem）とログ出力用のオブジェクトが渡されます。
　キュー名で指定した「myqueue-items」に追加されたメッセージパラメーター（QueueItem）が関数に渡されます。

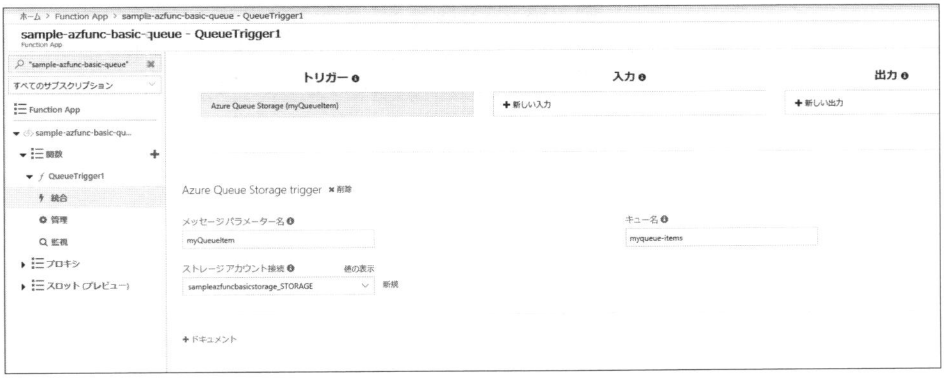

図5-66　Queueトリガーの設定

　［関数］→［QueueTrigger1］→［統合］をクリックすると、トリガーを呼び出すための設定があります（図5-66）。
　［メッセージパラメーター名］や［キュー名］を変更できます。
　［ストレージアカウント接続］の選択リストから、別のストレージアカウントに変更することも可能です。選択リストには［アプリケーション設定］で記述されているアプリ設定の名前が表示されます。

5.5.4　Azure Portalで実行

C#スクリプトが表示された状態で［実行］ボタンをクリックすると、関数が実行されます（図5-67）。

図5-67　ログ出力とトリガー待ち

Queueストレージのメッセージ待ち状態になります。

図5-68　テスト実行時のログ出力

左のテストメッセージとなる「sample queue data」を確認した後で、右下の［実行］ボタンをクリックして、Queueにメッセージを送ってみましょう（図5-68）。

ログ出力が変わり、瞬時にQueueトリガーが呼び出されていることがわかります。メッセージを変えて送信し、Queueトリガーに渡されるデータが変わっていることをログ出力で確認しておきましょう。

5.5.5　ローカル環境でQueueストレージの作成

次にVisual StudioでQueueトリガーを作成しますが、その前にローカル環境で動作するMicrosoft Azure Storage Explorerで準備をしましょう（図5-69）。

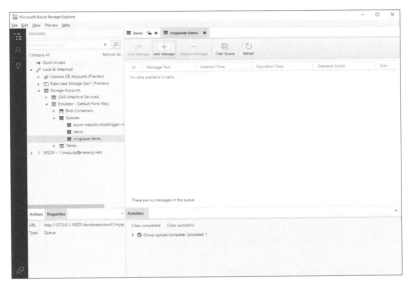

図5-69　Microsoft Azure Storage Explorer

事前にMicrosoft Azure Storage Emulatorを起動しておいたのち、Microsoft Azure Storage Explorerで［Local & Attached］→［Storage Accounts］→［Emulator - Default Ports (Key)］→［Queues］を開き、右クリックして［Create Queue］で、Queueを作成します。

Azure上のStorage Explorerで作成したのと同じように、「myqueue-items」としておきます。

5.5.6　Visual Studioで作成

次にVisual StudioでQueueトリガーのFunction Appを作成してみましょう。プロジェクト名を「FunctionAppQueue」にしてプロジェクトを作成します。プロジェクトにQueueトリガーの関数を追加します（図5-70）。

図5-70 関数の作成

［Queue Trigger］を選択します。

［Connection string setting］は、ストレージアカウントに接続する接続文字列のアプリ設定値です。Blobトリガーの時と同じように「STORAGE_CONNECTION」と入力しておきます。

［Queue name］は「myqueue-items」のままにしておきます。これはトリガーの対象となるQueueの名前です。

［OK］をクリックして、ひな形のコードを生成します（リスト5-21）。

リスト5-21　作成されたコード

```
using System;
using Microsoft.Azure.WebJobs;
using Microsoft.Azure.WebJobs.Host;
using Microsoft.Extensions.Logging;

namespace FunctionAppQueue
{
    public static class Function1
    {
        [FunctionName("Function1")]                              ①
        public static void Run(
            [QueueTrigger("myqueue-items",                       ②
            Connection = "STORAGE_CONNECTION")]                  ③
            string myQueueItem,                                  ④
            ILogger log)
        {
            log.LogInformation($"C# Queue trigger function 
processed: {myQueueItem}");
        }
    }
}
```

①関数名はFunctionName属性で指定されている「Function1」となります。この関数名は変更可能です。

②Queueコンテナーに接続するための設定は、QueueTrigger属性で指定されています。Queue名が「myqueue-items」と設定されています。

③ストレージアカウントのへ接続するアプリ設定を記述します。接続文字列自体はlocal.settings.jsonに記述します。

④Queueに追加されたメッセージパラメーターが文字列として引数myQueueItemに渡されます。

リスト5-22 `local.settings.json`

```json
{
  "IsEncrypted": false,
  "Values": {
    "AzureWebJobsStorage": "UseDevelopmentStorage=true",
    "FUNCTIONS_WORKER_RUNTIME": "dotnet",
    "STORAGE_CONNECTION": "UseDevelopmentStorage=true"      ①
  }
}
```

　ソリューション エクスプローラーでlocal.settings.jsonファイルを開いて、STORAGE_CONNECTIONのアプリ設定を追加しておきます。設定する値は、ローカルのストレージエミュレーターに接続するために「UseDevelopmentStorage=true」となります（リスト5-22の①）。既に設定済みのアプリ設定AzureWebJobsStorageと同じ値になりますが、Queueトリガーが監視対象としているストレージアカウントと分離させるために、設定を変更しています。STORAGE_CONNECTIONの設定値を、Azure上のストレージアカウントに切り替えることで、Azure上のQueueを監視対象に切り替えらえます。

5.5.7 | Visual Studioで実行

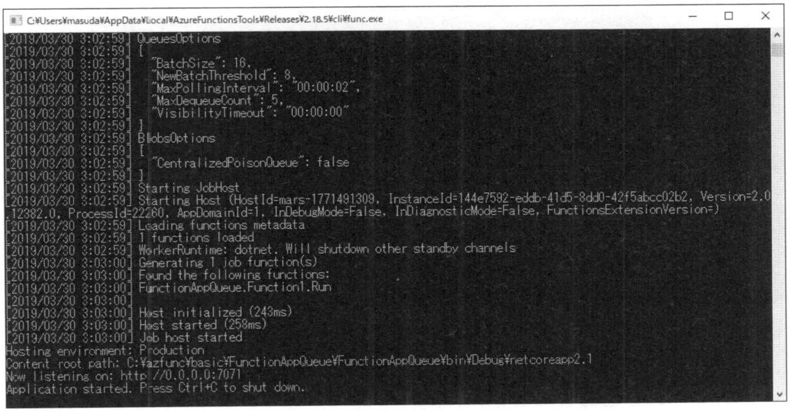

図5-71　デバッグ実行

Visual StudioでFunction Appをデバッグ実行してみましょう。コマンドラインが表示されて、実行ログが出力されます（図5-71）。

この状態で、Microsoft Azure Storage Explorerを使ってQueueにメッセージ「Hello, Queue.」を追加します。

［＋Add Message］ボタンをクリックして、［Add Message］ダイアログを開きます。Message Textに「Hello, Azure Functions.」のように適当なメッセージを書き、［OK］ボタンをクリックします（図5-72）。

図5-72　Queueにメッセージを追加

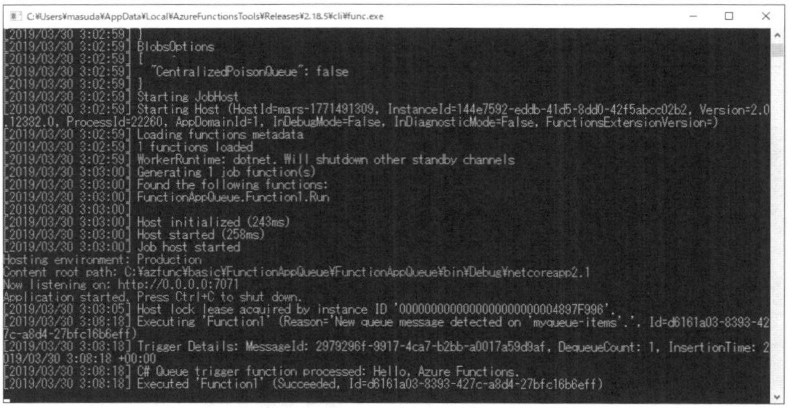

図5-73　追加後のログ出力

メッセージを追加したときに、デバッグ出力のコマンドプロンプトに関数のログが出力していることが確認できます（図5-73）。Microsoft Azure Storage ExplorerのQueueをリフ

第**5**章 トリガーの種類 　159

レッシュすると、Queueに追加したメッセージがQueueトリガーによって正常に読み取られたため、そのメッセージは削除されます。

5.5.8 　バインド構成の比較

Azure Portalで作成したC#スクリプトとVisual Studioで作成したC#のコードでは、関数名は違いますが（「QueueTrigger1」と「Function1」）、バインド構成は同じものです。2つのバインド構成は、C#スクリプトではfunction.jsonで、C#のコードでは属性で設定されています。

C#スクリプトのfunction.jsonは、［関数］→［QueueTrigger1］→［統合］を開き、右上の［詳細エディター］をクリックすることで確認できます（リスト5-23）。

リスト5-23 **function.json**

```
{
  "bindings": [
    {
      "name": "myQueueItem",
      "type": "queueTrigger",
      "direction": "in",
      "queueName": "myqueue-items",
      "connection": "sampleazfuncbasicstorage_STORAGE"
    }
  ]
}
```

function.jsonの設定と属性の主なパラメーターは表5-6の通りです。

表5-6　Queueストレージトリガーのバインドのパラメーター

function.json	属性	値の例	説明
type	なし	queueTrigger	Queueトリガーであることを設定します。
direction	なし	in	「in」に設定します。
name	なし	myQueueItem	引き渡されるメッセージパラメーター（Queue Item）変数名です。
queueName	文字列	myqueue-items	監視するQueueの名前です。
connection	Connection		監視するストレージアカウントへ接続する接続文字列のアプリ設定です。

Queueで渡されるメッセージは文字列になりますが、JSON型式にしておくことでHTTPプロトコルのPOSTメソッドのように複数のデータのやり取りが行えます。

5.6 Event Hub トリガー

Azure Event Hubsは非常に多くのイベントを処理できるストリーミングプラットフォームです。Event Hubsを使うと、分散化されたソフトウェアからの大量の送信データをリアルタイムに処理できます。毎秒数百万のイベントを処理することが可能です。

後に解説するIoT HubもこのEvent Hubを利用しています。

5.6.1 概要

Event Hubトリガーは、目的のEvent Hubに対してイベントが発生したときに呼び出されるトリガーです。Azure Event Hubsでは非常に大量のデータをリアルタイムで扱えるため、Event Hubトリガーで処理する関数は、Event Hubのイベントデータとして単数あるいは配列を選択できるようになっています。

Event Hubトリガーの動作は次のようになります（図5-74）。

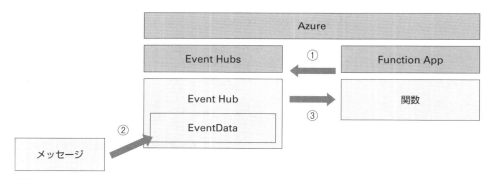

図5-74　Event Hubトリガーの動作

①Function Appの実行時にEvent Hubの更新トリガーが設定されます。
②Event Hubに対して、メッセージを通知します。
③Event Hubに登録した関数が呼び出されます

Azure Event Hubsは、複数のEvent Hubを持ちます。このEvent Hubに対して、Function Appの登録をします。Event Hubはスループットを上げるために並列で動作する複数のパーティションを利用します。通常は、このパーティションそれぞれに通知を受ける処理が必要になりますが、Function AppでEvent Hubトリガーを利用するときはパーティションの数を意識する必要はありません。

5.6.2 Event Hubの作成

最初に接続先のEvent Hubを作成しておきましょう。既に実験用のEvent HubがAzure上に作成済みであれば、それを再利用しても構いません。

Azure Portalで左のメニューから［＋リソースの作成］をクリックします。検索ボックスで「Event Hubs」を入力して検索します。［作成］をクリックします（図5-75）。

図5-75　リソースの作成

Event Hubsを作成する［名前］を設定します。この名前はドメイン名に使われるためにユニークなものを設定します。ここでは「sample-azfunc-basic-eventhub」を設定しました。ドメイン名は「sample-azfunc-basic-eventhub.servicebus.windows.net」になります。

［価格レベル］は実験のためなので「Basic」を選んでいます。

［リソースグループ］で、作成するEvent Hubsを含めるリソースグループを新規作成あるいは既存のものから選択します。ここでは、あらかじめ作成してある「sample-auzre-functions-basic」を選んでいます。

［場所］は、利用するロケーションに合わせておきましょう。Function Appを実行するロケーションに合わせます（図5-76）。

設定が終わったら、［作成］をクリックします。

新規に作成したEvent Hubs名前空間に、Event Hubを追加します。上にある［＋イベントハブ］のボタンをクリックして、［イベントハブの作成］を開きます（図5-77）。

図5-76　Event Hubsの作成

図5-77　Event Hubの作成

　Event Hubの名前は「samples-workitems」としておきましょう（図5-78）。後でこのEvent Hubにトリガーを設定します。目的のEvent Hubにメッセージを送信することで関数を起動させます。

　Event Hubs名前空間（「sample-azfunc-basic-eventhub.servicebus.windows.net」のようなドメインでアクセスできるEvent Hubs）へ接続するための接続文字列を取得しておきましょう。

　左側の［共有アクセスポリシー］を選択して、リストの中の［RootManageSharedAccess Key］をクリックすると、アクセスするための「接続文字列-主キー」を取得できます（図5-79）。

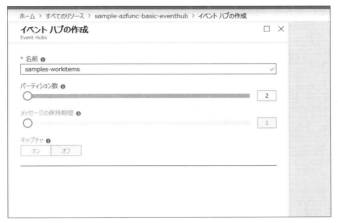

図5-78　samples-workitems

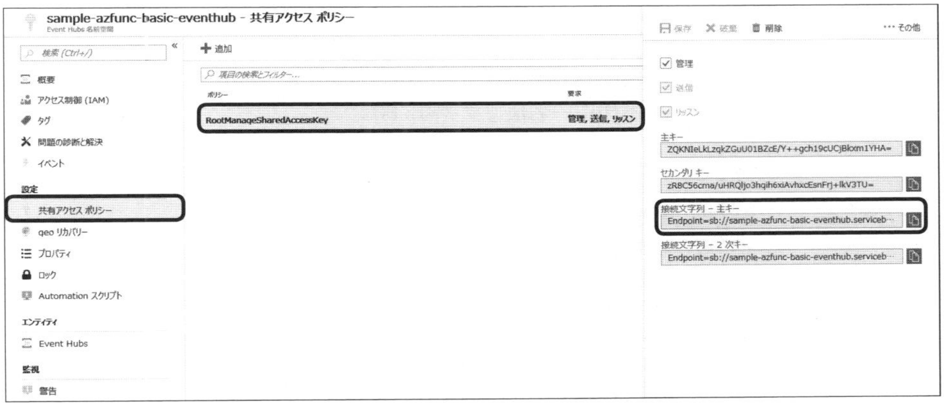

図5-79　接続文字列の取得

　ただし、このアクセスキーは管理用なので、実運用で使い回すのには適切ではありません。別途、送信のためのアクセスキー、リッスン（受信）のためのアクセスキーを作成して、使い分けてください。

5.6.3 Visual Studioで作成

　先にVisual StudioでEvent HubトリガーのFunction Appを作成しましょう。プロジェクト名を「FunctionAppEventHub」にしてプロジェクトを作成します。プロジェクトにEvent Hubトリガーの関数を追加します。

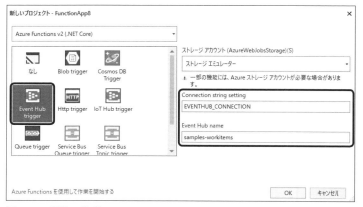

図5-80　関数の作成

[Event Hub trigger]を選択します。

[Connection string setting]は、Event Hubs名前空間に接続する接続文字列のアプリ設定値です。ここでは「EVENTHUB_CONNECTION」と入力しておきます。

[Event Hub name]は「sample-workitems」のままにしておきます。これはトリガーの対象となるEvent Hubの名前です（図5-80）。

リスト5-24　作成されたコード

```
using System;
using System.Collections.Generic;
using System.Linq;
using System.Text;
using System.Threading.Tasks;
using Microsoft.Azure.EventHubs;
using Microsoft.Azure.WebJobs;
using Microsoft.Extensions.Logging;

namespace FunctionAppEventHub
{
    public static class Function1
    {
        [FunctionName("Function1")]
        public static async Task Run(
        [EventHubTrigger("samples-workitems",
        Connection = "EVENTHUB_CONNECT")]
        EventData[] events, ILogger log)
        {
            var exceptions = new List<Exception>();
            foreach (EventData eventData in events)
            {
                try
                {
```

```
                        string messageBody =
                    Encoding.UTF8.GetString(
                    eventData.Body.Array,
                    eventData.Body.Offset,
                    eventData.Body.Count);
                        // Replace these two lines with your
                // processing logic.
                        log.LogInformation($"C# Event Hub trigger ➥
function processed a message: {messageBody}");
                        await Task.Yield();
                }
                catch (Exception e)
                {
                    // We need to keep processing the rest of
                // the batch - capture this exception and
                // continue. Also, consider capturing
                // details of the message that failed
                // processing so it can be processed
                // again later.
                    exceptions.Add(e);
                }
            }

            // Once processing of the batch is complete,
            // if any messages in the batch failed processing
            // throw an exception so that there is a record
            // of the failure.
            if (exceptions.Count > 1)
                throw new AggregateException(exceptions);
            if (exceptions.Count == 1)
                throw exceptions.Single();
        }
    }
}
```

　作成されたひな形のコード（リスト5-24）は、Event Hubの高スループットを実現するためにEvent Hubトリガーに配列を使っています。このまま使ってもよいのですが、ここでは理解をしやすくするために、文字列を引き渡すEvent Hubトリガーを使うように修正します（リスト5-25）。

リスト5-25　単一のメッセージを処理するトリガーに修正

```
using System;
using System.Collections.Generic;
using System.Linq;
using System.Text;
using System.Threading.Tasks;
using Microsoft.Azure.EventHubs;
```

```
using Microsoft.Azure.WebJobs;
using Microsoft.Extensions.Logging;

namespace FunctionAppEventHub
{
    public static class Function1
    {
        [FunctionName("Function1")]                                   ①
        public static void Run(
            [EventHubTrigger("samples-workitems",                     ②
            Connection = "EVENTHUB_CONNECTION")]                      ③
            string myEventHubMessage, ILogger log)                    ④
        {
            log.LogInformation($"C# function triggered to ➡
process a message: {myEventHubMessage}");
        }
    }
}
```

①関数名はFunctionName属性で指定されている「Function1」となります。この関数名
　は変更可能です。
②Event Hubs名前空間に接続する設定は、EventHubTrigger属性で指定されています。
　接続先のEvent Hub名は「samples-workitems」です。
③Event Hub名前空間への接続文字列のアプリ設定を記述します。接続文字列自体は
　local.settings.jsonに記述します。
④Event Hubが処理するメッセージは、文字列で引数myEventHubMessageに渡されます。

リスト5-26 `local.settings.json`

```
{
  "IsEncrypted": false,
  "Values": {
    "AzureWebJobsStorage": "UseDevelopmentStorage=true",
    "FUNCTIONS_WORKER_RUNTIME": "dotnet",
    "EVENTHUB_CONNECTION": "Endpoint=sb://sample-azfunc-basic-even
thub.servicebus.windows.net/;SharedAccessKeyName=RootManageSharedA
ccessKey;SharedAccessKey=ZQKNIeLkLzqkZGuU01BZcE/Y++gch19cUCjBkxm1Y
HA="
                                                                   ①
  }
}
```

　ソリューションエクスプローラーでlocal.settings.jsonファイルを開いて、EVENTHUB_
CONNECTIONのアプリ設定を追加しておきます（リスト5-26の①）。設定する値は「5.6.2
Event Hubの作成」で取得しておいた、Event Hubs名前空間への接続文字列です。「sample-
azfunc-basic-eventhub」のEvent Hubs名前空間に接続します。
　Visual Studioでビルドをしてデバッグ実行をしておきましょう。エラーなくEvent Hubsへ

接続できることを確認しておきます（図5-81）。

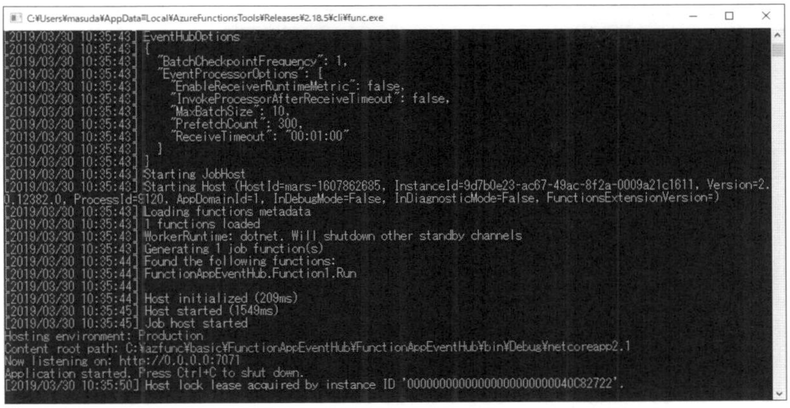

図5-81　テスト実行

5.6.4　コンソールアプリでEvent Hubへ送信

　Event Hubにメッセージを挿入するためのコンソールアプリを作成しましょう。ソリューションエクスプローラーで、FunctionAppEventHubソリューションを右クリックして［追加］→［新しいプロジェクト］を選びます。
　［新しいプロジェクトの追加］ダイアログで、プロジェクトテンプレートから［Visual C#］→［.NET Core］→［コンソールアプリ（.NET Core）］を選択します（図5-82）。［名前］に「ConsoleEventPush」と入力して、［OK］ボタンをクリックしてプロジェクトを作成します。

図5-82　［新しいプロジェクトの追加］

Event Hubに接続するための「Microsoft.Azure.EventHubs」パッケージをインストールしておきましょう。ConsoleEventPushプロジェクトを右クリックして、［NuGetパッケージの管理］を選択します。検索ボックスに「Microsoft.Azure.EventHubs」と入力して検索し、パッケージをインストールします（図5-83）。

図5-83　Microsoft.Azure.EventHubs

次に、Program.csファイルを開いて、Event Hubへメッセージを10回送信するプログラムを書きます（リスト5-27）。

リスト5-27　**Program.cs**

```
using System;
using Microsoft.Azure.EventHubs;
using System.Text;
using System.Threading.Tasks;

namespace ConsoleEventPush
{
    class Program
    {
        private const string EventHubConnectionString =                    ①
            "Endpoint=sb://sample-azfunc-basic-eventhub.servicebus.
windows.net/;SharedAccessKeyName=RootManageSharedAccessKey;Shared
AccessKey=ZQKNIeLkLzqkZGuU01BZcE/Y++gch19cUCjBkxm1YHA=";
        private const string EventHubName =                                ②
            "samples-workitems";
        public static void Main(string[] args)
        {
            var app = new Program();
            app.Go();
            Console.WriteLine("Hit any key.");
            Console.ReadLine();
```

```csharp
        }
        private async void Go()
        {
            // Eevnt Hub への接続                                        ③
            var connectionStringBuilder =
              new EventHubsConnectionStringBuilder(
                EventHubConnectionString)
            {
                EntityPath = EventHubName
            };
            var eventHubClient =                                        ④
              EventHubClient.CreateFromConnectionString(
              connectionStringBuilder.ToString());
            // 1秒間隔で10回メッセージを送信する
            for ( int i=1; i<=10; i++ )                                 ⑤
            {
                var message = $"Message {i} ";
                Console.WriteLine($"Sending message: {message}");
                await eventHubClient.SendAsync(                         ⑥
                  new EventData(Encoding.UTF8.GetBytes(message)));
                await Task.Delay(1000);                                 ⑦
            }
            // クローズ処理
            await eventHubClient.CloseAsync();                          ⑧
        }
    }
}
```

①Event Hubs名前空間に接続するための接続文字列を記入します。この値も「5.6.2 Event Hubの作成」で取得しておいた、Event Hubs名前空間への接続文字列です。

②Event Hubの名前を記入します。

③Event Hubに接続するための接続文字列を生成します。

④Event Hubに接続するEventHubClientオブジェクトを生成文字列から生成します。

⑤繰り返し10回だけEvent Hubへメッセージを送信します。

⑥SendAsyncメソッドでメッセージを送信します。メッセージは、EventDataクラスで生成します。

⑦1秒間待ちます。

⑧10回メッセージを送信し終わったら、クライアントをクローズします。

コーディングが終わったら、ビルドをしてコンパイルエラーがないことを確認してください。プログラムの実行はVisual Studioからデバッグ実行するか、ConsoleEventPushプロジェクトのディレクトリでコマンドプロンプトを開き、「dotnet run」と入力することでプログラムを実行できます。

5.6.5 | Visual Studioで実行

Visual Studioで作成した2つのプロジェクトを使って、Event Hubへのメッセージ送信とEvent Hubトリガーの動作を確認してみましょう。

Visual StudioでFunctionAppEventHubプロジェクトを実行し、メッセージ待ちの状態にします（図5-84）。

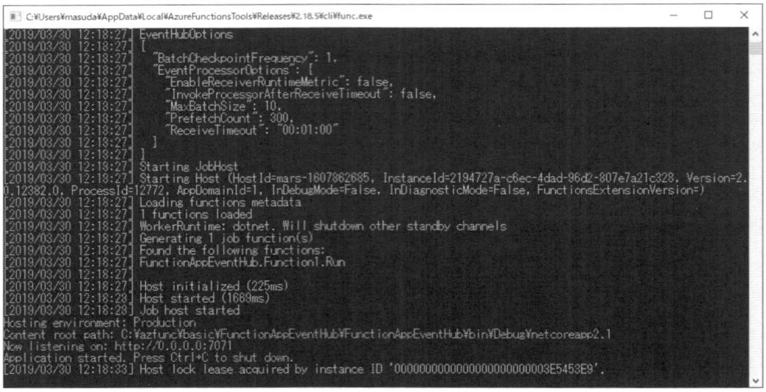

図5-84　Event Hubトリガーのメッセージ待ち

コマンドプロンプトでConsoleEventPushプロジェクトをカレントディレクトリにして、「dotnet run」を実行します。あるいは、Visual Studioをもう1つ起動して、ConsoleEventPushプロジェクトをデバッグ実行しても構いません。

メッセージがEvent Hubへ10回送信され、Event Hubトリガーに渡されていることが確認できます（図5-85）。

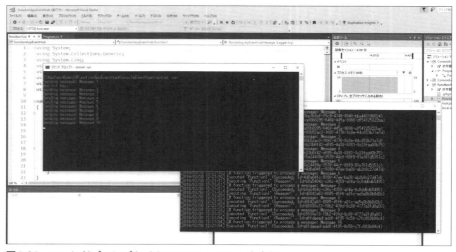

図5-85　コマンドプロンプトでConsoleEventPushを実行

5.6.6 Azure Portalで作成

今度はAzure Portal内でC#スクリプトのEvent Hubトリガーを作ってみましょう。ここでは、あらかじめFunction Appを「sample-azfunc-basic-eventhub」で作成しています。左のリストから［関数］を選択して［＋新しい関数］をクリックしてテンプレートを表示させます。

トリガーのテンプレートでは［Azure Event Hub trigger］を選択します（図5-86）。

図5-86　トリガーのテンプレート

Event Hubトリガーを使うには、Function Appに拡張機能「Microsoft.Azure.WebJobs.Extensions.EventHubs」が必要になります。［インストール］ボタンをクリックして、拡張機能をインストールします（図5-87）。拡張機能のインストールが完了すると、メッセージが表示されます。［続行］ボタンをクリックして、［新しい関数］ダイアログを表示させます。

図5-87　拡張機能のインストール

デフォルトで関数の［名前］に「EventHubTrigger1」が設定されています。

　［イベントハブ接続］の［新規］のリンクをクリックして、［接続］ダイアログを表示させます。ここでは「sample-azfunc-baseic-envethub」名前空間、「samples-items」イベントハブを指定します。ポリシーは「RootManageSharedAccessKey」のままで構いません。［選択］ボタンをクリックすると、自動的にイベントハブ接続のためのアプリ設定値が生成されます。

　［イベントハブコンシューマーグループ］は「$Default」のままにしておきます。

　［イベントハブ名］が「samples-items」となっていることを確認します（図5-88）。

図5-88　［新しい関数］ダイアログ

　これらの設定を確認したのち、［作成］ボタンをクリックすると、Event Hubトリガーのひな形が生成されます（リスト5-28）。

リスト5-28　作成されたコード

```
#r "Microsoft.Azure.EventHubs"

using System;
using System.Text;
using Microsoft.Azure.EventHubs;

public static async Task Run(
  EventData[] events, ILogger log)
{
    var exceptions = new List<Exception>();

    foreach (EventData eventData in events)
    {
        try
```

```
        {
            string messageBody = Encoding.UTF8.GetString(
            eventData.Body.Array, eventData.Body.Offset,
            eventData.Body.Count);
            // Replace these two lines with your
        // processing logic.
            log.LogInformation($"C# Event Hub trigger function ➡
processed a message: {messageBody}");
            await Task.Yield();
        }
        catch (Exception e)
        {
            // We need to keep processing the rest of the
        // batch - capture this exception and continue.
            // Also, consider capturing details of the
        // message that failed processing so it can be
        // processed again later.
            exceptions.Add(e);
        }
    }

    // Once processing of the batch is complete, if any
    // messages in the batch failed processing throw an
    // exception so that there is a record of the failure.
    if (exceptions.Count > 1)
        throw new AggregateException(exceptions);
    if (exceptions.Count == 1)
        throw exceptions.Single();
}
```

　作成されたひな形のコードは、Event Hubの高スループットを実現するためにEvent Hub トリガーに配列を使っています。Visual Studioのときと同じように、理解をしやすくするために、文字列を引き渡すEvent Hubトリガーを使うように修正します（リスト5-29）。

リスト5-29　単一のメッセージを処理するトリガー

```
using System;

public static void Run(
  string myEventHubMessage, ILogger log)                         ①
{
  log.LogInformation($"C# function triggered to process a message➡
: {myEventHubMessage}");
}
```

　①Event Hubトリガーの関数には、メッセージ文字列の引数myEventHubMessageとログオブジェクトだけが渡されます。

変更を保存したら、左のリストから［統合］をクリックしてEvent Hubトリガーの設定画面を開きます。この画面で［イベントパラメーター名］と［イベントハブのカーディナリティ］を変更しておきましょう（図5-89）。

図5-89　Event Hubトリガーの設定

［イベントパラメーター名］を引数の名前となる「myEventHubMessage」にして、［イベントハブのカーディナリティ］を［One］にします。こうするとメッセージごとにイベントを受け取ります。

変更を反映するために［保存］ボタンをクリックします。

5.6.7 Azure Portalで実行

C#スクリプトが表示された状態で［実行］ボタンをクリックすると、関数が実行されます（図5-90）。

図5-90　ログ出力とイベント待ち

メッセージを送るために、ConsoleEventPushプログラムを実行させます。Visual Studioに

戻って、ソリューションエクスプローラーでConsoleEventPushプロジェクトを右クリックして［スタートアッププロジェクトに設定］します。そしてデバッグ実行をするか、コマンドラインで「dotnet run」を実行します。ConsoleEventPushプログラムからメッセージを送信するごとに、Azure Portalのログ出力が更新されます（図5-91）。これにより、Event Hubの通知がうまく動いていることがわかります。

図5-91　メッセージ受信のログ出力

　Azure Portalでは、右にある［テスト］タブに送信する要求本文（メッセージ）を入れて［実行］ボタンをクリックすると、Event Hubにメッセージを送ることができます。図5-92では、要求本文に「Test Message」と入力して、Event Hubにメッセージを送っています。このメッセージがログ出力されています。

図5-92　Azure Portalからテスト送信

5.6.8 | バインド構成の比較

Azure Portalで作成したC#スクリプトとVisual Studioで作成したC#のコードでは、関数名は違いますが（「EventHubTrigger1」と「Function1」）、バインド構成は同じものです。2つのバインド構成は、C#スクリプトではfunction.jsonで、C#のコードでは属性で設定されています。

C#スクリプトのfunction.jsonは、［関数］→［EventHubTrigger1］→［統合］を開き、右上の［詳細エディター］をクリックすることで確認できます（リスト5-30）。

リスト5-30 **function.json**

```json
{
  "bindings": [
    {
      "type": "eventHubTrigger",
      "name": "myEventHubMessage",
      "direction": "in",
      "eventHubName": "samples-workitems",
      "cardinality": "one",
      "connection": "sample-azfunc-basic-eventhub_RootManage⤵
SharedAccessKey_EVENTHUB",
      "consumerGroup": "$Default"
    }
  ]
}
```

function.jsonの設定と属性の主なパラメーターは表5-7の通りです。

表5-7　Event Hubトリガーのバインドのパラメーター

function.json	属性	値の例	説明
type	なし	eventHubTrigger	Event Hubトリガーであることを設定します。
direction	なし	in	「in」に設定します。
name	なし	myEventHubMessage	引き渡される文字列あるいは配列の名前です。
cardinality	なし	one	引数が文字列か配列かのフラグです。
eventHubName	文字列		監視するEvent Hubの名前です。
connection	Connection		監視するEvent Hubs名前空間への接続文字列のアプリ設定です。

Event Hubトリガーは、引数の型をEventDataクラスにすることによってメタ情報を取得できます。メタ情報は、ユーザープロパティのコレクション（Properties）やシステムのプロパティコレクション（SystemProperties）などがあります。

5.7 IoT Hubトリガー

IoT Hubは膨大な接続デバイスからの通知を処理するための仕組みを持っています。IoT機器は、温度センサーや人感センサーなど、さまざまなものがあります。それらの膨大なセンサーからの情報をIoT Hubによってリアルタイムで処理をします。

IoT HubはEvent Hub互換があるので、Event Hubと同じように扱えます。

5.7.1 概要

IoT Hubは、Azure Event Hubsと同じように非常に多くのイベントを処理できるプラットフォームです。IoT機器を登録しておき、センサーなどが定期的あるいは不定期的に取得するデータをIoT Hubに送信して集約できます。

IoT Hubに送信されたデータは、IoT Hubトリガーで監視することができます。

IoT Hubトリガーの動作は次のようになります（図5-93）。

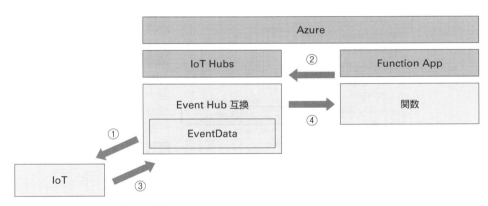

図5-93　IoT Hubトリガーの動作

①デバイス機器をIoT Hubに登録します。デバイス機器にはデバイスIDと共有キーを割り当てます。
①Function Appの実行時にIoT Hubの更新トリガーが設定されます。
②IoT Hubに対して、デバイス機器がデータを送信します。
③IoT Hubに登録した関数が呼び出されます。

監視対象のIoT機器には、あらかじめIoT HubにデバイスIDを割り振って登録しておきます。IoT機器の管理はIoT Hubで行い、IoT機器から送信されるデータをIoT Hubトリガーで処理をします。IoT Hubでの更新通知はLogic AppsやWebhookなどのその他の機能へのイベントルーティングが可能です。

5.7.2 IoT Hubの作成

最初に接続先のIoT Hubを作成しておきましょう。Azure上で作成できる無料のIoT Hubは1つだけなので、既にIoT HubがAzure上に作成済みであれば、それを再利用しても構いません。

Azure Portalで左のメニューから［＋リソースの作成］をクリックします。リストから［モノのインターネット（IoT）］を選択して、［IoT Hub］をクリックします（図5-94）。

図5-94　リソースの作成

IoT Hubを作成するリソースグループを新規作成するか選択します。ここでは既存の「sample-azure-functions-basic」のリソースグループに含めています。

［IoT Hub名］はユニークになるように入力します。ここでは「sample-azfunc-iothub」と設定し、サブドメイン名が「sample-azfunc-iothub.azure-devices.net」となります。

［リージョン（場所）］は、利用するロケーションに合わせておきましょう。デバイス機器に近い場所を選びます。デバイス機器が全世界に散らばる場合は、複数のIoT Hubを利用することも考慮に入れます。

［サイズとスケール］タブでは、［価格とスケールティア］でIoT Hubのプランを選びます。実験や検証のための無料枠を使う場合は［F1:Free レベル］を選択します。スケールに合わせて［B1:Basic レベル］から順に検討していきましょう（図5-95）。

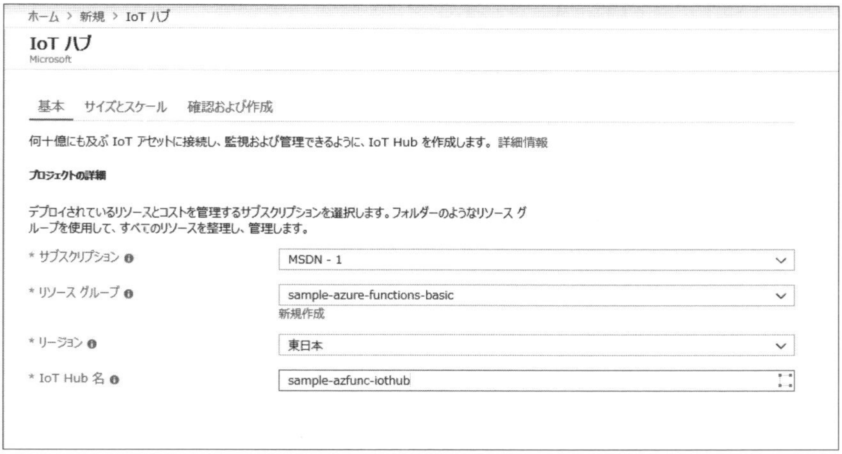

第5章 トリガーの種類　179

図5-95　IoT Hubの作成

［確認および作成］タブで内容を確認して、［作成］ボタンをクリックします。

新規に作成したIoT Hubには、まだデバイスが登録されていません（図5-96）。次の作業で、IoT Hubにデバイスを登録します。

図5-96　作成したIoT Hub

IoT Hubトリガーから接続できるように接続文字列を確認しておきます。左のリストから［組み込みのエンドポイント］を選択して、［イベントハブ互換エントリポイント］を表示させます（図5-97）。この接続文字列を、IoT Hubトリガーで利用します。

図5-97　接続文字列の取得

5.7.3　IoT Hubにデバイスを登録

　IoT Hubのメニューから［IoTデバイス］をクリックして、新しいデバイスを登録します。［＋追加］ボタンをクリックして、［デバイスの作成］を開きます（図5-98）。

図5-98　IoTデバイス

　［デバイスID］は、監視対象のIoT機器にユニークなものを設定します。ここはサンプルとして「sample_device」と名前を付けておきます。

［認証の種類］は、デバイスがIoT Hubにデータを送信するときのキー情報になります。HTTPトリガーのAPIキーのようなものです。［対称キー］を選択し、［自動生成キー］をチェックしたままにしておきます。主キー、セカンダリーキーが後から自動生成されます（図5-99）。

図5-99　デバイスの作成

［保存］ボタンをクリックして、デバイスを登録します（図5-100）。

図5-100　デバイスの一覧

デバイスの一覧から、登録済みの「sample_devuce」をクリックして、キー情報を確認しておきましょう（図5-101）。

図5-101　デバイスの詳細

　［デバイスの詳細］では、デバイスIDやキー情報、接続文字列を確認できます。接続文字列は、デバイスからIoT Hubにデータを送信するときに使います。この接続文字列は、後で解説する「5.7.5 コンソールアプリでIoT Hubへ送信」で利用します。
　［このデバイスをIoTハブに接続する］で、デバイスからのデータの受付を制御できます。

5.7.4 Visual Studioで作成

　先にVisual StudioでIoT HubトリガーのFunction Appを作成しましょう。プロジェクト名を「FunctionAppIoTHub」にしてプロジェクトを作成します。プロジェクトにIoT Hubトリガーの関数を追加します。

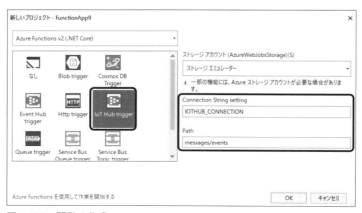

図5-102　関数の作成

第5章 トリガーの種類　**183**

　[IoT Hub trigger] を選択します。

　[Connection string setting] は、IoT Hubに接続する接続文字列を保存するためのアプリ
設定値です。ここでは「IOTHUB_CONNECTION」と入力しておきます。

　[Path] は「message/events」のままにしておきます。このパス名はIoT Hubでは使われな
いため、そのままで構いません（図5-102）。

リスト5-31　作成されたコード

```
using IoTHubTrigger =
  Microsoft.Azure.WebJobs.EventHubTriggerAttribute;            ①

using Microsoft.Azure.WebJobs;
using Microsoft.Azure.WebJobs.Host;
using Microsoft.Azure.EventHubs;
using System.Text;
using System.Net.Http;
using Microsoft.Extensions.Logging;

namespace FunctionAppIotHub
{
    public static class Function1
    {
        private static HttpClient client = new HttpClient();

        [FunctionName("Function1")]                              ②
        public static void Run([IoTHubTrigger(                   ③
          "messages/events",
              Connection = "IOTHUB_CONNECTION")]                 ④
              EventData message, ILogger log)                    ⑤
        {
          log.LogInformation(                                    ⑥
          $"C# IoT Hub trigger function processed a message: ➡
{Encoding.UTF8.GetString(message.Body.Array)}");
        }
    }
}
```

作成されたコード（リスト5-31）の概要は以下の通りです。

　①ひな形の先頭で、「Microsoft.Azure.WebJobs.EventHubTriggerAttribute」が
　　IoTHubTriggerに別名定義されています。このため、内部的にはEventHubTrigger
　　属性と同じものが使われていることがわかります。
　②関数名は「Function1」となっています。この関数名は変更可能です。
　③引数にIoTHubTrigger属性を設定します。
　④IoT Hubに接続するアプリ設定「IOTHUB_CONNECTION」を記述します。接続文字
　　列自体はlocal.settings.jsonに記述します。

⑤IoT Hubから渡されるデータは、EventDataオブジェクトになります。この引数は
Event Hubと同じように、文字列型や配列に変更できます。

⑥IoT Hubからのイベントを受信して、メッセージをログ出力しています。

リスト5-32 `local.settings.json`

```
{
    "IsEncrypted": false,
  "Values": {
    "AzureWebJobsStorage": "UseDevelopmentStorage=true",
    "FUNCTIONS_WORKER_RUNTIME": "dotnet",
    "IOTHUB_CONNECTION": "Endpoint=sb://ihsuprodkwres029dedname⊃
space.servicebus.windows.net/;SharedAccessKeyName=iothubowner;⊃
SharedAccessKey=biFyL+1KE5LL7et4ax9XjX1jPuzUqA6x7PKG8n6uuj4=;⊃
EntityPath=iothub-ehub-sample-azf-1465379-e172db1ac3"          ①
  }
}
```

ソリューションエクスプローラーでlocal.settings.jsonファイルを開いて、IOTHUB_
CONNECTIONのアプリ設定を追加しておきます（リスト5-32の①）。設定する値は「5.7.2
IoT Hubの作成」で取得しておいた、IoT Hubへの接続文字列です。

Visual Studioでビルドをしてデバッグ実行をしておきましょう。エラーなくIoT Hubへ接
続できることを確認しておきます（図5-103）。

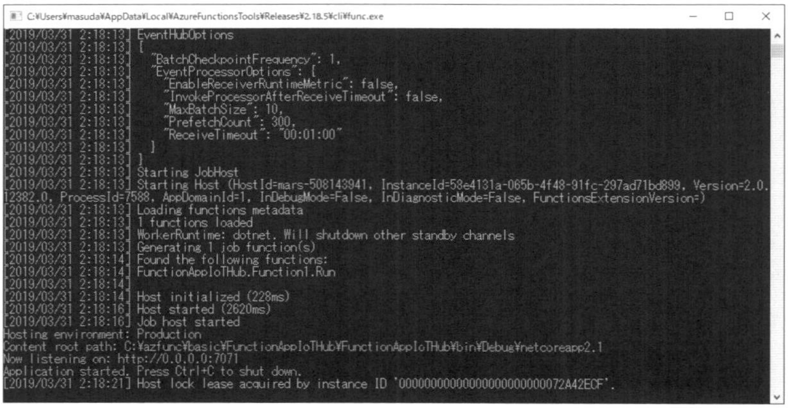

図5-103　テスト実行

5.7.5 | コンソールアプリでIoT Hubへ送信

IoT Hubにメッセージを送信するコンソールアプリを作成しましょう。実際にはIoT機器
からの送信はC言語や軽量なスクリプト言語を使うことが多いでしょう。ここで作成するサ
ンプルコードは、C#でIoT機器のデータ送信をエミュレートするものです。もちろん、各種

のIoT機器の変わりにデータ送信をするWindowsやLinuxマシンで動作させることも可能です。

では、ソリューションエクスプローラーで、FunctionAppIoTHubソリューションを右クリックして［追加］→［新しいプロジェクト］を選びます。

［新しいプロジェクトの追加］ダイアログで、プロジェクトテンプレートから［Visual C#］→［.NET Core］→［コンソールアプリ（.NET Core）］を選択します。名前に「ConsoleDevice」と入力して、［OK］ボタンをクリックしてプロジェクトを作成します（図5-104）。

図5-104 ［新しいプロジェクトの追加］

IoT Hubに接続するためのMicrosoft.Azure.Devices.Clientパッケージをインストールしておきましょう。ConsoleDeviceプロジェクトを右クリックして、［NuGetパッケージの管理］を選択します。検索ボックスに「Microsoft.Azure.Devices.Client」と入力して検索し、パッケージをインストールします（図5-105）。

図5-105 Microsoft.Azure.Devices.Client

次に、Program.csファイルを開いて、IoT Hubへサンプルデータを10回送信するプログラムを書きます（リスト5-33）。

リスト5-33 **Program.cs**

```
using Microsoft.Azure.Devices.Client;
using Newtonsoft.Json;
using System;
using System.Text;
using System.Threading.Tasks;

namespace ConsoleDevice
{
    class Program
    {
        private static void Main(string[] args)
        {
            var app = new Program();
            app.Go();
            Console.WriteLine("Hit any key.");
            Console.ReadKey();
        }
        private readonly static string connectionString =          ①
            "HostName=sample-azfunc-iothub.azure-devices.net;➡
DeviceId=sample_device;SharedAccessKey=TBkyMVybtgZ/yphZYGss➡
UeYHxMbuZ9mtyrUcnCp764c=";
        private async void Go()
        {
            // IoT Hub に MQTT で接続                                ②
            var deviceClient =
              DeviceClient.CreateFromConnectionString(
                connectionString, TransportType.Mqtt);
            // ランダムで送信する                                    ③
            double minTemperature = 20;
            double minHumidity = 60;
            Random rand = new Random();
            for (int i = 0; i < 10; i++)
            {
                double currentTemperature =
                  minTemperature + rand.NextDouble() * 15;
                double currentHumidity =
                  minHumidity + rand.NextDouble() * 20;
                // Create JSON message
                var telemetryDataPoint = new
                {
                    temperature = currentTemperature,
                    humidity = currentHumidity
                };
                var messageString =                                ④
```

```
              JsonConvert.SerializeObject(
               telemetryDataPoint);
            var message = new Message(
              Encoding.ASCII.GetBytes(messageString));
            message.Properties.Add("temperatureAlert",
              (currentTemperature > 30) ? "true" : "false");
            // メッセージを送信する
            await deviceClient.SendEventAsync(message);        ⑤
            Console.WriteLine("{0} > Sending message: {1}",
              DateTime.Now, messageString);
            // 1秒間待つ
            await Task.Delay(1000);                            ⑥
          }
        }
      }
    }
```

①IoT Hubに送信するときの接続文字列を設定します。この接続文字列は「5.7.3 IoT Hub
 にデバイスを登録」で取得した、sample_deviceの接続文字列になります。実際は、デ
 バイスIDとキー情報を設定ファイルやレジストリに保存しておき、それから読み込む
 ことになります。

②接続文字列からデバイス送信のためのクライアントを作ります。送信プロトコルは、
 MTQQのほかに、AMQPやHTTPなどが利用できます。

③送信する温度と湿度はランダムで作ります。

④温度と湿度が記述されたJSON型式のデータを作成します。

⑤SendEventAsyncメソッドで、IoT Hubへメッセージ送信します。

⑥1秒待った後に、10回送信します。

　IoT機器には、充電式のものやOSのない組み込みソフトウェアを利用するものまで、さま
ざまなものがあります。ここではC#でサンプル機器を作成しましたが、C言語やNode.jsを
使った送信は「クイック スタート:デバイスから IoT ハブに利用統計情報を送信してバック
エンドアプリケーションで読み取る（https://docs.microsoft.com/ja-jp/azure/iot-hub/
quickstart-send-telemetry-dotnet)」を参考にしてください。

　コーディングが終わったら、ビルドをしてコンパイルエラーがないことを確認してくださ
い。プログラムの実行はVisual Studioからデバッグ実行するか、ConsoleDeviceプロジェク
トのディレクトリでコマンドプロンプトを開き、「dotnet run」と入力することでプログラム
を実行できます。

5.7.6 | Visual Studioで実行

　Visual Studioで作成した2つのプロジェクトを使って、IoT Hubへのメッセージ送信とIoT
Hubトリガーの動作を確認してみましょう。

　Visual StudioでFunctionAppIoTHubプロジェクトを実行し、メッセージ待ちの状態にし
ます（図5-106）。

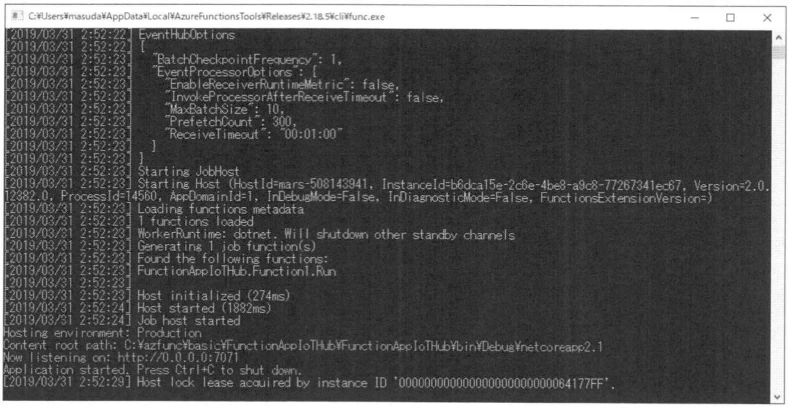

図5-106 IoT Hubトリガーのメッセージ待ち

コマンドプロンプトでConsoleDeviceプロジェクトをカレントディレクトリにして、「dotnet run」を実行します（図5-107）。あるいは、Visual Studioをもう1つ起動してConsoleDeviceプロジェクトをデバッグ実行しても構いません。

図5-107 ConsoleDeviceの実行

メッセージがIoT Hubへ10回送信され、IoT Hubトリガーに渡されていることが確認できます。

5.7.7 Azure Portalで作成

今度はAzure Portal内でC#スクリプトのIoT Hubトリガーを作ってみましょう。ここでは、あらかじめFunction Appを「sample-azfunc-basic-iothub」で作成しています。左のリス

トから［関数］を選択して、［＋新しい関数］をクリックしてテンプレートを表示させます。

トリガーのテンプレートでは［IoT Hub trigger］を選択します（図5-108）。IoT Hubトリガーを使うには、Event Hubトリガーと同じように拡張機能「Microsoft.Azure.WebJobs.Extensions.EventHubs」が必要になります。拡張機能をインストールして、関数の作成を続けましょう。

図5-108　トリガーのテンプレート

デフォルトで関数名に「IoTHub_EventHub1」が設定されています（図5-109）。［イベントハブ接続］の［新規］のリンクをクリックして、［接続］ダイアログを表示させます。

図5-109　［新しい関数］ダイアログ

［IoT Hub］に切り替えて、［IoT Hub］で「sample-azfunc-iothub」、［エンドポイント］を

［イベント（組み込みのエンドポイント）］にします。

［選択］ボタンをクリックして、アプリ設定を行います（図5-110）。

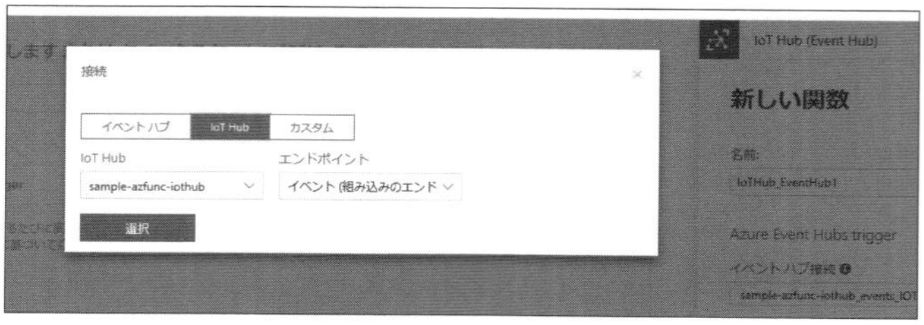

図5-110　［接続］ダイアログ

［新しい関数］ダイアログに再び戻ったら、［作成］ボタンをクリックしてIoT Hubトリガーの関数を作成します（リスト5-34）。

リスト5-34　作成されたコード

```
using System;

public static void Run(string myIoTHubMessage, ILogger log)
{
    log.LogInformation($"C# IoT Hub trigger function processed a message: {myIoTHubMessage}");
}
```

作成されたひな形は、IoT Hubからメッセージを文字列型（myIoTHubMessage）で受け取るものです。そのまま［保存］ボタンをクリックして、コードを保存します。

5.7.8 Azure Portalで実行

C#スクリプトが表示された状態で［実行］ボタンをクリックすると、関数が実行されます（図5-111）。

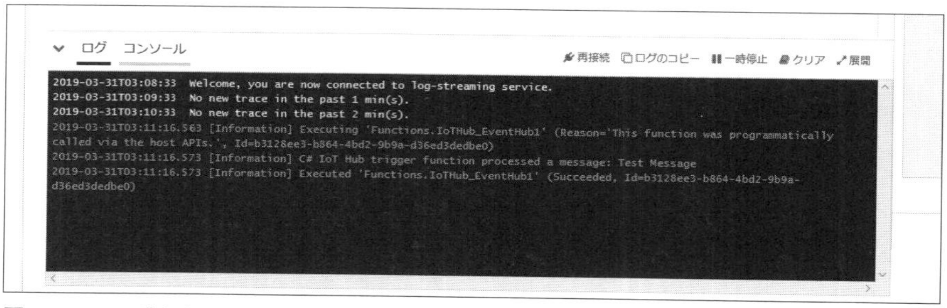

図5-111　ログ出力とイベント待ち

メッセージを送るためにConsoleDeviceプログラムを実行させます。Visual Studioに戻ってデバッグ実行をするか、コマンドラインで「dotnet run」を実行します（図5-112）。

図5-112　メッセージ受信のログ出力

Azure Portalでは、右にある［テスト］タブに送信する要求本文（メッセージ）を入れて［実行］ボタンをクリックすると、IoT Hubにメッセージを送ることができます。図5-113では、要求本文に「Test Message」と入力して、IoT Hubにメッセージを送っています。設定したメッセージがログ出力されています。

図5-113　Azure Portalからテスト送信

192 Asure Functions 入門

5.7.9 | バインド構成の比較

Azure Portalで作成したC#スクリプトとVisual Studioで作成したC#のコードでは、関数名は違いますが（「IoTHub_EventHub1」と「Function1」）、バインド構成は同じものです。2つのバインド構成は、C#スクリプトではfunction.jsonで、C#のコードでは属性で設定されています。

C#スクリプトのfunction.jsonは、［関数］→［IoTHub_EventHub1］→［統合］を開き、右上の［詳細エディター］をクリックすることで確認できます（リスト5-35）。

リスト5-35 `function.json`

```
{
  "bindings": [
    {
      "type": "eventHubTrigger",
      "name": "myIoTHubMessage",
      "direction": "in",
      "eventHubName": "samples-workitems",
      "connection": "sample-azfunc-iothub_events_IOTHUB",
      "consumerGroup": "$Default"
    }
  ]
}
```

function.jsonの設定と属性の主なパラメーターは表5-8の通りです。

表5-8 IoT Hub トリガーのバインドのパラメーター

function.json	属性	値の例	説明
type	なし	eventHubTrigger	Event Hub トリガーであることを設定します。
direction	なし	in	「in」に設定します。
name	なし	myIoTHubMessage	引き渡される文字列の名前です。
connection	Connection		監視するEvent Hubs 名前空間への接続文字列のアプリ設定です。

IoT Hubでは組み込みのエンドポイントが利用されるので「eventHubName」の設定は無視されます。

第6章
定期起動する（タイマートリガー）

後半の応用編では具体的なサンプルコードを示しながら Azure Functions の各機能を解説していきます。前半でも解説した通り、Azure Functions は単体で使われることはあまりありません。複数の Function App や他システムとの連携を行って、はじめて Azure Functions の実力が発揮されます。

いくつかのサンプルコードでは、実際の事例を考慮してデータベースや他の Web サーバーとの連携を重視した構成となっています。動作確認のためには Azure Functions の設定だけでなく、さまざまな Azure の機能を使っていきます。でも、安心してください。それぞれの設定を Azure Portal でどのように行うかの詳しい解説も付けてありますので、その手順に従って検証環境を構築してください。サンプルコードで示した Function App の各種のパラメーターを変えることで、さまざまな動作を試してみましょう。

6.1 │ イントロダクション

Azure Functions のタイマートリガーを使った構成を考えていきます。タイマートリガーは定期的なスケジューラー（cron）を使って、呼び出される Azure Functions です。HTTP トリガーと同じように手軽に使えるトリガーの1つです。

定期的な起動でよく使われるのは、外部で公開されている Web サーバーのヘルスチェック機能でしょう。ヘルスチェック機能は、検査を行う Web サーバーが正常に動いていることを確認する機能です。この章では、簡単なヘルスチェック機能をタイマートリガーで実装してみましょう。

6.1.1 │ 従来のヘルスチェック機能

従来のヘルスチェック機能は、VSP などの別のサーバーを用意して cron コマンドを利用してプロセスを定期実行します。定期実行されたプロセスから、ヘルスチェックを行います（図6-1）。

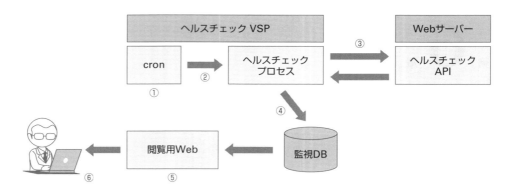

図6-1 従来のヘルスチェック機能

標準的なヘルスチェック機能の構築を考えてみると、ヘルスチェック機能を動かすためのVSPなどのサーバーと検査した結果を保存するデータベースが必要になります。また、検査した結果を表示するためには閲覧用のWebサーバーを用意することになるでしょう。

①監視用のサーバーでcronコマンドを実行します。定期実行するためのファイルはcrontabで書かれるため、複数の定期起動を制御するときには注意が必要になります。
②cronコマンドから定期的にヘルスチェックのためのプロセスが起動されます。
③ヘルスチェックプロセスは、ターゲットとなるWebサーバーにヘルスチェックを行います。サーバーの死活管理はPINGコマンドでも良いのですが、Webサーバーが正常に起動していることを確認するためには、動作しているURLの呼び出しが適切でしょう。ここでは、Webサーバー側にヘルスチェック用のWeb APIを記述しておき、ヘルスチェックのプロセスから呼び出しています。
④ヘルスチェックをした結果は監視用のデータベースに書き込んでおきます。ヘルスチェック用のプロセスから書き込むために、プロセス内か設定ファイルにデータベースの接続文字列などを記述することになるでしょう。
⑤監視結果のデータベースを直接閲覧してもよいのですが、ここでは閲覧用のWebページを考えておきます。
⑥Webサーバーの管理者は定期的にこのページを見ることになります。

ざっと、従来のヘルスチェック機能を確認してみました。複数のプロセスが動いているために、完全に動作するヘルスチェック機能のシステム構築はなかなか難しいことがわかります。このため、既存で提供されているヘルスチェック機能のソフトウェアを使うことも多いでしょう。しかし、既存のソフトウェアを使ったとき、この図のような閲覧Webの機能の提供や、スマホへの通知の提供など、各種の機能が既存のソフトウェアに限られてしまうという問題があります。手軽に利用できるかもしれませんが、細かい独自の仕様を入れようと思ったときに、機能が実装できない恐れもあります。逆に、利用したい機能は少しだけでも豊富に機能があり過ぎてしまい、設定が複雑化してしまいます。

6.1.2 Azure Functionsを利用したヘルスチェック機能

これらのヘルスチェック機能を実現するために、Azure Functionsのタイマートリガーを使った例を考察してみます。

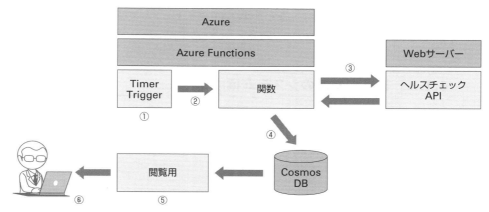

図6-2　タイマートリガーを使ったヘルスチェック機能

一例として、Azure内にヘルスチェック機能を構築してみます。動作の流れは従来のものとあまり変わりません。しかし、各種の設定がAzure Functionsの機能により強固かつ簡単になっています（図6-2）。

① 定期実行はタイマートリガーの設定（Azure Portalや関数の属性）とすることができます。それぞれのタイマートリガーに設定が分離されるため、複数の定期実行機能を実装したとしても、実行する時刻の設定が混在することはありません。
② Azure Functionsでは、Azureのスケジュール機能から関数として実行されます。ヘルス機能を実装する関数はシンプルに記述ができます。.NET環境やJavaScriptを利用して、Webサーバーのヘルスチェック用のAPI呼び出しや監視用のデータベースへの書き込み（ここではCosmos DBを使っています）をクラスライブラリで記述できます。
③ ヘルスチェック機能のWeb APIの呼び出しは従来と変わりません。これにより、既存のヘルスチェック機能をそのまま移行することが可能になります。
④ 監視用のデータベースはCosmos DBを使うように変更しました。Azure FunctionsにはCosmos DBの挿入と削除のトリガーがあるので、この機能を利用してWeb管理者にインタラクティブな通知ができます。
⑤ 監視用のデータベースの閲覧は、Cosmos DBのトリガーの利用やAzure Portalでの閲覧が可能です。
⑥ Web管理者への通知は、従来と同じようにWebページの閲覧でも可能ですが、専用のデスクトップアプリの作成やエラーが発生したときのスマホへの通知を実装することができます。これらの実装にはAzure Cosmos DB .NET SDKが利用できます。

従来では別プロセスで起動されていたヘルスチェックのプログラムが、1つのFunction

Appに集約されています。プロセスが1つになることで、ターゲットの呼び出しや監視用データベースへの書き込みに関する設定を1つにまとめられます。また、プロセスが1つになるのでメモリ効率もよくなります。

ただし、ヘルスチェックのターゲットとなるWebサーバーが応答を返さないときのタイムアウト処理は従来のものと違いがでます。プロセスが1つになるので、ヘルスチェックの応答に時間がかかるときにはシーケンシャルな処理となってしまうため、全体に時間がかかってしまいます。このようなときは、適宜タイマートリガーとなる関数を複数起動するとよいでしょう。

6.1.3 検証のためのシステム構成

次にAzure Functionsのタイマートリガーを利用したシステム構成を考えます。実際は、外部にWebサーバーを設定すればよいのですが、ここでは実験のために応答するWebサーバーもFunction Appの関数として実装しておきます。

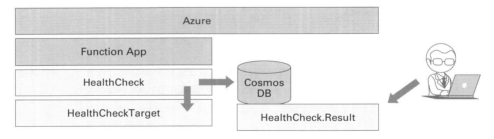

図6-3 検証のためのシステム構成

1つのFunction Appに、2つの関数を作成します。ヘルスチェックを行うための「HealthCheck」関数と、ヘルスチェックの応答を返す「HealthCheckTarget」関数です。ヘルスチェックの結果はCosmos DBに「HealthCheck.Result」を作成しておきます。この構成をAzure上に作成して動作確認をしていきます。HealthCheckをタイマートリガーとして登録しておき、ヘルスチェックの結果がCosmos DBに書き込まれます。閲覧用のWebクライアントは、Azure Portalで代用しておくことにしましょう。必要に応じて、Azure Cosmos DB .NET SDKで作成することにします。

6.2 下準備

では、検証環境を構築するためにAzure Portalで各種の設定をしていきましょう。テスト実行をするためのローカル環境とAzure上で実行するための検証環境の2種類を用意していきます。

直接Azure環境で確認をすると、プログラムの不具合によっては高い課金が発生するかも

しれません。このため、ある程度ローカルな環境で動作確認をした後に、Azureにデプロイ（発行）する手順にします。デプロイにもある程度の時間がかかるので、ローカルで動作環境ができると便利です。ただし、ローカルの実験環境とAzure上の実運用との環境とでは全く同じ動作というわけにはいきません。動作の違いを吸収するため、Azure上にも検証環境を作っておくことが重要です。

6.2.1 デプロイ用のリソースグループの作成

まずは、いろいろなFunction Appを実行するためのリソースグループを作っておきましょう。Function Appなどをリソースグループにまとめておくと、一括で削除してクリーンアップしたいときに便利です。

Azure Portalを開き、左側のメニューから［リソースグループ］をクリックします（図6-4）。リソースグループの一覧の上にある［＋追加］ボタンをクリックして、新しいリソースグループ名を入力します。

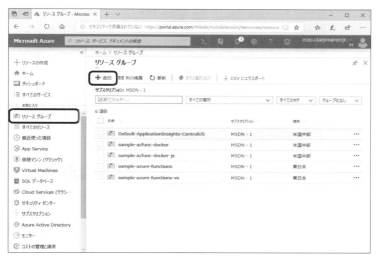

図6-4　検証用のリソースグループの作成

ここではリソースグループ名を「sample-azure-functions-test」としています。リージョンは［東日本］のように変更しておきましょう（図6-5）。

［確認および作成］ボタンをクリックすると、リソースグループ名やリージョンの確認画面が表示されます。内容を確認して［作成］ボタンを押してください。一覧を更新すると、新規に作成したリソースグループが表示されます。

最初はこの検証用のリソースグループは空になっています。ローカル環境で作成したFunction Appをここにデプロイ（発行）しておきます。

図6-5　検証用のリソースグループの作成

6.2.2　Cosmos DBの作成

　ヘルスチェックをしたときの結果を保存するためのストレージを作成します。Azure Portalの左側のメニューから［＋リソースの作成］をクリックします。Azure Marketplaceの分類で［データベース］を選択して［Azure Cosmos DB］をクリックしましょう（図6-6）。

図6-6　Azure Marketplaceでの選択

リソースグループを検証用の「sample-azure-functions-test」に設定してCosmos DBを作成します（図6-7）。

図6-7　Create Azure Cosmos DB Account

［アカウント名］は「sample-azfunc-cosmosdb」としてあります。これは「documents.azure.com」のサブドメインとして使われるため、全体で一意となる名前になります。読者は別の名前を指定してください。
　［API］は［コア（SQL）］のままにしておきます。これはCosmos DBのテーブルを検索するときの方法になります。
　［場所］は［東日本］のように変更しておきます。
　［ネットワーク］や［タグ］の設定は空白で構いません。［確認と作成］のタブを開いて、［作成］ボタンをクリックして、デプロイが終わると、Cosmos DBが利用できるようになります。
　Cosmos DBができたら、タイマートリガーの関数から書き込む「Database」と「Collection」を作成しておきましょう。Cosmos DBではSQL Serverと同じように複数のデータベース（Database）を持つことができ、このデータベースにコレクション（Collection）を作成します。SQL Serverのテーブルのようなものです。
　作成したCosmos DBをリソースグループから開いて、左側のメニューから［データエクスプローラー（Data Explorer）］を選択します。［New Collection］ボタンをクリックして、データベース（［Database id］）とコレクション（［Colletion id］）の両方を設定します（図6-8）。ここではデータベースを「HealthCheck」、コレクションを「Results」としています。

図6-8 コレクションの作成

　[Partition key]は、データを自動で分割するためのキーになります。たくさんのデータをCosmos DBに入れたときにこのキーをもとに自動でデータが分散されます。ここでは「/Region」と設定して地域ごとに分割されるようにしておきます。

　設定項目を再確認して[OK]ボタンをクリックすると、HealthCheckデータベースとResultsコレクションが作成されます。

　Resultsコレクションの内容は[Documents]をクリックして確認ができます（図6-9）。まだデータを入れていないのでResultsコレクションの中身は空になっています。

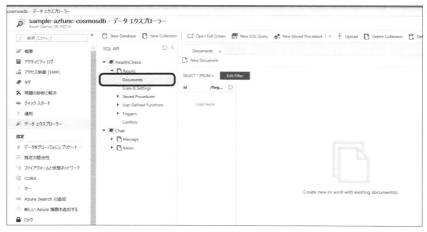

図6-9 コレクションの内容

Cosmos DBへのアクセスは、URIとアクセスキーを使って行います。左側のメニューから［キー（Keys）］をクリックすると、URIとプライマリキー（PRIMARY KEY）が確認できます（図6-10）。

図6-10　アクセスキー

アクセスキーは、読み取り/書き込みキー（Read-write Keys）と読み取り専用キー（Read-only Keys）の2種類があります。データを検索するだけならば読み込み専用キーを利用します。ここでは、ヘルスチェックの結果を書き込む必要はあるため、読み取り/書き込みキーを使います。このアクセスキーは、セキュリティ上は他のユーザーには見えない場所に保管しておきます。

6.2.3　ローカル環境のCosmos DBの作成

もう1つ、ローカルでCosmos DBをテストするためのエミュレーターの設定をしておきましょう。ローカル環境のCosmos DBは「ローカルの開発とテストでの Azure Cosmos DB Emulator の使用（https://docs.microsoft.com/ja-jp/azure/cosmos-db/local-emulator）」からダウンロード＆インストールが可能です。詳しいインストール方法は「付録　A.6 Azure Cosmos DB Emulator」をみてください。

Azure上の本物のCosmos DBとは性能は違いますが、データベースの操作は同じように利用できます。ローカル環境のFunction Appの実行（func host start）と合わせて利用すると、効率的にプログラムができます。

タスクトレイから「Azure Cosmos Emulator」のアイコンを右クリックして、ショートカットメニューから［Open Data Explorer...］を選択すると、ブラウザでAzure Cosmos DB Emulatorの設定画面が開かれます（図6-11）。

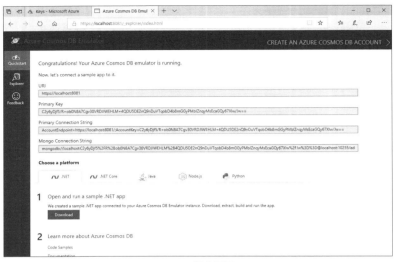

図6-11　Azure Cosmos DB Emulatorの設定画面

　Azure上のCosmos DBと同じように、URIとプライマリキー（Primary Key）を保管しておきます。URIはローカルのコンピューター「https://localhost:8081」を示しています。
　Azure上のCosmos DBと同じようにエミュレーターのほうにもデータベース「HealthCheck」とコレクション「Results」を作成しておきましょう（図6-12）。

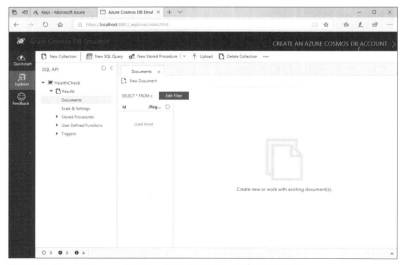

図6-12　Azure Cosmos DB Emulatorに作成したデータベース

　これでローカル環境とAzure上との環境の設定が終わりです。Cosmos DBへのアクセスは、URIとプライマリーキーを切り替えることで、エミュレーターとAzure上のCosmos DBとの切り替えが可能になります。

6.2.4　Visual Studioでタイマートリガーの作成

最後にVisual Studioでヘルスチェックをするための Function App プロジェクトを作成しておきましょう。

図6-13　新しいプロジェクト

Visual Studioを起動して、［ファイル］メニューから［新規作成］→［プロジェクト］を選択します。［新しいプロジェクト］ダイアログで、左側のテンプレートのツリーから［Visual C#］→［Cloud］を選択します。プロジェクトテンプレートのリストから［Azure Functions］を選択して、プロジェクト名を入力してください。ここでは名前に「TimerSample」と入力しています（図6-13）。

［OK］ボタンをクリックすると、トリガーを選択するダイアログが表示されます。

テンプレートとなるトリガーでは［Timer trigger］のアイコンを選んで［OK］ボタンをクリックします（図6-14）。ストレージアカウントは「ストレージエミュレーター」のままとしておき、スケジュール（Schedule）も「0 */5 * * * *」のままで構いません。スケジュールの設定は後から変更ができます。

図6-14　トリガーの選択

Visual Studioでタイマートリガーのひな形が作成されます（図6-15）。ファイル名が「Function1.cs」となっているので、「HealthCheck.cs」と変更しておきます。

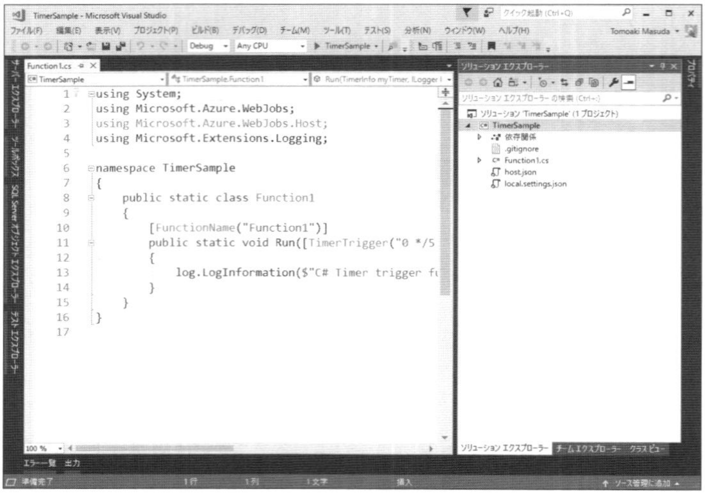

図6-15　タイマートリガーのひな形

もう1つ、ヘルスチェックのターゲットとなるAPIをHTTPトリガーで作っておきましょう。ソリューションエクスプローラーでプロジェクトを右クリックして、［追加］→［新しいAzure］関数を選択します。

［新しい項目の追加］ダイアログで、名前を「HealthCheckTarget」のように変更して［追加］ボタンをクリックします（図6-16）。

図6-16　新しい項目の追加

［新しいAzure関数］ダイアログで、［Http trigger］を選択して［OK］ボタンをクリックすると（図6-17）、プロジェクトにHTTPトリガーのひな形が追加されます。

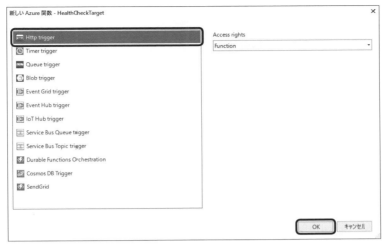

図6-17　新しいAzure関数

　ローカルの環境では、1つのFunction Appのプロジェクトにタイマートリガーとは HTTPトリガーのプロジェクトを含めていますが、別々のプロジェクトにしても構いません。本来は複数のプロジェクトに分けたほうが、検証環境として適切なのですが、テスト実行をするたびに2つのプロジェクトを同時実行することになります。この手間を省くために、今回は1つのプロジェクトにまとめています。

6.2.5　HTTPトリガーのURLを取得

　最後にAzureに発行をして、テスト用のHTTPトリガーのURLを取得しておきましょう。このURLは、後でヘルスチェックのタイマートリガー関数（HealthCheck）をAzure環境で動かすときに使います。
　ソリューションエクスプローラーでプロジェクトを右クリックして［発行］を選択します。［発行］ダイアログで［新規作成］を選択して［発行］ボタンをクリックします（図6-18）。

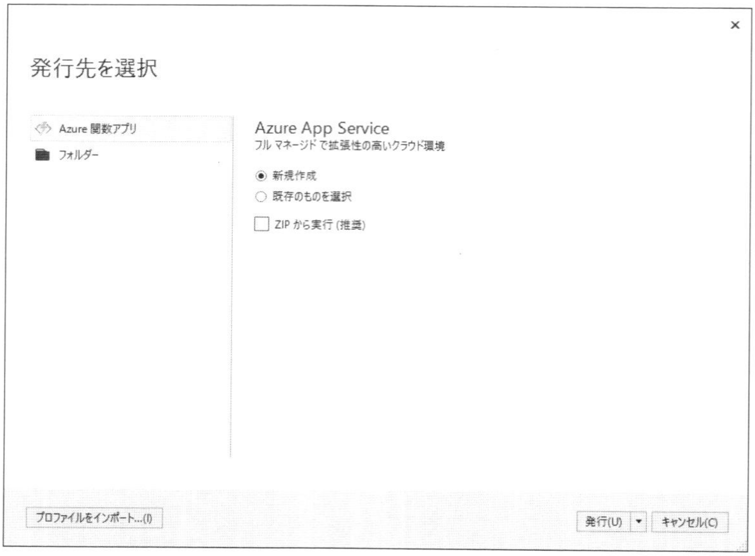

図6-18 ［発行］ダイアログ

［App Serviceの作成］では、アプリ名やリソースグループを入力します（図6-19）。

図6-19 ［App Serviceの作成］画面

［アプリ名］はazurewebsites.netのサブドメインとなるためユニークなものを設定します。［リソースグループ］は検証用に作成した［sample-azure-functions-test］を選択しておきます。［ストレージアカウント］はそのままでよいでしょう。

入力した項目を再チェックしたあとに［作成］ボタンをクリックして、Azure環境へデプロイします。

正常に発行が終わると、Visual Studioの［発行］タブにサイトURLなどの情報が表示されます（図6-20）。コードを修正するなどして再び発行を行う場合は、このページの［発行］ボタンをクリックすることになります。再発行をするときは、Azure上のタイマートリガーのFunction Appを停止させます。そうしないと、再発行時にアセンブリのファイルがロックされた状態になり、発行に失敗してしまいます。

図6-20　［発行］タブ

ブラウザでAzure Portalを開き、リソースグループのsample-azure-functions-testからデプロイしたタイマートリガーのFunction Appが登録されていることを確認します（図6-21）。Function Appのsample-azfunc-adv-TimerSampleでは、.NET Coreでビルドしたアセンブリが正常に登録されていることが確認できます。

図6-21　Azure上のsample-azfunc-adv-TimerSample

左のツリー表示から［sample-azfunc-adv-TimerSample］→［関数］→［HealthCheck Target］でHTTPトリガーの関数を開き、［関数のURLの取得］をクリックしてURLをコピーしておきます（図6-22）。

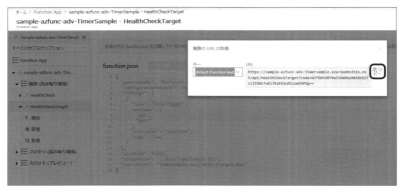

図6-22 ［関数のURLの取得］の画面で［コピー］をクリック

リスト6-1　**HealthCheckTarget**関数のURL

```
https://sample-azfunc-adv-timersample.azurewebsites.net/api/Health
CheckTarget?code=WJYDbtOBYdwI66m9WyN6666GIFclj1RWLFwE17KaFh1uOIsom
USPGg==
```

リスト6-1はコピーしたURLの例ですが、ここでは「sample-azfunc-adv-timersample.azurewebsites.net」がサーバー名、クエリ文字列のcode部分が関数キーになります。関数キーは［HealthCheckTarget］→［管理］でも確認ができます。

次回のデプロイに備えて、Function Appの動作を停止させておきましょう（図6-23）。HTTPトリガーやストレージのトリガーは関数が呼び出されるまで動作しませんが、タイマートリガーは定期実行されるので常に動き、不要な課金が発生してしまうかもしれません。適宜、停止しておきましょう。

図6-23　Function Appの停止

6.3 | コーディング

Visual Studioで作成したひな形を使ってコーディングをしていきましょう。いきなりすべてのコードを打ち込み完全に動作させるのは難しいので、ローカル環境に構築したエミュレーションを使いながら動作確認も同時に行っていきます。

1つ1つの動作をチェックしながらプログラミングをすることで、プログラムが動かなかったときのチェックがしやすくなります。

6.3.1 | ターゲットのHTTPトリガーを作成

最初にヘルスチェックのターゲットとなるWebサーバーをエミュレートする、HealthCheckTarget.cs ファイルを修正していきましょう（リスト6-2）。HealthCheckTarget.cs ファイルは、HTTPトリガーなのでGETメソッドあるいはPOSTメソッドを受けて、何らかのデータを返します。

呼び出しを簡単にするために、ヘルスチェック用の関数「HealthCheckTarget」の呼び出しはGETメソッドを使ってURLアドレス経由で呼び出すことにします。戻り値は「OK」あるいは「NG」の文字列を返すことにしまう。実際は、Webサーバーが動いてない（起動していない、あるいは、何らかの原因で応答が返せない状態にある）ときには、このHealthCheckTarget関数自体が呼び出されないことになります。

HTTPトリガーを呼び出すときのアドレスは「http://＜servername＞/api/HealthCheckTarget?name=＜name＞」の形式を想定しています。

リスト6-2 **HealthCheckTarget.cs**

```
public static class HealthCheckTarget
{
    /// <summary>
    /// ヘルスチェック用のターゲット関数
    /// </summary>
    /// <param name="req"></param>
    /// <param name="log"></param>
    /// <returns></returns>
    [FunctionName("HealthCheckTarget")]                        ①
    public static async Task<IActionResult> Run(
        [HttpTrigger(AuthorizationLevel.Function,
          "get", "post", Route = null)]
          HttpRequest req,
        ILogger log)
    {
        /// ログ出力
        log.LogInformation(                                   ②
          $"HealthCheckTarget called: {DateTime.Now}");
        /// パラメーターを取得
```

```
            string name = req.Query["name"];                    ③
            string requestBody =
              await new StreamReader(req.Body).ReadToEndAsync();
            dynamic data =
              JsonConvert.DeserializeObject(requestBody);
            name = name ?? data?.name;
            /// ヘルスチェックの戻り値
            return name != null                                 ④
                ? (ActionResult)new OkObjectResult("OK")
                : new BadRequestObjectResult("NG");
        }
    }
```

ヘルスチェック関数は、処理を簡便にするために元のひな形のコードをそのまま利用しています。

①HTTPトリガーの名前を「HealthCheckTarget」と変更しておきます。
②デバッグ時のログ出力がわかりやすくなるように、「HealthCheckTarget called」と変更します。
③URLアドレスで渡されたパラメーターを取り出します。
④パラメーターが指定されていた時は「OK」を返すようにします。指定されていなかったときは「NG」となります。

このHTTPトリガーを簡単に動作確認しておきます。Visual Studioでデバッグ実行をして、ブラウザにURLアドレスを指定します。ここではURLアドレスを「http://localhost:7071/api/HealthCheckTarget?name=check」としています（図6-24）。

図6-24　ブラウザでURLを実行

Visual Studioからのデバッグ実行や、コマンドラインから「func host start」を実行することで、Azure Functionsのエミュレーターが実行されます（図6-25）。
HTTPトリガーが正常に呼び出されていることを確認してください。

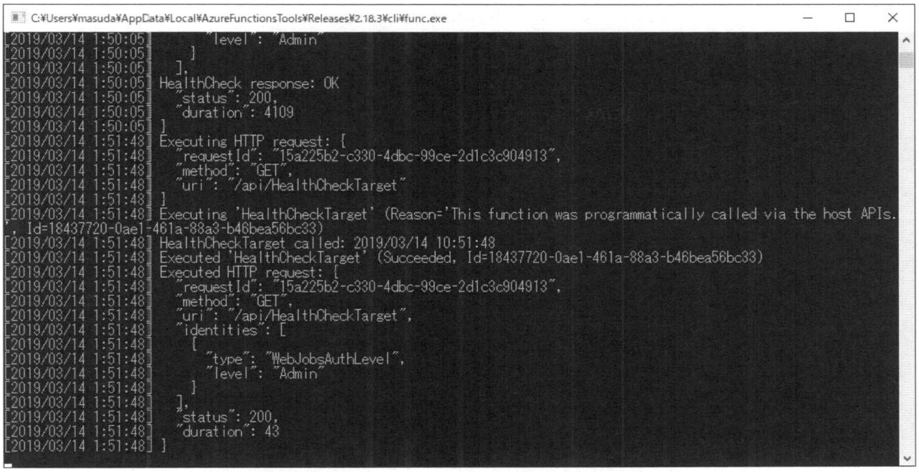

第6章 定期起動する（タイマートリガー） **211**

図6-25 ヘルスチェック用のHTTPトリガーのテスト結果

6.3.2 タイマートリガーからヘルスチェックAPIの呼び出し

では、タイマートリガーのファイル（HealthCheck.cs）を修正して、ヘルスチェック機能を追加しましょう（リスト6-3）。ヘルスチェックはHttpClientクラスを使ってGetAsyncメソッドで呼び出します。

リスト6-3 **HealthCheck.cs**

```
using System;
using System.Net.Http;                                            ①
using Microsoft.Azure.WebJobs;
using Microsoft.Azure.WebJobs.Host;
using Microsoft.Extensions.Logging;

public static class HealthCheck
{
    static HttpClient cl = new HttpClient();                      ②
    // ヘルスチェックを行うURL
    static string ServerName = "localhost:7071";                 ③
    static string targetUrl =                                     ④
 $"http://{ServerName}/api/HealthCheckTarget?name=healthcheck";
    /// <summary>
    /// ヘルスチェックを行う関数
    /// </summary>
    /// <param name="myTimer"></param>
    /// <param name="log"></param>
    [FunctionName("HealthCheck")]                                 ⑤
```

```csharp
public static async void Run(
    [TimerTrigger("0 */5 * * * *")]
    TimerInfo myTimer, ILogger log)
{
    log.LogInformation(                                      ⑥
        $"HealthCheck called: {DateTime.Now}");
    // ヘルスチェック対象のWeb APIを呼び出す
    var result = "";                                         ⑦
    try
    {
        /// 対象をヘルスチェックする
        /// 指定のURLを呼び出して、応答を見る簡単な方式
        var res = await cl.GetAsync(targetUrl);              ⑧
        result = await res.Content.ReadAsStringAsync();
        log.LogInformation(
            "HealthCheck response: " + result);
    }
    catch
    {
        /// ヘルスチェック先が応答しない場合、例外が発生する
        log.LogInformation(                                  ⑨
            "HealthCheck response: ERROR");
        result = "ERROR";
    }
}
}
```

①HttpClientクラスを使うために先頭に「using System.Net.Http;」を追加します。

②HttpClientオブジェクトを再利用するためにstaticで定義しておきます。

③ローカルの検証環境で動作確認をするために、サーバー名は「localhost:7071」となります。

④サーバー名を含めて、ヘルスチェックを行うURLを作成します。

⑤Function Appの関数名を「HealthCheck」に設定します。

⑥デバッグ用にタイマートリガーが呼び出されたときのログ出力を「HealthCheck called」と変更します。

⑦ヘルスチェックの戻り値を保存するための変数です。これは、後でCosmos DBに書き込むためのものです。

⑧ヘルスチェックのAPIをGetAsyncメソッドで呼び出します。APIを正常に呼び出しができたときは、OKあるいはNGが返ります。

⑨ターゲットとなるサーバーが起動していないなどで、応答が返らない場合は例外が発生します。これを受けて、変数resultに「ERROR」と入れておきます。

タイマートリガーの起動時刻の設定は「0 */5 * * * *」のままで動かしてみましょう。5分間隔でタイマートリガーが呼び出され、ヘルスチェックが行われます。実際は、1時間間隔のように起動間隔を調節することになるでしょう。

第**6**章　定期起動する（タイマートリガー）　　**213**

　　Visual Studioからデバッグ実行を行い、5分間隔でタイマートリガーが起動されていること、ヘルスチェックのHTTPトリガーが呼び出されていることを確認しておきましょう（図6-26）。

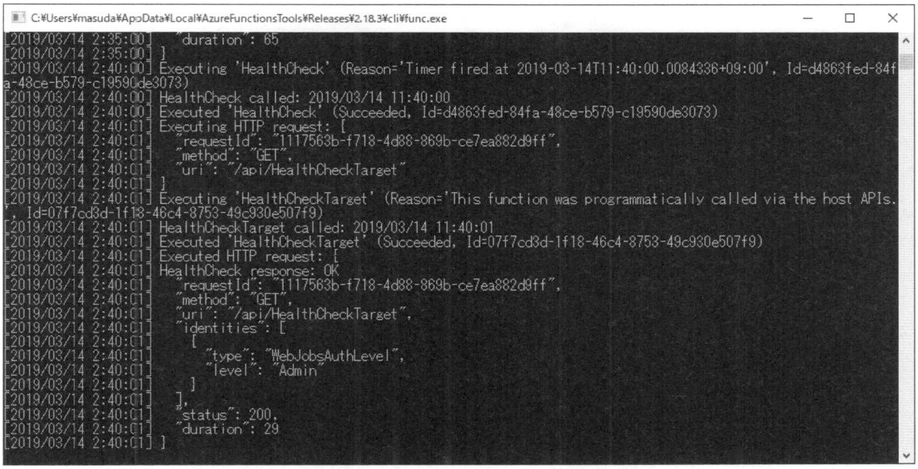

図6-26　タイマートリガーのテスト

　　このコードでは1つのWebサーバーを対象にしていますが、複数のWebサーバーのヘルスチェックをする場合には、別途ストレージからターゲットとなるサーバー名を読み込んで、ヘルスチェックのURLを起動します。このとき一度に大量のWebサーバーに対して呼び出しを行うと時間がかかり過ぎて、Function Appの関数が自動的に停止されてしまう可能性があります。これを避けるために、タイマートリガーの起動のたびにストレージから1つずつサーバー名を取り出す工夫が必要です。

6.3.3 ┃ **Cosmos DBへの書き込み処理**

　　タイマートリガーでヘルスチェックをした結果をストレージに記録しておきます。既に作成済みのCosmos DBに結果を書き込みますが、タイマートリガーに記述する前に、別のプログラムで動作確認をしておきましょう。Cosmos DBやSQL Serverなどのストレージへの読み書きは、コンソールアプリを使うと確認手順が記述しやすいです。

　　Visual Studioで［Visual C#］→［.NET Core］→［コンソールアプリ（.NET Core）］を選択して新しいプロジェクトを作ります（図6-27）。

図6-27　コンソールアプリ（.NET Core）

　Function Appで動作する.NET環境は「.NET Core 2.x」になります。このため「Windowsデスクトップ」ではなく（.NET Frameworkではなく）、「.NET Core」の方のコンソールアプリを使いますので注意してください。
　Cosmos DBへのアクセスはNuGetパッケージの「Microsoft.Azure.DocumentDB.Core」を使います。ソリューションエクスプローラーで［ConsoleCosmosDB］を右クリックして表示されるメニューから［NuGetパッケージの管理］を選択して、［NuGetパッケージマネージャー］画面で「Microsoft.Azure.DocumentDB.Core」を検索して、このクラスライブラリをインストールしてください（図6-28）。

図6-28　NuGet Microsoft.Azure.DocumentDB.Coreのインストール後の画面

　Cosomos DBに1行書き込みをするためのコンソールアプリは次のように記述します（リスト6-4）。

第**6**章　定期起動する（タイマートリガー）　**215**

リスト6-4　`Program.cs`

```csharp
using Microsoft.Azure.Documents.Client;                          ①
using System;

namespace ConsoleCosmosDB
{
    class Program
    {
        static readonly string Endpoint =                        ②
            "https://localhost:8081";
        static readonly string Key =
    "C2y6yDjf5/R+obON8A7Cgv30VRDJIWEHLM+4QDU5DE2nQ9nDuVTqobD4b8m⮠
GGyPMbIZnqyMsEcaGQy67XIw/Jw==";
        static readonly string DatabaseId = "HealthCheck";
        static readonly string CollectionId = "Results";
        static void Main(string[] args)
        {
            var app = new Program();
            app.Go();                                            ③
            Console.WriteLine("Please any hit key.");            ④
            Console.ReadKey();
        }
        async void Go()
        {
            Console.WriteLine("Hello Cosmos DB");
            var client =                                         ⑤
                new DocumentClient(new Uri(Endpoint), Key);
            var data = new HealthCehckEntry()                    ⑥
            {
                Region = "TEST",
                ServerName = "cosmosdb_sample",
                Result = "OK",
                CreatedAt = DateTime.Now
            };
            await client.CreateDocumentAsync(                    ⑦
                UriFactory.CreateDocumentCollectionUri(
                DatabaseId, CollectionId), data);
        }
    }
    public class HealthCehckEntry                                ⑧
    {
        public string Region { get; set; }
        public string ServerName { get; set; }
        public string Result { get; set; }
        public DateTime CreatedAt { get; set; }
    }
}
```

①Cosmos DBへ接続するクラスライブラリの名前空間です。
②エンドポイントやアクセスキーなどを設定しておきます。ここで記述している情報はローカル環境で動作するCosmos DBのエミュレーターのものです。データベース「HealthCheck」とコレクション「Results」は、Azure上のものと同じ名前で作成しておきます。
③1行挿入するための関数を実行します。Cosmos DBへのアクセスが非同期となるため、await/asyncが使えるように別メソッドにしています。
④Goメソッド内で非同期処理を行うため、キーの押下待ちをさせます。
⑤Cosmos DBへアクセスするためのクライアントを作成します。エンドポイント（URL）とアクセスキーを指定してインスタンスを生成します。
⑥HealthCehckEntryオブジェクトを作成します。HealthCehckEntryクラスは、Cosmos DBの「Results」コレクションに挿入するデータです。
⑦クライアントオブジェクトのCreateDocumentAsyncメソッドを使って1行書き込みます。
⑧Cosmos DBのResultsコレクションに書き込むデータを示すクラスです。

プログラムを実行して、「Azure Cosmos DB Emulator」で、HealthCheck.Resultsコレクションの内容を確認してみましょう（図6-29、リスト6-5）。Regionの値に「TEST」と書き込まれているものが、今回挿入したデータになります。

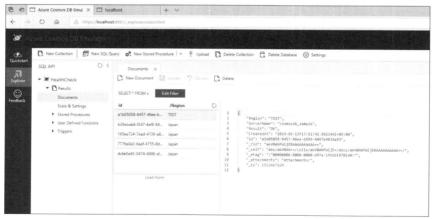

図6-29　Azure Cosmos DB Emulatorでの結果表示

HealthCehckEntryクラスのServerNameプロパティやResultプロパティの値を変えて、何度かコンソールアプリを実行してみましょう。また、EndpointやKeyをAzure上のCosmos DBのものと変えることによって、本番環境での動作確認も可能です。

リスト6-5　Documentsの内容

```
{
    "Region": "TEST",
    "ServerName": "cosmosdb_sample",
```

```
    "Result": "OK",
    "CreatedAt": "2019-03-13T17:52:42.9921461+09:00",
    "id": "a1b05058-8457-46ee-b599-4497b9838a93",
    "_rid": "akV0ANfWijEBAAAAAAAAAA==",
    "_self": "dbs/akV0AA==/colls/akV0ANfWijE=/docs/akV0ANfWijEB⮌
AAAAAAAAAA==/",
    "_etag": "¥"00000000-0000-0000-d97a-1fd2b19701d4¥"",
    "_attachments": "attachments/",
    "_ts": 1552467164
}
```

コンソールアプリでの動作確認ができたら、実際のタイマートリガーにコードを移していきます。

6.3.4 ローカル環境のタイマートリガー

コンソールで動作したコードをHealthCheck.csファイルへ移していきます。既にヘルスチェックAPIを呼び出すコードが記述されているので、その結果をCosmos DBに書き込むように追加します（リスト6-6）。

コンソールアプリのときと同じように、［NuGetパッケージの管理］で「Microsoft.Azure.DocumentDB.Core」パッケージを追加しておきます。

リスト6-6　修正した**HealthCheck.cs**

```
public static class HealthCheck
{
    static HttpClient cl = new HttpClient();
    // ヘルスチェックを行うURL
    static string ServerName = "localhost:7071";
    static string targetUrl =
$"http://{ServerName}/api/HealthCheckTarget?name=healthcheck";
    // ヘルスチェックの結果を書き込む Cosmos DBの設定
    static string Endpoint = "https://localhost:8081";                    ①
    static string Key =
"C2y6yDjf5/R+ob0N8A7Cgv30VRDJIWEHLM+4QDU5DE2nQ9nDuVTqobD4b8mGGy⮌
PMbIZnqyMsEcaGQy67XIw/Jw==";
    static string DatabaseId = "HealthCheck";
    static string CollectionId = "Results";
    /// <summary>
    /// ヘルスチェックを行う関数
    /// </summary>
    /// <param name="myTimer"></param>
    /// <param name="log"></param>
    [FunctionName("HealthCheck")]
    public static async void Run(                                         ②
    [TimerTrigger("0 */5 * * * *")]
```

```
        TimerInfo myTimer, ILogger log)
    {
        log.LogInformation(
          $"HealthCheck called: {DateTime.Now}");
        // ヘルスチェック対象のWeb APIを呼び出す
        var result = "";
        try
        {
            /// 対象をヘルスチェックする
            /// 指定のURLを呼び出して、応答を見る簡単な方式
            var res = await cl.GetAsync(targetUrl);
            result = await res.Content.ReadAsStringAsync();
            log.LogInformation(
                "HealthCheck response: " + result);
        }
        catch
        {
            /// ヘルスチェック先が応答しない場合、例外が発生する
            log.LogInformation("HealthCheck response: ERROR");
            result = "ERROR";
        }
        // 結果をCosmos DBに書き込む
        var data = new HealthCehckEntry()          ③
        {
            Region = "Japan",
            ServerName = ServerName,
            Result = result,
            CreatedAt = DateTime.Now
        };
        var client =                               ④
          new DocumentClient(new Uri(Endpoint), Key);
        await client.CreateDocumentAsync(
          UriFactory.CreateDocumentCollectionUri(
          DatabaseId, CollectionId), data);
    }
}
public class HealthCehckEntry                      ⑤
{
    public string Region { get; set; }
    public string ServerName { get; set; }
    public string Result { get; set; }
    public DateTime CreatedAt { get; set; }
}
```

①Cosmos DBへの接続設定（エンドポイント、アクセスキーなど）を記述します。

②Cosmos DBへのアクセスは非同期で行われているため、Runメソッドにasyncキーワードを追加します。

③ ヘルスチェックの結果（result）を、HealthCehckEntryクラスのResultプロパティに設定します。

④ Cosmos DBへデータを書き込みます。

⑤ 書き込むデータのHealthCehckEntryクラス定義です。

　ヘルスチェックの確認をしたときと同じように、Visual Studioのデバッグ実行、あるいは
コマンドラインから「func start host」で動作確認をします（図6-30、6-31）。

図6-30　実行結果（その1）

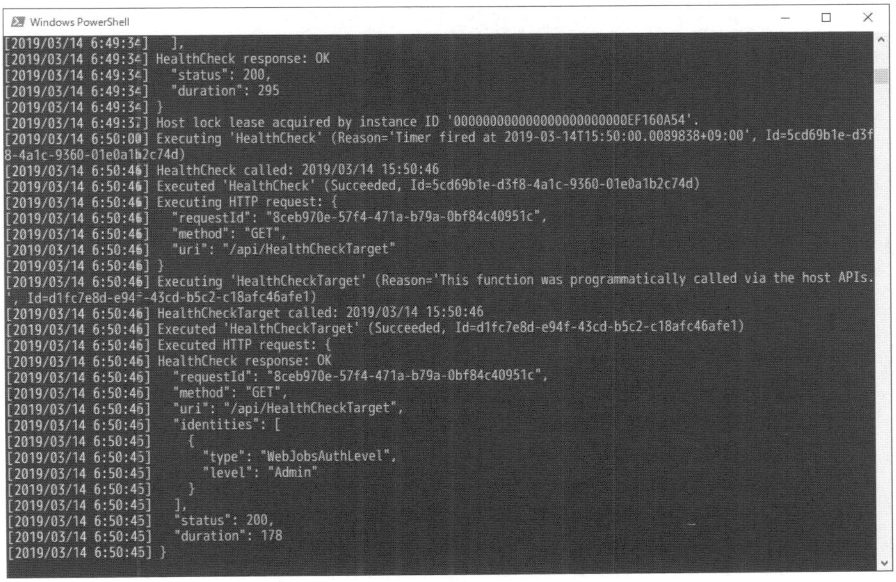

図6-31　実行結果（その2）

動作が確認できたら、ログ出力やタイマー起動の間隔を調節して実験しておきましょう。

6.3.5 | リリースモードの追加と発行

動作確認をしたときのエンドポイントやアクセスキーはローカル環境の設定になっています。
Azureにデプロイしたときの設定を自動的に切り替えられるようにしておきましょう。
Visual StudioからAzureへデプロイ（発行）すると、自動的にリリースモードでビルドされ
るようになります。これを利用して「DEBUG」が定義されているか否かで、ビルドされるコー
ドを変えます（リスト6-7）。

関数キーは「6.2.5 HTTPトリガーのURLを取得」で取得したものを使います。

リスト6-7　リリースモード用を追加修正した`HealthCheck.cs`

```
public static class HealthCheck
{
    static HttpClient cl = new HttpClient();
    // ヘルスチェックを行うURL
#if DEBUG
    static string ServerName = "localhost:7071";
    static string targetUrl =
 $"http://{ServerName}/api/HealthCheckTarget?name=healthcheck";
#else
    static string ServerName =
"sample-azfunc-adv-timersample.azurewebsites.net";
    static string targetUrl =
 "https://sample-azfunc-adv-timersample.azurewebsites.net/api/⮐
HealthCheckTarget?code=WFl8yLiaD4/Xv0LQ9tteSZhBx/Hsxe6kdauzwdr⮐
LpYUYpJ6YqP0CJQ==&name=healthcheck";
#endif
    // ヘルスチェックの結果を書き込む Cosmos DBの設定
    // 本来はFunction Appの設定から読み込む
#if DEBUG
    static string Endpoint = "https://localhost:8081";
    static string Key =
"C2y6yDjf5/R+obON8A7Cgv30VRDJIWEHLM+4QDU5DE2nQ9nDuVTqobD4b8mGGyPM⮐
bIZnqyMsEcaGQy67XIw/Jw==";
#else
    static string Endpoint =
"https://sample-azfunc-db.documents.azure.com:443/";
    static string Key =
"6HbviEsKH5NGXitzYyAHxBOxf0k4sH4rcXsI42CEEwuOpTGDFzSEots1HzMbRwD2⮐
pM5AKGDaipknlNBw7MjPNA==";
#endif
    static string DatabaseId = "HealthCheck";
    static string CollectionId = "Results";
...省略
```

①

②

①リリースビルドのときは「DEBUG」が定義されていません。リリースモードのときのHTTPトリガーのURLを切り替えます。実運用ではヘルスチェックを行うWebサーバーのサーバー名とURLとなります。このURLとアクセスキーはデプロイ後に取得して書き換えます。

②リリース時にはAzure上のCosmos DBにアクセスさせます。

　最後にリリースビルドしたFunction AppをAzureに発行します。ソリューションエクスプローラーでプロジェクトを右クリックして［発行］を選択し、［発行］ダイアログで［発行］ボタンをクリックしてAzure上のFunction Appを更新します（図6-32）。このとき、あらかじめAzure上のFunction Appは停止させた状態にしておきます。

図6-32　［発行］ダイアログ

　Azure Portalで「sample-azfunc-adv-TimerSample」を開き、Function Appを開始します（図6-33）。これでヘルスチェック関数を動作させるタイマーが実行されます。

図6-33　Function Appの開始

ヘルスチェックの機能が正常に起動しているかどうかを、Cosmos DBのデータエクスプローラーを使って確認しておきましょう（図6-34）。5分間隔でHealthCheck.Resultsコレクションの内容が増えていくことで動作が確認できます（図6-35）。

図6-34　Cosmos DBのデータエクスプローラー

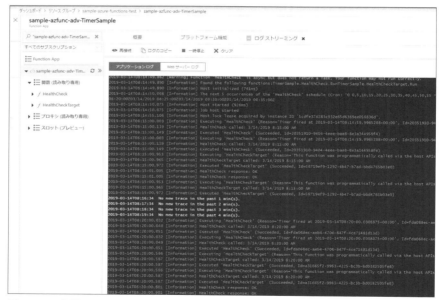

図6-35　5分間隔でHealthCheck.Resultsコレクションの内容が増えていく

あるいは、Function Appの「sample-azfunc-adv-TimerSample」のログストリーミングを開いておくと、動作が確認できます。ローカル環境で動かした時と同じようにログが出力されるので、タイマートリガーの動作を確認できます。

ある程度、動作が確認できたらタイマートリガーのFunction Appを停止しておきましょう。そのままにしておくと5分間隔で動き続けてしまうため注意してください。Function

Appの実行回数は無料枠に十分おさまりますが、Cosmos DBの容量が大きくなると、月額で5,000円程度の課金が発生してしまいます。動作確認や検証が終わったら忘れずにFunction Appを停止しておきましょう。

6.4 検証

コーディングが終わってある程度の動作確認が済んだら、プログラムの検証をしていきましょう。検証環境は、ローカルで動作する Azure Emulator と本番の Azure 環境の両方を使っていきます。

実運用のチェックでは、両方の検証環境を使って綿密な動作確認が必要ですが、ここでは簡便のため主にローカル環境に構築した Azure Emulator を使ってチェックしていきます。タイマートリガーに設定するさまざまなパラメーターを変更して実際の動作を確認していきましょう。

6.4.1 タイマーの間隔を変える

サンプルにある TimerSample プロジェクトを開き、HealthCheck.cs ファイルを変更していきましょう。

タイマーの間隔は、HealthCheck クラスの Run メソッドに定義してある「TimerTrigger」属性の値で変更します（リスト6-8）。

リスト6-8　**TimerTrigger属性**

```
/// <summary>
/// ヘルスチェックを行う関数
/// </summary>
/// <param name="myTimer"></param>
/// <param name="log"></param>
[FunctionName("HealthCheck")]
public static async void Run(
[TimerTrigger("0 */5 * * * *")]
TimerInfc myTimer, ILogger log)
{
    log.LogInformation(
      $"HealthCheck called: {DateTime.Now}");
    // ヘルスチェック対象のWeb APIを呼び出す
    var result = "";
    try
```

TimerTrigger 属性の設定は、cron 形式で起動時間を設定します。「0 */5 * * * *」は5分間隔でタイマートリガーを起動することになります。設定は「秒 分 時 日 月 曜日」の順番になります。たとえば、「0 */5 * * * *」で指定された場合は、10:00, 10:05, 10:10, 10:15のように5分間

隔でタイマートリガーが起動されます。これを1時間おきに設定する場合は、「0 0 * * * *」のように指定します。

主な設定例は表6-1を参照してください。

表6-1　cron型式の設定

設定	起動間隔
0 */5 * * * *	5分間隔
0 0 * * * *	1時間おきに起動
0 0 */6 * * *	6時間おきに起動
0 0 6 * * *	毎日の午前6時に起動
0 0 6 * * 1-5	平日の午前6時に起動

曜日は日曜日を「0」として設定します。「Mon」のように英語の略称でも指定できます。月は「1」あるいは「Jan」のように英語で指定します。

タイムゾーンは協定世界時（UTC）となっているので、日本標準時（JST）と9時間ずれていることに注意してください。JSTで設定する場合は、Function Appのアプリケーション設定でWebSITE_TIME_ZONEを追加して、値を「Tokyo Standard Time」に設定します（図6-36）。

図6-36　タイムゾーンの設定

TimerTrigger属性の値を「0 0 12 25 Mar *」のように変更して、ローカル環境で動作チェックをします（図6-37）。指定時間にタイマートリガーが呼び出されます。

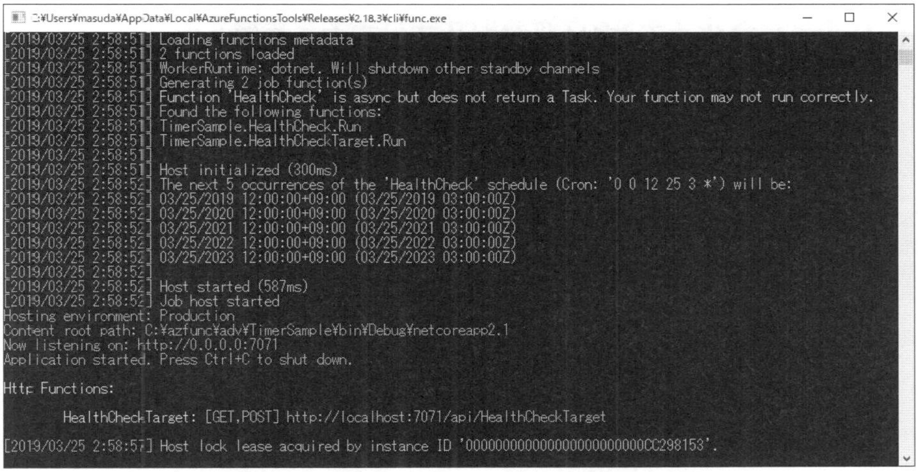

第6章 定期起動する（タイマートリガー）

![図6-37のコンソール画面]

図6-37　日付を指定して起動

　コーカル環境の「Azure Cosmos DB Emulator」を開いて、ログが書き込まれていることを確認しておきます（図6-38）。

図6-38　Azure Cosmos DB Emulator

　指定時間にトリガーを起動する設定はなかなか難しいですが、月に1回だけの起動の場合は動作を間違えてしまうと運営が大変ですので、入念にチェックしておきます。

6.4.2 ヘルスチェック対象のサーバー名を変更する

HealthCheckクラスの最初の部分には、ヘルスチェックを行うためのURLの記述があります。
動作確認では「https://localhost:7071/api/HealthCheckTarget?name=healthcheck」としてヘルスチェック用のAPIを呼び出しています。

このサーバー名を「error.local」のように変更して、ヘルスチェック対象のサーバーに到達できない場合を試してみましょう（リスト6-9）。タイマーの間隔は「0 */5 * * * *」のように5分間隔に戻しておきます。

リスト6-9　**ServerName**定数の変更

```
#if DEBUG
  // static string ServerName = "localhost:7071";
  static string ServerName = "error.local";
  static string targetUrl =
    $"http://{ServerName}/api/HealthCheckTarget?name=healthcheck";
#else
```

HealthCheckクラスのRunメソッド内で例外が発生し、ヘルスチェック対象のサーバーに到達しないため、①のGetAsyncメソッドで例外が発生し、②のログが出力されます（リスト6-10）。

リスト6-10　例外の発生

```
try
{
    /// 対象をヘルスチェックする
    /// 指定のURLを呼び出して、応答を見る簡単な方式
    var res = await cl.GetAsync(targetUrl);              ①
    result = await res.Content.ReadAsStringAsync();
    log.LogInformation(
      "HealthCheck response: " + result);
}
catch
{
    /// ヘルスチェック先が応答しない場合、例外が発生する
    log.LogInformation("HealthCheck response: ERROR");    ②
    result = "ERROR";
}
```

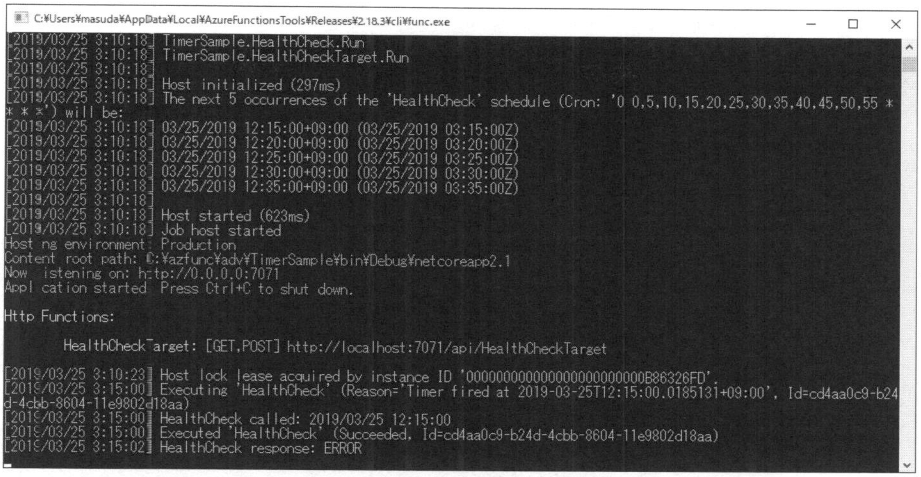

第**6**章 定期起動する（タイマートリガー） **227**

図6-39　例外時のログ

　あわせて、Azure Cosmos DB Emulatorの内容も見て、正常に例外が処理されていること
を確認しておきます。

6.4.3 ヘルスチェック対象のサーバーが無応答の場合

　今度は、ヘルスチェック対象となるサーバーが無応答になる場合を想定してみましょう。ヘ
ルスチェックで呼び出すAPIのエミュレートは、HealthCheckTargetクラスで記述していま
す（リスト6-11）。
　このRunメソッドの処理に明示的な待ち状態を付けて、サーバー処理が重く応答が返せな
い状態を作ってみます。

リスト6-11　**HealthCheckTarget**クラス

```
[FunctionName("HealthCheckTarget")]
public static async Task<IActionResult> Run(
    [HttpTrigger(AuthorizationLevel.Function,
    "get", "post", Route = null)]
    HttpRequest req, ILogger log)
{
    /// ログ出力
    log.LogInformation(
      $"HealthCheckTarget called: {DateTime.Now}");
    await Task.Delay(new TimeSpan(0, 30, 0));              ①
    /// パラメーターを取得
```

ログ出力をした後に、①で30分間の待ちを発生させています。これにより、タイマートリガーで呼び出されたヘルスチェックAPIが応答を返さない状態をシミュレーションできます。

デバッグ実行を行い、タイマートリガーが呼び出されるまで待つと、GetAsyncメソッドを呼び出してタイムアウトが発生してエラーとなっていることがわかります（図6-40）。

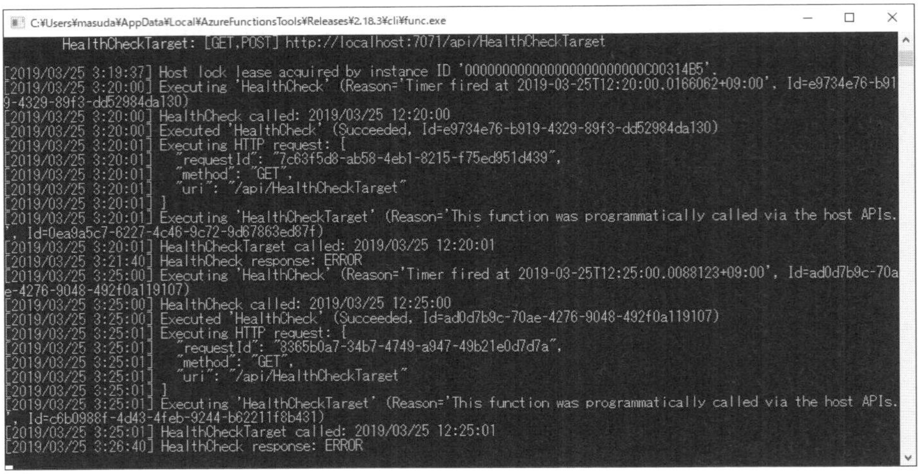

図6-40　エラーの発生

ヘルスチェック対象となるサーバーが応答を返さなくても、再び5分間隔でタイマートリガーが起動されていることを確認してみてください。

6.5 | 応用

タイマートリガーを使ったいくつかの応用を紹介しておきましょう。他サービスと連携して動作させるときポイントを示します。

6.5.1 | タイマートリガーと長い処理との連携

定期的に動作が可能なタイマートリガーですが、処理が長くなるとFunction App自体の実行時間が伸びてしまいタイムアウトが発生してしまいます。処理が長くなるときは、Virtual Machineで実行されているApp Serviceに処理を移し、API呼び出しの起動トリガーだけをタイマートリガーで実行するのも良い選択です（図6-41）。

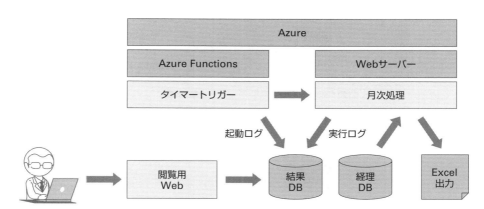

図6-41　長い処理をApp Serviceで実行

　月次処理のようにデータベースから大量のデータを抽出してレポートを作るようなプログラムは時間がかかるものです。短い処理であればタイマートリガーの内部で行うのでもよいのですが、処理が長くなり過ぎるとタイムアウトが発生します。これを防ぐために、起動を行うためのタイマートリガーと実際に月次処理を行うためのApp Serviceを別のサービスにしておきます。

　図6-40では、タイマートリガーのプログラムと月次処理のプログラムの両方から結果のためのデータベースに記録を書き込んでいます。実際にプログラムが起動されたかどうか、プログラムが正常に月次処理を行ったかどうかを両方とも書き込むことによって、エラーがなく処理が行われたかどうかを後から閲覧することができます。

　結果用のデータベースの閲覧は、管理者がチェックする簡易的なものでよいので、ASP.NET MVCアプリケーションなどで自動生成をさせるとよいでしょう。

6.5.2　タイマートリガーで1回だけの実行を行う

　タイマートリガーを使って指定した時間に1回だけ動く処理を考えてみましょう。たとえば、24時間後に1回だけ動くような処理はどのように組めばいいでしょうか？

　1つの方法は、定期的にタイマーを起動させておき、指定時刻になったときに指定の処理を実行するものです。タイマートリガーで指定する間隔は処理を行う時間の正確さにもよりますが、10分間隔や1時間間隔などで十分でしょう。タイマートリガーは時間ぴったりに起動される訳ではないので、ある程度の実行の幅が必要になります。起動条件としては、指定時刻が過ぎたきに1回だけ実行されるようにします。

　起動チェックはTableストレージなどを使い、指定の処理（外部処理のWebhookなど）を起動したかどうかを記録しておきます（図6-42）。実行記録用のテーブルをチェックし、実行したときのデータがなければ処理の呼び出しを行い、実行済みのデータを書き込みます。実行記録用のテーブルは起動チェックにしか使いませんが、Tableストレージの価格はほぼ無料なので特に問題はないでしょう。

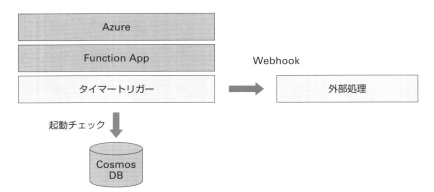

図6-42　指定時刻に1回だけ処理を動かす

たとえば、実行記録用にテーブルをチェックする場合はリスト6-12のように書けます。

リスト6-12　**Table**ストレージのチェック

```csharp
using Microsoft.WindowsAzure.Storage.Table;
using System.Linq;

[FunctionName("TimerOnce")]
public async static void Run(
    [TimerTrigger("0 0 6 * * *")]TimerInfo myTimer,
    [Table("TimerOnceCheck",
    Connection = "AzureStrageConnection")]
    CloudTable table,
    ILogger log)
{
    log.LogInformation(
      $"called TimerOnce: {DateTime.Now}");
    /// テーブルをチェックする
    var query = new TableQuery<TimerOnceCheck>();
    var items =
      await table.ExecuteQuerySegmentedAsync(query, null);
    if (items.Count() == 0)
    {
        // テーブルに書き込む
        var item = new TimerOnceCheck()
        {
            ID = 1,
            RowKey = "check",
            ETag = Guid.NewGuid().ToString("N"),
            PartitionKey = "T",
            Timestamp = DateTime.Now,
        };
        await table.ExecuteAsync(
          TableOperation.Insert(item));
```

```
        // 処理を呼び出す
        log.LogInformation("処理を呼び出しました");
    }
    else
    {
        log.LogInformation("既に処理が行われています");
    }
}
```

　TimerTrigger属性で「0 0 6 * * *」を指定し、次の日の午前6時にタイマートリガーが起動されるようにします。起動された後は、Tableストレージをチェックし、まだ起動されていなければ処理を呼び出します。すでに記録のためのレコードがあれば、処理は呼び出しません。

　Tableストレージのアクセス方法や、タイマートリガーの時刻の参照方法などを調節すれば、Linuxのatコマンドのような動作が可能です。

第7章

HTTPトリガーでデータベースを更新

HTTPトリガーはAzure Functionsで一番よく使われる機能でしょう。利用方法も指定したURLアドレスを呼び出す「Webhook」という方式で簡便です。HTTPプロトコルは各種のWebサービスで頻繁に利用され、相互連携するための良い手段です。Webhookとしての HTTPトリガーもいろいろなWebシステムと連携ができます。

HTTPトリガーの連携は、Web経由だけでなくAzure内の各種の機能とも連携が可能です。ここでは一例として、HTTPトリガーでAzure SQL Databaseを利用してみましょう。

7.1 | イントロダクション

タイマートリガーのときと同じように、HTTPトリガーを使った具体的な構成例を上げて考えていきましょう。

ここでは、一般的な出勤状態を登録するWebサイトを考えます。出退勤したときに、PCでWebサイトを開いて状態を登録します。あるいはスマホに専用にアプリを導入して出退勤を登録できるシステムであると考えます。社員の出退勤状態はブラウザで管理画面を開いて閲覧できるようにします。

7.1.1 | 従来の出退勤サイト

出退勤状態をWebサイトで登録するのであれば、まずはWebサーバーが必要になります。PCのブラウザから開くページをWebサーバーに作成します。出勤状態を管理するにはいくつかの方法があるのですが、ここではSQL Serverを使ってデータベースのあるテーブルに出勤状態を書き込んでおきます。出勤の記録などを保存しておくための常套手段です。

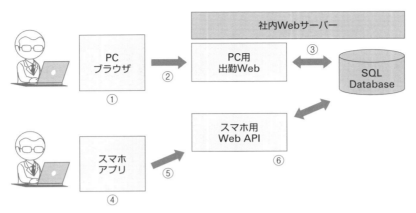

図7-1　出勤状態をWebサイトで登録

　スマホに出退勤用の専用アプリを入れる場合は、PCで開く出退勤ページとは違ってWeb APIを用意します。スマホの専用アプリから、このWeb APIを呼び出して出退勤のデータを登録します。PCで閲覧するブラウザとスマホのアプリから呼び出すWeb APIは、それぞれ別の方法でデータベースにデータを記録します（図7-1）。

①PCのブラウザは、社内のWebサーバーにアクセスして出退勤用のページを開きます。
②出勤あるは退勤したときに、ブラウザからPOSTメソッドなどでWebサーバーを呼び出します。
③POSTされたデータに従って、SQL Serverに出勤状態を書き込みます。
④スマホの専用のアプリは、スマホ専用のWeb APIを使って出退勤データを書き込みます。
⑤専用アプリから、POSTメソッドなどでWeb APIを呼び出します。
⑥POSTされたデータに従って、データベースに書き込みます。

　データベースのアクセスは、社内Webサーバーに配置されたSQL Serverに対して行われるため、社内Webサーバーではサーバーサイドスクリプトが動くことになり、多少複雑になります。
　システム構成によっては、PCからの登録とスマホからの登録を統一することも可能です。一番よいのは、データベースを読み書きするためのアクセスロジックを1つにまとめてしまうことです。この場合は、Web APIにまとめてしまうのがよいでしょう。そうすると、将来的にデータベースのアクセス方法が変わったとしても、ロジックを1つ変更するだけでよく、PCとスマホからのアクセス方法は変更しなくて済みます。

7.1.2　HTTPトリガーを利用した出退勤サイト

　このデータベースへのアクセスを一本化する方法の1つとして、HTTPトリガーを利用できます。先のシステム構成では、PCブラウザやスマホのアプリのそれぞれからデータアクセスのロジック呼び出しを行っていましたが、HTTPトリガーを呼び出すように変更します。

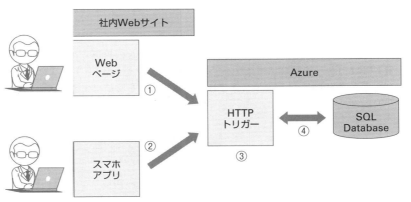

図7-2 出勤状態をHTTPトリガーで登録

社内Webサイトでは、出退勤のボタンなどを表示するだけの静的なページを用意しておきます。それらの静的なページから、JavaScriptを利用して指定のHTTPトリガーを呼び出します。同じように、スマホにインストールされた専用アプリからもHTTPトリガーを呼び出すようにしておきます（図7-2）。

① 静的なページからJavaScript経由でAzureに配置されたHTTPトリガーを呼び出します。
② 専用のスマホアプリからもGETやPOSTメソッドでHTTPトリガーを呼び出すために、プログラムがシンプルになります。
③ HTTPトリガーは、Webページやスマホの専用アプリなどから呼び出されます。
④ Azureに配置されたHTTPトリガーがデータベースにアクセスします。

　この構成がシンプルなのは、サーバーサイドスクリプトを活用して複雑化してしまった社内Webサーバーの内容を、静的なページのみ返すWebサーバーと、データアクセスをするためのFunction Appにうまく分離できているためです。
　Webサイトにおけるサーバーサイドのスクリプトは、潤沢なサーバーの資産を活用してデータベースのアクセスや複雑なロジックを組める反面、改修や機能アップに従って複雑化・肥大化してしまいがちです。また、出勤状態の確認程度であればアクセス数はさほどではありませんが、不特定多数のアクセスがある場合や一定時間に集中的にアクセスがあるときは、処理をこなすために何らかのロードバランサーが必要となります。
　従来のシステムのサーバーサイドスクリプトの部分を、PCブラウザで閲覧するための表示部分とデータアクセスのためのHTTPトリガーに分離することで、負荷のかかるデータベースアクセスをスムースに行わせることが可能です。アクセス制御が必要であれば、HTTPトリガーのスループットを調節する手段が取れます。

7.1.3 検証のためのシステム構成

では、HTTPトリガーを利用した出勤システムの検証をするための構成を考えます。HTTPトリガーを呼び出すクライアントは、ブラウザとWPFアプリを用意します。ブラウザは、静的なHTMLにJavaScriptでHTTPトリガーを呼び出すようにした簡単なものです（図7-3）。

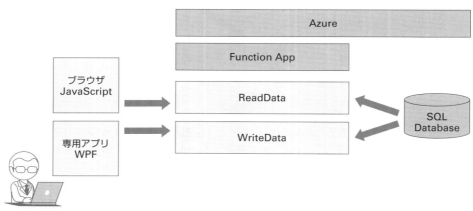

図7-3　HTTPトリガーの検証環境

　Azure側にはHTTPトリガーの関数を置くFunction Appとデータベースを置きます。データベースはAzure SQL Databaseを使います。Azure SQL Databaseは、オンプレミスのWindows Server上のSQL Serverと同様に、テーブルを作成してアクセスができます。Function Appの関数からはEntity Frameworkを利用してアクセスができるので、LINQが使えます。ただし、実際にシステムを構築する場合は、課金などの関係からテーブルストレージや他のデータベース（MySQLやPostgreSQLなど）を使うこともあるでしょう。
　Function Appには2つの関数を用意します。ReadData関数は、データベースからデータを読み込む関数です。今回の出退勤ではテーブルの一覧を取得することにします。WriteData関数は、クライアントから出退勤の状態をデータベースに設定するための関数です。この2つの関数がデータベースにアクセスする関数です。
　クライアントは、ブラウザでの表示（JavaScript）とWindowsデスクトップアプリ（WPFアプリ）の2つを用意しましょう。どちらもFunction Appの関数をURL指定で呼び出します。HTTPトリガーで作成すると、関数へのアクセスが容易になるのが特徴です。ここでは省略しますが、Xamarinなどを使ったスマホアプリからのアクセスも十分可能です。呼び出し方をWebhook形式で統一できるところがHTTPトリガーの良いところです。

7.2　下準備

　HTTPトリガーの検証環境を構築するためにAzure Portalで設定をしていきましょう。タ

イマートリガーと同じようにローカル環境とAzure上で実行するための2つの環境を用意していきます。

データを保存するためのデータベースは、ローカル環境の場合はSQL Serverを使い、Azure環境ではAzure SQL Databaseを使います。どちらも、接続文字列を設定してアクセスを行うため、プログラムの設定や環境変数を書き換えることによってローカル環境とAzureの検証環境を素早く切り替えることができます。

7.2.1 デプロイ用のリソースグループの確認

Azureにデプロイするためのリソースグループはタイマートリガーで作成したものを再利用します。リソースグループ「sample-azure-functions-test」の作成方法は、「6.2.1 デプロイ用のリソースグループの作成」を参考にしてください。

Azure Portalの左側のメニューから［リソースグループ］をクリックして、目的のリソースグループがあることを確認してください（図7-4）。

図7-4　検証用のリソースグループの確認

7.2.2 Azure SQL Databaseの作成

出退勤状態を保存するためのデータベースを作成します。Azure Portalの左側のメニューから［＋リソースの作成］をクリックします。Azure Marketplaceの分類で［データベース］を選択して［SQL Database］をクリックしましょう（図7-5）。

図7-5　Azure Marketplaceでの選択

　リソースグループを検証用の［sample-azure-functions-test］に設定してAzure SQL Databaseを作成します。
　［SQLデータベースの作成］画面が表示されます（図7-6）。まず、リソースグループ名を選択します。ここでは既に作成済みの［sample-azure-functions-test］を選択します。

図7-6　［SQLデータベースの作成］画面

　次に、データベースを動かす［サーバー］とデータを保存するための［データベース名］を設定します。［データベース名］は「azuredb」としますが、ここではサーバーが作成されて

いないのでサーバーの項目にある［新規作成］をクリックして、［新しいサーバー］画面を表示させます（図7-7）。

図7-7 ［新しいサーバー］画面

　この画面で、サーバー名と管理者名、管理者のパスワードを決めます。サーバー名はdatabase.windows.netのサブドメインとなる一意の名前に設定します。ここでは「sample-azfunc-sqldb」を入力して、データベースのサーバーが「sample-azfunc-sqldb.database.windows.net」でアクセスできるようにしています。

　サーバーにログインするための管理者ログイン名を設定します。ログイン名には、SQL Serverで使われている「sa」や「admin」などが使えません。ユニークになるように設定してください。管理者のパスワードもセキュリティ条件をクリアできるように複雑なものを設定します。

　［場所］は［東日本］などと指定しておきます。

　［選択］ボタンをクリックすると、入力したサーバー名が［デーベースの詳細］の［サーバー］に追加されます（図7-8）。

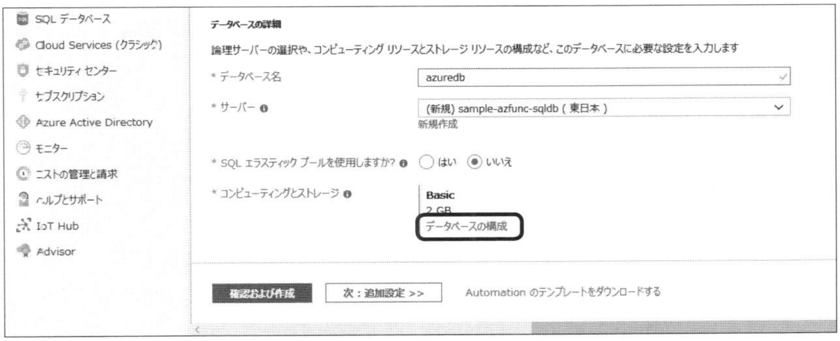

図7-8 コンピューティングとストレージ

　検証環境なので、［コンピューティングとストレージ］の［データベースの構成］をクリッ

クして、構成を［Basic］に変更しておきます。実運用の場合は［Standard］や［Premium］を選択して、DTU（価格レベル）を適切に設定します。

［追加設定］タブで、［データベース照合順序］を既定の［SQL_Latin1_General_CP1_CI_AS］から、日本語を扱えるように［Japanese_CI_AS］に変更しておきます。

［確認および作成］タブをクックして内容を再確認したのちに、［作成］ボタンをクリックしてAzure SQL Databaseを作成します。

Azure SQL Databaseが作成できたら、出勤状態を保存するためのテーブル「Persons」を作成しましょう。

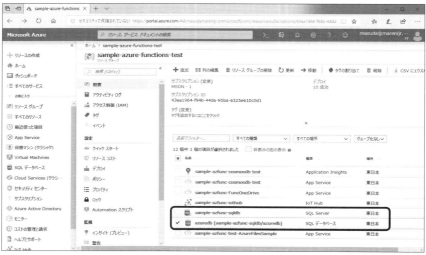

図7-9　リソースグループでの確認

図7-10　SQLデータベースの概要

デプロイが完了したらリソースグループを開いて、SQL ServerとSQLデータベースが作成されていることを確認してください（図7-9、7-10）。

SQLデータベースの項目をクリックすると、データベースの概要が表示されます。

この画面からクエリエディターを使ってSQL文を実行したり、クライアントから接続するための設定を接続文字列から取得することができます。

図7-11 接続文字列

左のメニューから［接続文字列］を選択すると、.NETで使う接続文字列を取得できます。

リスト7-1 接続文字列の例

```
Server=tcp:sample-azfunc-sqldb.database.windows.net,1433;Initial
Catalog=azuredb;Persist Security Info=False;User ID={your_usernam
e};Password={your_password};MultipleActiveResultSets=False;Encryp
t=True;TrustServerCertificate=False;Connection Timeout=30;
```

ユーザー ID（User ID）やパスワード（Password）は、「|your_username|」と「|your_password|」となっているので、これを修正して利用します。

7.2.3 ローカルのデータベースの作成

もう1つ、ローカルでSQL Serverのデータベースを作成しておきましょう。ローカル環境でインストールされているSQL Serverを利用します。開発用に利用できるSQL Databaseは「Server Server 2017 Express エディション（https://www.microsoft.com/ja-jp/sql-server/sql-server-editions-express）」からダウンロード＆インストールができます。Azure上のSQL Databaseと同じように扱えます。

SQL Server Management Studio（SSMS）を起動して、ローカルで実行しているSQL Serverに接続します。SSMSの最新バージョンは https://docs.microsoft.com/ja-jp/sql/ssms/download-sql-server-management-studio-ssms?view=sql-server-2017 からダウンロードができます。

SQL Serverがインストールできたら、［SSMSのインストール］をクリックしてSSMS

(SQL Server Management Studio) もダウンロードしてインストールします。SSMSのインストールが完了したら（図7-12）、左側のオブジェクトエクスプローラーの［データベース］を右クリックして［新しいデータベース］を選択します。

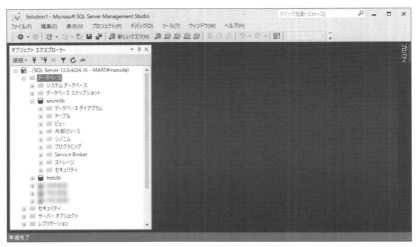

図7-12　SQL Server Management Studio

［新しいデータベース］ダイアログでデータベース名に「azuredb」と入力して、［OK］ボタンをクリックします（図7-13）。このデータベース名は、Azure SQL Databaseで作成した名前と同じにしておきましょう。

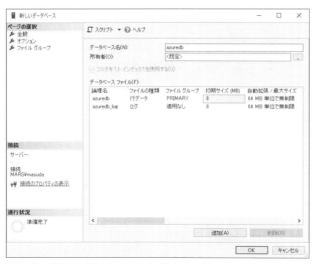

図7-13　［新しいデータベース］ダイアログ

作成したazuredbデータベースの配下にある［テーブル］を右クリックして、［新規作成］→

[テーブル]を選択します(図7-14)。

図7-14　テーブルの作成(1)

Personsテーブルの内容を表7-1を参考に定義します(図7-15)。

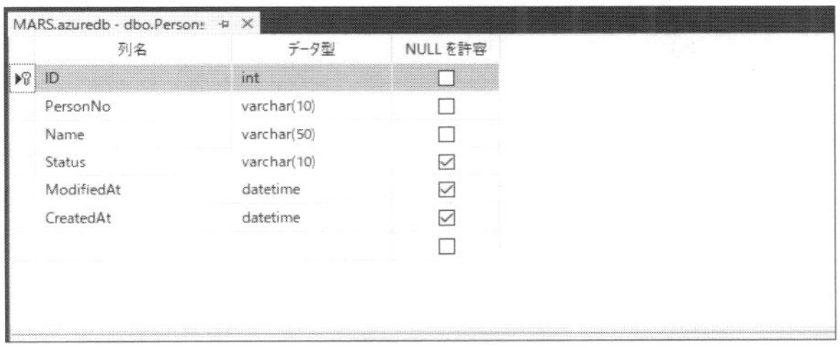

図7-15　テーブルの作成(2)

表7-1　Personsテーブル

列名	データ型	NULLを許容	説明
ID	int	NOT NULL	プライマリーキー
PersonNo	varchare(10)	NOT NULL	社員番号
Name	varchare(50)	NOT NULL	社員名
Status	varchare(10)	NULL	出勤状態
ModifiedAt	datetime	NULL	更新日時
CreatedAt	datetime	NULL	作成日時

クエリを使ってテーブルを作成する場合は、リスト7-2のスクリプトを実行します。

リスト7-2　Personsテーブルの作成スクリプト

```
USE azuredb
GO

CREATE TABLE [dbo].[Persons](
```

```
    [ID] [int] NOT NULL,
    [PersonNo] [varchar](10) NOT NULL,
    [Name] [varchar](50) NOT NULL,
    [Status] [varchar](10) NULL,
    [ModifiedAt] [datetime] NULL,
    [CreatedAt] [datetime] NULL,
 CONSTRAINT [PK_Persons] PRIMARY KEY CLUSTERED
(
    [ID] ASC
)WITH (PAD_INDEX = OFF, STATISTICS_NORECOMPUTE = OFF, IGNORE_DUP_⇨
KEY = OFF, ALLOW_ROW_LOCKS = ON, ALLOW_PAGE_LOCKS = ON) ON ⇨
[PRIMARY]
) ON [PRIMARY]
GO
```

これでローカルのSQL Serverの設定は終わりです。このデータベースを利用して、ローカルでHTTPトリガーを実行してデータベースへの書き込みなどを確認できます。

7.2.4 出勤簿テーブルの作成

Azure上のSQL DatabaseにもPersonsテーブルを作成しておきましょう。

Azure SQL Databaseにテーブルを作成するときは、Azure Portalからクエリエディターを利用することもできますが（図7-16、7-17）、今回はSSMSでサーバー名を指定して接続してみましょう（図7-18）。

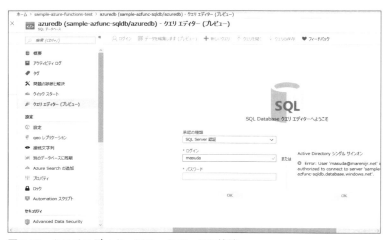

図7-16　クエリエディターでデータベースに接続

第7章 HTTPトリガーでデータベースを更新

図7-17　クエリエディターで編集

　SSMSのオブジェクトエクスプローラーで［接続］ボタンをクリックして、［サーバーへの接続］ダイアログを表示させます。サーバー名に接続先のAzure SQL Databaseのサーバーを設定して、認証を［SQL Server認証］に変更します。ログイン名とパスワードを入力して、［接続］ボタンをクリックします。

　最初にAzure SQL Databaseに接続するときは、［新しいファイアウォール規則］ダイアログが表示されます（図7-19）。Microsoft Azureアカウントでログインをして、クライアントIPアドレスを追加してください。これはデータベースにアクセスするIPアドレスを制限して、セキュリティを高める仕組みです。

　正常に接続されると、オブジェクトエクスプローラーにAzure SQL Databaseのサーバーが追加されます。このデータベースに対して、テーブル作成やクエリ実行などの作業ができます（図7-20）。

　［新しいクエリ］を開き、Personsテーブルの作成スクリプトを実行して、テーブルを作成しておきましょう。

　これで、ローカル環境のデータベースとAzure上のデータベースの両方が作成できました。

図7-18　［サーバーへの接続］ダイアログ

図7-19　［新しいファイアウォール規則］ダイアログ

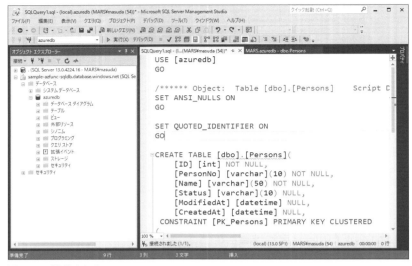

図7-20　接続されたAzure SQL Database

7.2.5 ｜ Visual StudioでHTTPトリガーの作成

　Visual Studioで出勤簿のPersonsテーブルにアクセスするFunction Appプロジェクトを作成しておきましょう。

　Visual Studioを起動して、［ファイル］メニューから［新規作成］→［プロジェクト］を選択します。［新しいプロジェクト］ダイアログで、左側のテンプレートのツリーから［Visual C#］→［Cloud］を選択します。プロジェクトテンプレートのリストから［Azure Functions］

図7-21　［新しいプロジェクト］ダイアログ

を選択して、プロジェクト名を入力してください。ここでは名前に「HttpSample」と入力しています（図7-21）。

［OK］ボタンをクリックすると、トリガーを選択するダイアログが表示されます。

テンプレートとなるトリガーでは［Http trigger］のアイコンを選んで［OK］ボタンをクリックします（図7-22）。ストレージアカウントは［ストレージエミュレーター］、Access Rights（アクセス認証）は［Function］のままにしておきます。アクセス認証は後から変更ができます。

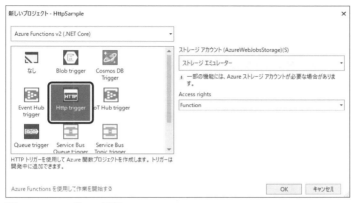

図7-22　トリガーの選択

Visual StudioでHTTPトリガーのひな形が作成されます（図7-23）。ファイル名が「Function1.cs」となっているので、「ReadData.cs」と変更しておきます。

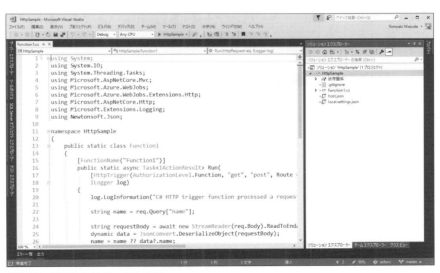

図7-23　HTTPトリガーのひな形

もう1つ、データ書き込みをするHTTPトリガー「WriteData」を作っておきます。ソリューションエクスプローラーでプロジェクトを右クリックして、［追加］→［新しいAzure関数］を選択します。

　［新しい項目の追加］ダイアログで［Azure関数］を選択し、名前を「WriteData」と変更して［追加］ボタンをクリックします（図7-24）。

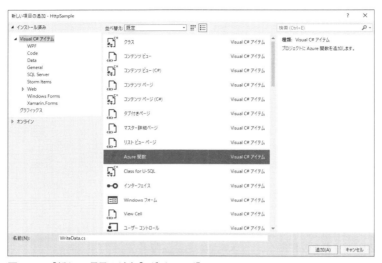

図7-24　［新しい項目の追加］ダイアログ

　［新しいAzure関数］ダイアログで［Http trigger］を選択して［OK］ボタンをクリックすると、プロジェクトにHTTPトリガーのひな形が追加されます（図7-25）。このHttpSampleプロジェクトがデータベースにアクセスするFunction Appになります。

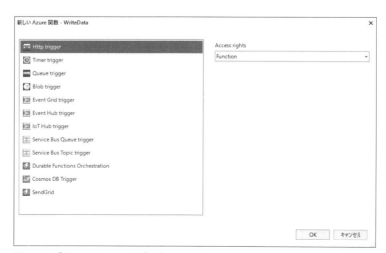

図7-25　［新しいAzure関数］ダイアログ

7.2.6 WPFクライアントのひな形を作成

　Function Appを呼び出すデスクトップアプリをWPFプロジェクトで作成しておきましょう。ソリューションエクスプローラーでソリューションを右クリックして［追加］→［新しいプロジェクト］で［新しいプロジェクトの追加］ダイアログを開きます。

図7-26　［新しいプロジェクトの追加］ダイアログ

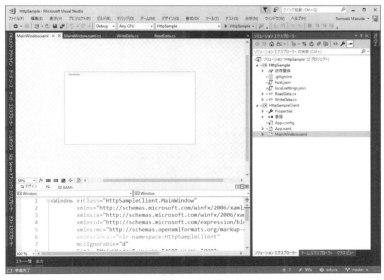

図7-27　生成されたHttpSampleClientプロジェクト

左側のテンプレートのツリーから［Visual C#］→［Windows デスクトップ］を選択します。プロジェクトテンプレートのリストから［WPF アプリケーション（.NET Framework）］を選択して、プロジェクト名を入力してください。ここでは名前に「HttpSampleClient」と入力しています（図7-26）。

JSON形式のデータを扱うために、［NuGet アプリケーションの管理］で「Newtonsoft.Json」をインストールしておきます。このHttpSampleClientプロジェクト（図7-27）でHttpClientクラスを使って、Function AppのHTTPトリガーを動作させます。

7.2.7　HTMLファイルのひな形を作成

ブラウザからJavaScriptを使ってFunction Appを呼び出す検証は、HTMLファイルが1つあればよいでしょう。特にプロジェクトは必要ないので、HTMLファイルを置くソリューションのフォルダーを作成しておきます。

ソリューションエクスプローラーでソリューションを右クリックして、［追加］→［新しいソリューションフォルダー］を選択します。フォルダー名を「Browse」にしておきます。この［Browse］フォルダーを右クリックして、［追加］→［新しい項目］を選択します。

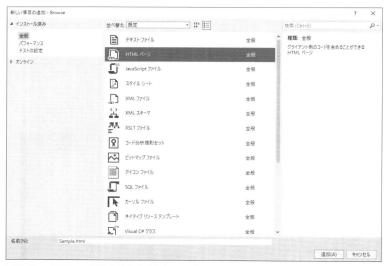

図7-28　［新しい項目の追加］ダイアログ

テンプレートのリストで［HTMLページ］を選択し、ファイル名を「Sample.html」にします（図7-28）。［追加］ボタンをクリックすると、ソリューションエクスプローラーにHTMLファイルが追加されます（図7-29）。

このHTML形式のファイルにFunction AppのHTTPトリガーを呼び出すJavaScriptを記述します。

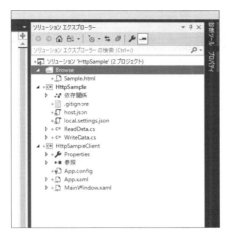

図7-29　[Browse] フォルダーにSample.htmlファイルが追加

7.3 コーディング

　Visual Studioで作成したひな形を使ってコーディングをしていきましょう。タイマートリガーの時と同じように、ローカルに構築したテスト環境を使いながら動作確認を行っていきます。

7.3.1 エンティティクラスの生成

　Function AppのReadData関数とWriteData関数は、Entity Frameworkを使ってデータベースにアクセスさせます。
　ここでEntity Frameworkは、.NET Frameworkのプロジェクトの場合はVisual Studioで「ADO.NET Entity Data Model」をプロジェクトに追加することでGUIを使ってデータベースからエンティティクラスを作成することができるのですが、.NET Coreの場合はコマンドラインで「dotnet ef」コマンドを使って作成しなければいけません。Azure Functions ver2では、LinuxとWindowsで同じコードが動くように.NET Coreで作られているので、「dotnet ef」コマンドを使うことになります。
　ソリューションエクスプローラーで、HttpSampleソリューションに「コンソールアプリ（.NET Core）」のプロジェクトを追加します。
　[新しいプロジェクトの追加] ダイアログで、[Visual C#] → [.NET Core] を選び、テンプレートのリストから [コンソールアプリ (.NET Core)] を選択します。Entity Frameworkを利用したクラスを作るだけなので、プロジェクトの名前は「ConsoleApp1」のままでよいでしょう（図7-30）。

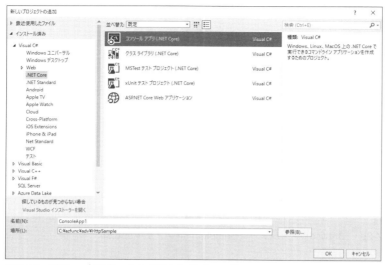

図7-30 ［新しいプロジェクトの追加］ダイアログ

コンソールプロジェクトに以下の3つのパッケージをインストールします。

・Microsoft.EntityFrameworkCore
・Microsoft.EntityFrameworkCore.Design
・Microsoft.EntityFrameworkCore.SqlServer

ConsoleApp1プロジェクトを右クリックして［NuGetパッケージの管理］を選択し、3つのパッケージ名を検索してインストールします（図7-31）。

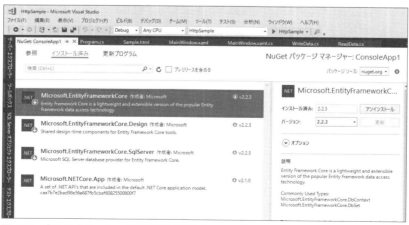

図7-31 ［NuGetパッケージの管理］画面で3つのパッケージをインストール

ConsoleApp1プロジェクトをビルドしておきます。

コマンドプロンプトを開き、ConsoleApp1プロジェクトのディレクトリで以下のコマンドを実行します（リスト7-3）。コマンドプロンプトは、プロジェクトを右クリックして［エクスプローラーでフォルダーを開く］を選択してエクスプローラーを開いた後で、ファイルパスの部分で「cmd」と入力すると、ConsoleApp1プロジェクトのディレクトリを開くことができます。

リスト7-3　EFクラスの作成コマンド

```
dotnet ef dbcontext
scaffold "Server=.;Database=azuredb;Trusted_Connection=True"
Microsoft.EntityFrameworkCore.SqlServer -o Models
```

dotnet efコマンドは、ローカルのSQL Serverに接続してエンティティクラスを作成します。接続エラーが発生する場合は、接続文字列「"Server=.;Database=azuredb;Trusted_Connection=True"」部分を開発環境に合わせてください。SQL Server 2017 Expressを使っている場合は、「Server=.¥¥SQLEXPRESS」と記述します。

ソリューションエクスプローラーでConsoleApp1プロジェクトを見ると、［Models］フォルダー内にazuredbContext.csとPersons.csの2つのファイルができていることがわかります（図7-32）。

図7-32　ソリューションエクスプローラーで［Models］フォルダーを表示

リスト7-4　azuredbContext.cs

```csharp
using System;
using Microsoft.EntityFrameworkCore;
using Microsoft.EntityFrameworkCore.Metadata;

namespace ConsoleApp1.Models
{
    public partial class azuredbContext : DbContext
    {
        public azuredbContext()
        {
        }

        public azuredbContext(
          DbContextOptions<azuredbContext> options)
            : base(options)
```

```
        {
        }

        public virtual DbSet<Persons>                          ①
          Persons { get; set; }
        protected override void OnConfiguring(                  ②
          DbContextOptionsBuilder optionsBuilder)
{
            if (!optionsBuilder.IsConfigured)
            {
#warning To protect potentially sensitive information in your ➦
connection string, you should move it out of source code. See ➦
http://go.microsoft.com/fwlink/?LinkId=723263 for guidance on ➦
storing connection strings.
                optionsBuilder.UseSqlServer(
"Server=.;Database=azuredb;Trusted_Connection=True");
            }
        }
    // 省略
}
```

azuredbContext.csファイルはデータベースに接続するためのazuredbContextクラスが定義されています（リスト7-4）。必要となるのは、PersonsテーブルをLINQで扱うためのPersonsプロパティと、データベースの設定を行う②のOnConfiguringメソッドです。データベースのコードファーストのために継続的にテーブルを構築するOnModelCreatingメソッドは必要ありません。

リスト7-5 **Persons.cs**

```
using System;
using System.Collections.Generic;

namespace ConsoleApp1.Models
{
    public partial class Persons
    {
        public int Id { get; set; }
        public string PersonNo { get; set; }
        public string Name { get; set; }
        public string Status { get; set; }
        public DateTime? ModifiedAt { get; set; }
        public DateTime? CreatedAt { get; set; }
    }
}
```

エンティティクラスは、Persons.csファイルに記述されています（リスト7-5）。azuredbContextクラスとPersonsクラスはdotnet efコマンドで既存データベースからコードを生成

しましたが、それぞれ行数が少ないクラスなので手作業でコーディングをしてもかまいません。

ただし、実際の開発プロジェクトでは十数個のテーブルを同時に扱うことも多いので、エンティティクラスを自動生成する手段は覚えておいたほうがよいでしょう。エンティティクラスを常に自動生成するようにしておくと、データベースのテーブル構造が変更になったときにも、変更箇所の見落としをすることなく、dotnet efコマンドを動かすことでデータベース上のテーブルとの整合性を保てます。

HttpSampleプロジェクトを開き、[NuGetパッケージの管理]で「Microsoft.EntityFrameworkCore」と「Microsoft.EntityFrameworkCore.SqlServer」をインストールします。「Microsoft.EntityFrameworkCore.Design」は、dotnet efコマンドのようにデザイン時に必要なだけなので、ここではインストールしなくて構いません。

ConsoleApp1プロジェクトの[Models]フォルダーを、HttpSampleプロジェクトにコピーします(図7-33)。ファイルに書かれている名前空間はそのままでも利用できますが、ここでは名前空間を「ConsoleApp1」から「HttpSample」に変更しておきます。

この状態でHttpSampleプロジェクトをビルドしてみます。azuredbContextクラス内でDBへの接続文字列が直接書かれているので警告が表示されているかもしれませんが、あとで書き換えるので、ここでは気にせず進めてください。

図7-33　[Models]フォルダーのコピー

7.3.2　データを読み込むHTTPトリガーを作成

エンティティクラスの準備ができたので、HTTPトリガーのReadData関数を作成していきましょう。

Azure SQL DatabaseあるいはSQL Serverに設置したPersonsテーブルの内容を取得します。azuredbContextクラスに設定した接続文字列で接続先を切り替えるため、どちらに接続する場合もReadData関数の中身は変わりません。

リスト7-6　`ReadData.cs`

```
using HttpSample.Models;
using Microsoft.EntityFrameworkCore;

namespace HttpSample
{
    public static class ReadData
    {
        [FunctionName("ReadData")]                               ①
        public static async Task<IActionResult> Run(
          [HttpTrigger(AuthorizationLevel.Function,
```

256　Asure Functions入門

```
        "get", "post", Route = null)]
        HttpRequest req, ILogger log)
    {
        log.LogInformation("called ReadData");            ②
        var context = new azuredbContext();               ③
        var items = await context.Persons.ToListAsync();  ④
        // 検索した結果をJSON形式で返す
        var res = JsonConvert.SerializeObject(items);     ⑤
        return new OkObjectResult(res);                   ⑥
    }
  }
}
```

　ReadData関数は、Personsテーブルをすべて検索して、JSON形式で返すHTTPトリガー
です（リスト7-6）。

　　①Function Appの関数名を「ReadData」にします。
　　②関数を呼び出したときの確認のためのログ出力です。
　　③データベースにアクセスするためのコンテキストオブジェクトを作成します。
　　④Personsテーブルをすべて検索して、Listコレクションにしておきます。
　　⑤JsonConvertクラスのSerializeObjectメソッドを使い、Listコレクションのデータを
　　　JSON形式の文字列に変換します。
　　⑥変換したJSON形式の文字列を、HTTPトリガーの呼び出し元に返します。

　データベースから検索した結果を返す方法は、ASP.NET MVC アプリケーションでよく見
かける方法です。Function Appの関数の場合は、static関数のみを指定するためシンプルな
構造になります。
　SSMSを利用して、ローカル環境とAzure上のPersonsテーブルにテストデータ（リスト
7-7、図7-34）を挿入して、ReadData関数の動きを確認しておきましょう。

リスト7-7　テストデータを作成するスクリプト

```
delete from Persons ;
insert into Persons values (
   1, 100, 'Masuda', '会社', '2019-03-22', '2019-03-22' );
insert into Persons values (
   2, 101, 'Kato', '外出', '2019-03-22', '2019-03-22' );
insert into Persons values (
   3, 102, 'Yamada', '休み', '2019-03-22', '2019-03-22' );
```

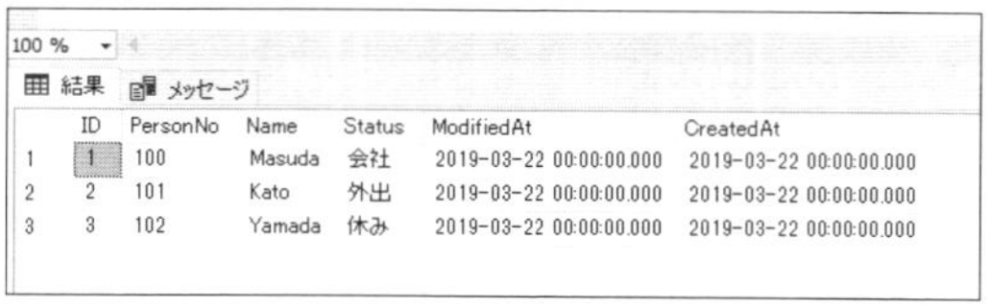

	ID	PersonNo	Name	Status	ModifiedAt	CreatedAt
1	1	100	Masuda	会社	2019-03-22 00:00:00.000	2019-03-22 00:00:00.000
2	2	101	Kato	外出	2019-03-22 00:00:00.000	2019-03-22 00:00:00.000
3	3	102	Yamada	休み	2019-03-22 00:00:00.000	2019-03-22 00:00:00.000

図7-34　作成されたPersonsテーブルの内容

HttpSampleプロジェクトをデバッグ実行して（図7-35）、ブラウザで「http://localhost:7071/api/ReadData」を開いてみましょう。

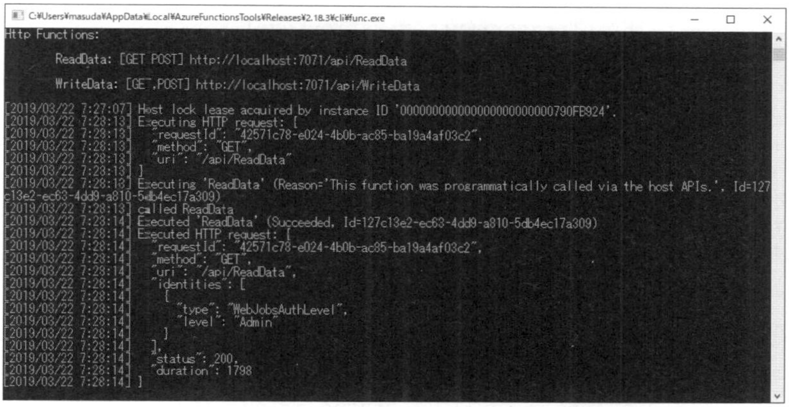

図7-35　デバッグ実行

図7-36　ブラウザの結果

正常にJSON形式のデータが返ってくることを動作確認しておきます（図7-36）。

7.3.3 データを書き出すHTTPトリガーを作成

次に、出勤状態を更新するためのWriteData関数を記述します。データ更新は、安全のために、POSTメソッドだけを有効にしています。GETメソッドのほうがブラウザなどでの扱いが楽なのですが、不意の更新（検索サイトによるロボット検索など）を避けるための安全策です。実際にはFunction Appの実行にAPIキーなどが使われるため、セキュリティは保たれるとは思いますが、フェースセーフ的な方策です。

リスト7-8　WriteData.cs

```
using HttpSample.Models;
using Microsoft.EntityFrameworkCore;
```

```csharp
public static class WriteData
{
    [FunctionName("WriteData")]                                     ①
    public static async Task<IActionResult> Run(                    ②
        [HttpTrigger(AuthorizationLevel.Function,
          "post", Route = null)]
         HttpRequest req, ILogger log)
    {
        log.LogInformation("called WriteData");                     ③
        // POSTデータからパラメーターを取得
        string requestBody =                                        ④
          await new StreamReader(req.Body).ReadToEndAsync();
        dynamic data =
          JsonConvert.DeserializeObject(requestBody);
        string pno = data?.pno;
        string status = data?.status;
        // パラメータのチェック
        if (pno == null || status == null)                          ⑤
        {
            return new BadRequestObjectResult(
              "ERROR: 社員番号(pno)と状態(status)を指定して下さい");
        }
        // データを更新
        var context = new azuredbContext();                         ⑥
        var item = await context.Persons
          .FirstOrDefaultAsync(t => t.PersonNo == pno);
        if (item == null)                                           ⑦
        {
            return new BadRequestObjectResult(
              "ERROR: 社員番号(pno)が見つかりません");
        }
        // 出勤状態を更新
        item.Status = status;                                       ⑧
        item.ModifiedAt = DateTime.Now;
        context.Persons.Update(item);
        await context.SaveChangesAsync();
        // 更新結果を返す
        return new OkObjectResult(                                  ⑨
          "SUCCESS: 更新しました " + DateTime.Now.ToString());
    }
}
```

WriteData関数は、Personsテーブルを社員番号で検索して、出勤状態（Status）を変更するHTTPトリガーです（リスト7-8）。

①Function Appの関数名を「WriteData」にします。
②HttpTrigger属性でPOSTメソッドのみ有効にします。

③関数を呼び出したときの確認のためのログ出力です。

④POSTされたJSON形式のデータから、パラメータ「pno」と「status」を取り出します。

⑤パラメータが設定されてない場合は、エラーとします。

⑥社員番号「pno」を指定してPersonsテーブルを検索します。

⑦社員番号が不正の場合は、エラーとします。

⑧出勤状態（Status）と更新日時（ModifiedAt）を更新します。

⑨呼び出し元にメッセージを返します。

データベースの更新処理を行うWriteData関数は、ちょうどASP.NET MVCのPUTメソッドに似ています。ReadData関数と同じように、static関数のみを指定するためシンプルな構造になっています。

Chrome拡張ツールの「Advanced REST client（https://install.advancedrestclient.com/install）」などを使って、ブラウザからPOST形式のデータ（リスト7-9）を送って動作確認してみましょう。更新した結果はSSMSやReadData関数で確認ができます。

リスト7-9　送信するPOSTデータ

```
{
    "pno": "100",
    "status": "帰宅"
}
```

Visual Studioでデバッグ実行を行い（図7-37）、Advanced REST clientから「http://localhost:7071/api/WriteData」へPOST形式のデータを送信します。

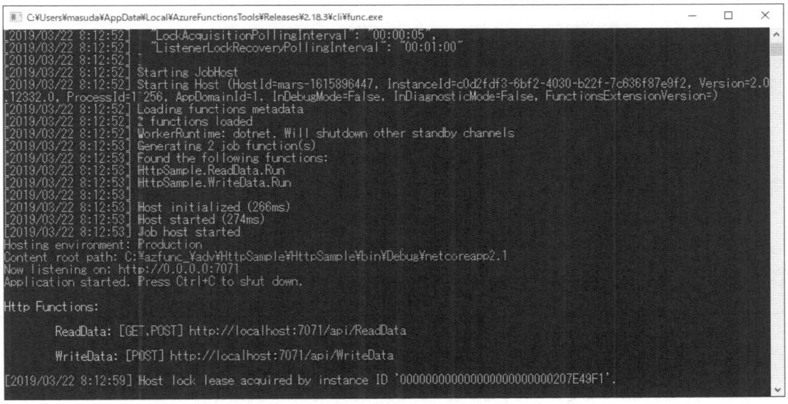

図7-37　デバッグ実行

Advanced REST clientでは、送信するメソッドを［POST］に変更して、JSON形式のデータを送信します。社員番号（pno）と出勤状態（status）を指定して、［SEND］ボタンをクリックします（図7-38）。

図7-38　Advanced REST clientからPOST形式で送信

　正常に動作していることを確認します。SSMSでPersonsテーブルの内容を確認すると、Statusが「帰宅」になり、更新日時（ModifiedAt）が送信したときの時間に変わっていることがわかります（図7-39）。

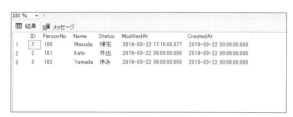

図7-39　Personsテーブルの内容

　これでFunction AppのReadData関数とWriteData関数は完成です。次は、これらの関数を呼び出すためのクライアントを作っていきましょう。

7.3.4 デスクトップクライアントを作成

　HTTPトリガーを呼び出すための実験用デスクトップクライアントを作成します。ブラウザでも動作確認ができるHTTPトリガーですが、実験用のテストクライアントを用意する意味が2つあります。

　1つめは動作確認をするときの手軽さが違います。先に確認したように、ブラウザの拡張機能などを使って動作を確認することもできますが、GETメソッドとPOSTメソッドで呼び出し方が違ったり、更新したテーブルの内容を確認するときにSSMSで確認したりと、いくつかのツールを行き来しないと動作確認ができません。数回の動作であれば、これらのツールを切り替える方法でもかまいませんが、プログラムを改良する中で何度もツールを切り替え

るのはなかなかの手間です。ツールや手順が多くなれば、使い方のミスが出るかもしれません。このために専用の動作確認用のツールを作っておいて、同じ手順で動作が確認できるようにしておきます。

2つめはHTTPトリガーの使い方をコードとして残せることです。複数のツールを切り替えて動作確認をする場合、HTTPトリガーの動きは何らかの「手順書」として残すことになるでしょう。もし簡単なメモ程度しかないと、動作の再現が難しくなるかもしれません。これに対して、動作確認のための専用のクライアントを作成しておくと、HTTPトリガーを呼び出すためのプログラムをコードのまま残しておけます。

クライアントには呼び出し先のURLなどの各種の設定が必要かもしれませんが、動作確認のものなので直接コードに記述しておきます。あまり動作を複雑にしてしまうと、動かなくなったときに簡単に手直しができなくなるからです。

では、実験用のクライアントの1つめである「WPFアプリケーション」を作成しましょう。「7.2.6 WPFクライアントのひな形を作成」で作ったHttpSampleClientプロジェクトを完成させていきます。

まず、リスト7-10のXAMLコードを参考にして、画面デザインを作ります（図7-40）。

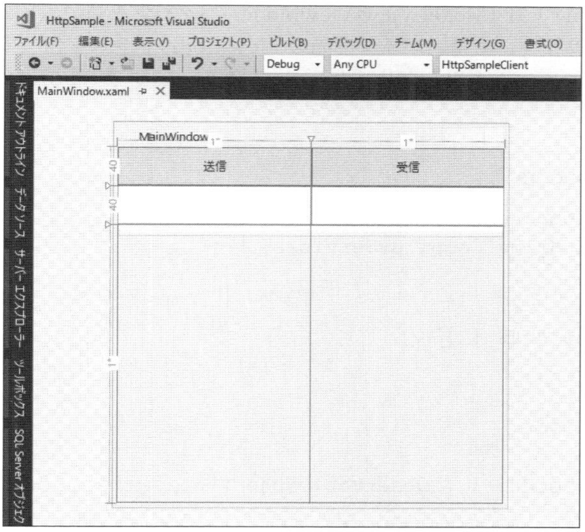

図7-40　WPFアプリケーションのUI

リスト7-10　WPFアプリケーションのUI（XAML）

```
<Grid>
    <Grid.ColumnDefinitions>
        <ColumnDefinition Width="1*"/>
        <ColumnDefinition Width="1*"/>
    </Grid.ColumnDefinitions>
    <Grid.RowDefinitions>
        <RowDefinition Height="40"/>
        <RowDefinition Height="40"/>
        <RowDefinition Height="*"/>
```

```
        </Grid.RowDefinitions>
        <Button Content="送信" Click="clickSend" />
        <Button Content="受信" Grid.Column="1"  Click="clickGetList"/>
        <TextBox Text="{Binding PersonNo}"
          Grid.Row="1" Grid.Column="0" />
        <TextBox Text="{Binding Status}"
          Grid.Row="1" Grid.Column="1" />
        <DataGrid Grid.Row="2" Grid.ColumnSpan="2"
          ItemsSource="{Binding Items}">
        </DataGrid>
    </Grid>
```

デスクトップのUIには、送信と受信のボタンが2つあります。送信ボタンをクリックすると、2つのテキストボックスから社員番号（pno）と出勤状態（status）を設定して、HTTPトリガーのWriteData関数を動作させます。

　受信ボタンをクリックすると、HTTPトリガーのReadData関数を動作させ、Personsテーブルの一覧をデータグリッド（DataGrid）に表示させます。

　これらの表示は、MVVM（Model-View-ViewMode）パターンを使い、ViewModelのプロパティにバインドさせます。では、バインド先のViewModelクラスを作っていきましょう。HttpSampleClientプロジェクトを右クリックして、［追加］→［クラス］で、ViewModel.csを追加します。

リスト7-11　**ViewModel.cs**

```
using System.ComponentModel;
using System.Runtime.CompilerServices;

/// 仮のPersonsクラス
public class Persons { }                                     ①

/// <summary>
/// ViewModelクラス
/// </summary>
public class ViewModel : ObservableObject                    ②
{
    public string PersonNo { get; set; }                     ③
    public string Status { get; set; }
    private List<Persons> _Items;
    public List<Persons> Items {                             ④
        get => _Items;
        set => SetProperty(ref _Items, value, nameof(Items));
    }
}
/// <summary>
/// MVVMパターンのための基底クラス
/// </summary>
public class ObservableObject : INotifyPropertyChanged       ⑤
{
```

```
    protected bool SetProperty<T>(
        ref T backingStore, T value,
        [CallerMemberName]string propertyName = "",
        Action onChanged = null)
    {
        if (EqualityComparer<T>.Default.Equals(
          backingStore, value))
            return false;

        backingStore = value;
        onChanged?.Invoke();
        OnPropertyChanged(propertyName);
        return true;
    }
    public event PropertyChangedEventHandler PropertyChanged;
    protected void OnPropertyChanged(
      [CallerMemberName]string propertyName = "")
    {
        var changed = PropertyChanged;
        if (changed == null)
            return;
        changed.Invoke(this,
            new PropertyChangedEventArgs(propertyName));
    }
}
```

ViewModelクラスには、画面に表示する2つのテキストボックスと1つのDataGridへのバインドを行います（リスト7-11）。

①受信ボタンで取得するPersonsクラスを仮に作成します。このクラスは後から、JSON形式のデータから生成します。
②画面にバインドするためのViewModelクラスです。ObservableObjectクラスを継承しています。
③社員番号（PersonNo）と出勤状態（Status）のテキストボックスにバインドするプロパティです。
④DataGridに表示するリストは、SetPropertyメソッドを使い、表示が自動更新されるようにします。
⑤INotifyPropertyChangedインターフェイスを実装したObservableObjectクラスです。

Personsクラスは、HTTPトリガーのプロジェクト（HttpSample）のPersons.csファイルで記述されているものをコピーして使うこともできますが、HTTPトリガーのReadData関数で返したJSON形式のデータを使って、クラスを生成することができます。

HttpSampleプロジェクトをデバッグ実行し、ブラウザで「http://localhost:7071/api/ReadData」へアクセスします。表示されるJSON形式のデータ（図7-41）をコピーした状態で、Visual Studioの［編集］メニューから［形式を選択して貼り付け］→［JSONをクラスとして貼り付ける］を選択します。

図7-41　表示されるJSON形式のデータ

　ReadData関数が戻したJSONはPersonsクラスの配列となっています（リスト7-12）。テーブル名やクラス名が「Class1」や「Property1」になっていますが、わかりやすいように「Persons」や「Items」に変更しておきます（リスト7-13）。

リスト7-12　JSONをクラスとして貼り付け

```
public class Rootobject
{
    public Class1[] Property1 { get; set; }
}

public class Class1
{
    public int Id { get; set; }
    public string PersonNo { get; set; }
    public string Name { get; set; }
    public string Status { get; set; }
    public DateTime ModifiedAt { get; set; }
    public DateTime CreatedAt { get; set; }
}
```

リスト7-13　Personsクラスに入れ替え

```
public class Rootobject
{
    public Persons[] Items { get; set; }
}
public class Persons
{
    public int Id { get; set; }
    public string PersonNo { get; set; }
    public string Name { get; set; }
    public string Status { get; set; }
    public DateTime ModifiedAt { get; set; }
    public DateTime CreatedAt { get; set; }
}
```

ここで使うクラス名は、Function Appで作成したエンティティクラスの名前と異なっても構いません。アセンブリ参照とは違い、JSONで送受信される型を表しているにすぎません。

MainWindow.xaml.csファイルに受信ボタンと送信ボタンの処理を記述していきましょう（リスト7-14）。これらのコードはViewModelクラスに記述しても構いません。ここでは説明を簡単にするために、コードビハインドに記述して解説します。

リスト7-14 **MainWindow.xaml.cs**

```csharp
using System.Net.Http;
using Newtonsoft.Json;

public MainWindow()
{
    InitializeComponent();
    this.Loaded += MainWindow_Loaded;                          ①
}
ViewModel _vm;                                                 ②

private void MainWindow_Loaded(
  object sender, RoutedEventArgs e)
{
    _vm = new ViewModel();                                     ③
    _vm.PersonNo = "100";
    _vm.Status = "帰宅";
    this.DataContext = _vm;                                    ④
}

/// 出勤状態のリストを取得
private async void clickGetList(                               ⑤
  object sender, RoutedEventArgs e)
{
    var URL = "http://localhost:7071/api/ReadData";           ⑥
    var cl = new HttpClient();
    var json = await cl.GetStringAsync(URL);                  ⑦
    var data = JsonConvert                                    ⑧
      .DeserializeObject<List<Persons>>(json);
    _vm.Items = data;                                         ⑨
}

/// 出勤状態を送信
private async void clickSend(                                 ⑩
  object sender, RoutedEventArgs e)
{
    var URL = $"http://localhost:7071/api/WriteData";         ⑪
    var cl = new HttpClient();
    var content = new StringContent(                          ⑫
      $"{{ pno:¥"{_vm.PersonNo}¥", status:¥"{_vm.Status}¥" }}");
    var res = await cl.PostAsync(URL, content);               ⑬
```

```
        var result = await res.Content.ReadAsStringAsync();   ⑭
        MessageBox.Show(result);
}
```

①画面のロード時にViewModelオブジェクトを作成します。
②ViewModelクラスの変数を用意しておきます。
③ViewModelのインスタンスを生成します。テストが楽になるように、テキストボックスに初期値を入れておきます。
④DataContextプロパティにViewModelのインスタンスをバインドします。
⑤受信ボタンをクリックしたときのclickGetListメソッドの処理を記述します。
⑥HTTPトリガーのReadData関数のURLを設定します。
⑦GETメソッドで指定URLを呼び出します。戻り値はJSON形式の文字列になります。
⑧JSON形式の文字列を「List<Persons>」に変換して取り出します。
⑨画面のDataGridにバインドされているItemsプロパティに、変換したリストオブジェクトをバインドします。
⑩送信ボタンをクリックしたときのclickSendメソッドの処理を記述します。
⑪HTTPトリガーのWriteData関数のURLを設定します。
⑫送信するJSON形式のデータを作成します。社員番号（PersonNo）と出勤状態（Status）を使います。
⑬POSTメソッドで指定URLを呼び出します。
⑭WriteData関数から戻されたメッセージを表示します。

コーディングができたら、受信ボタンと送信ボタンの動作を確認しておきましょう（図7-42）。

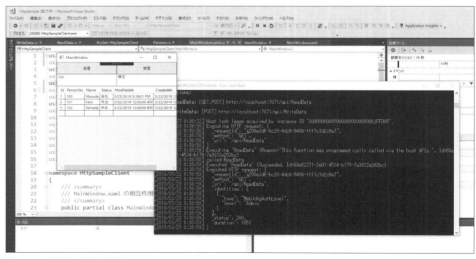

図7-42　画面の動作確認

第**7**章 HTTPトリガーでデータベースを更新 **267**

デバッグの仕方は、Function AppのHttpSampleプロジェクトは、コマンドラインから
「func host start」で起動しておき、HttpSampleClientプロジェクトをVisual Studioでデバッ
グ実行します。

あるいはVisual Studioを2つ起動して、それぞれのプロジェクトをデバッグ実行してもよ
いでしょう。

7.3.5 | ブラウザクライアントを作成

もう1つのクライアントであるブラウザアプリを作ってみましょう。ブラウザで動くクラ
イアントは1つのHTMLで書かれたファイルだけです。「7.2.7 HTMLファイルのひな形を作
成」で作ったSample.htmlに修正を加えて作ります（リスト7-15）。本来ならば社内のWeb
サーバーで動かすところですが、ローカルPCに置かれたHTMLファイルをダブルクリック
して、ブラウザで表示した状態で動作させます。

リスト7-15　修正した**Sample.html**

```
<!DOCTYPE html>
<html lang="en" xmlns="http://www.w3.org/1999/xhtml">
<head>
    <meta charset="utf-8" />
    <title>HttpmSampleの呼び出し</title>
    <script
src="https://code.jquery.com/jquery-3.2.1.min.js">
    </script>
    <script>
        function getlist() {                                    ②
            $.get('http://localhost:7071/api/ReadData',
                function (data) {
                    $('#message').text(data);
            });
        }
        function postdata(pno, status) {                        ③
            var jsondata = { pno: pno, status: status };
            var json = JSON.stringify(jsondata);
            $.post('http://localhost:7071/api/WriteData',json,
                function (data) {
                    alert(data);
            });
        }
    </script>
</head>
<body>
    <h2>一覧の表示</h2>                                         ④
    <input id="btn" name="btn" type="button"
        onclick="getlist();" value="一覧取得" />
    <div id="message"></div>
```

```
        <h2>出勤状態を更新</h2>                                           ⑤
        <input id="btn" name="btn" type="button"
            onclick="postdata('100','出勤');" value="出勤" />
        <input id="btn" name="btn" type="button"
            onclick="postdata('100','外出');" value="外出" />
        <input id="btn" name="btn" type="button"
            onclick="postdata('100','帰宅');" value="帰宅" />
    </body>
</html>
```

テスト実行のため、必要最低限のJavaScriptだけを記述しています。

①jQueryを使うためにサイトからJavaScriptを読み込んでいます。
②一覧を読み込むためのReadData関数を呼び出すメソッドです。GETメソッドで「http://localhost:7071/api/ReadData」をリクエストします。戻されるJSONデータは、そのまま表示しています。
③出勤状態を書き出すためのWriteData関数を呼び出すメソッドです。POSTメソッドで「http://localhost:7071/api/WriteData」をリクエストします。POSTするデータは、JSON形式の文字列そのものなので、JSON.stringifyで文字列に直して送っています。
④一覧を取得するためのボタンです。
⑤出勤状態を更新するためのボタンは、出勤/外出/帰宅の3つを用意しました。

注意しなければいけないのは、ブラウザからFunction AppのHTTPトリガーを呼び出すときはクロスドメイン呼び出しになるということです。JavaScriptが実行されているサイトと、JavaScriptからGETメソッドやPOSTメソッドでリクエストするサイトのドメインが異なっている場合、セキュリティ上の関係から呼び出すことがデフォルトで禁止されています。

しかし、Function AppのHTTPトリガーは、たいていの場合、別のサイトから呼び出されることになるので、これを安全に通るように許可する必要があります。Azure Portalでは「CORS（Cross-Origin Resource Sharing）」の設定があります（図7-43）。

ここで許可される元のドメインに呼び出し元のアドレスを追加することで、他のサイトからのHTTPトリガーが呼び出し可能になります。どのサイトからも呼び出せるようにするためには「*」を設定します。

図7-43 CORS

ローカル環境の設定では、HttpSampleプロジェクトにあるlocal.setting.jsonに、SQLDB Connectの設定とCORSの設定を追加します（リスト7-16）。

リスト7-16　修正したlocal.setting.json

```
{
  "IsEncrypted": false,
  "Values": {
    "AzureWebJobsStorage": "UseDevelopmentStorage=true",
    "FUNCTIONS_WORKER_RUNTIME": "dotnet",
    "SQLDBConnect": "Server=.;Database=azuredb;Trusted_Connection=⤵
True"                                                              ①
  },
  "Host": {                                                        ②
    "CORS": "*"
  }
}
```

①ローカルにあるSQL Serverに接続するための接続文字列です。Windows認証で接続しています。
②CORSの設定を「"*"」（すべての呼び出しから許可する）にして追加します。これによりローカル環境でもクロスドメインの呼び出しが許可されます。

②の設定がない場合、XMLHttpRequestのエラーが発生して、GETメソッドやPOSTメソッドの呼び出しが正常に動作しません（図7-44）。

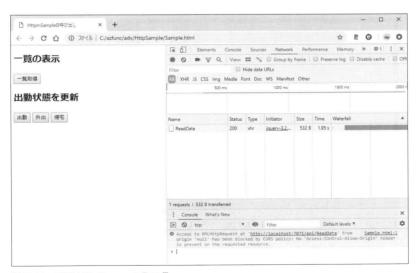

図7-44　XMLHttpRequestのエラー

では、ブラウザでSample.htmlを表示させて、動作を確認しておきましょう。ソリューションエクスプローラーでSample.htmlファイルを右クリックして［ブラウザで表示］を選択するか、エクスプローラーでファイルをダブルクリックしてブラウザを起動させます。

図7-45　ブラウザとコマンドラインの起動

　もう1つコマンドラインを開いて、HttpSampleプロジェクトのフォルダーで「func host start」でFunction Appを起動させます（図7-45）。
　この状態でブラウザの画面で［一覧取得］ボタンなどをクリックしたときに、Function Appが正常に動作するのを確認します（図7-46）。

図7-46　一覧ボタンをクリック

　［出勤］ボタンをクリックしたときは、SSMSを使ってPersonsテーブルの内容も確認しておくとよいでしょう。

7.3.6 Azure環境での設定

　最後に、リリースモードでビルドしたときに、Function AppからAzure SQL Databaseへ接続するように変更しましょう。HttpSampleプロジェクトは、ローカルにあるSQL Serverに接続するようになっています。これを本番環境であるAzure上のAzure SQL Serverに接続させます。

　HttpSampleプロジェクトのazuredbContext.csファイルを開き、azuredbContextクラスのOnConfiguringメソッドを変更します（リスト7-17）。

リスト7-17　**azuredbContext.cs**

```
protected override void OnConfiguring(DbContextOptionsBuilder ➡
optionsBuilder)
{
    if (!optionsBuilder.IsConfigured)
    {
        var connectionString =                                ①
          System.Environment.GetEnvironmentVariable(
          "SQLDBConnect");
        optionsBuilder.UseSqlServer(connectionString);        ②
    }
}
```

　①デバッグモードではlocal.settings.jsonから、リリースモードではFunction Appのアプリケーション設定から、環境変数の「SQLDBConnect」の値を取得します。この環境変数で、ローカルにあるSQL SeverとAzure上にあるAzure SQL Databaseの接続文字列を切り替えます。SQL Serverにインスタンス名が付いている場合は、注意してください。たとえば、ローカルコンピューターの「SQLEXPRESS」インスタンスに接続する場合は、「Server=.¥¥SQLEXPRESS」のように「¥」を2つ重ねて記述します。
　②取得した接続文字列でデータベースに接続します。

　HttpSampleプロジェクトを発行（デプロイ）しましょう。ソリューションエクスプローラーでHttpSampleプロジェクトを右クリックし、［発行］を選択します。［発行先を選択］ダイアログが表示されるので、［新規作成］を選択して、［発行］をクリックします。［App Serviceの作成］ダイアログが表示されるので、アプリ名やリソースグループを指定します。ここでは、アプリ名を「sample-azfunc-adv-HttpSample」、リソースグループ名を「sample-azure-functions-test」にしています。これらを設定したら、［作成］をクリックします。
　無事発行ができたら、図7-47の画面が表示されるので、［アプリケーションの設定の管理］ボタンをクリックして、［アプリケーションの設定］ダイアログを表示させます（図7-48）。ここでの設定は、Azure Portalでの設定と同じになります。
　Azure Portalのazuredbを表示させて［接続文字列］をクリックすると、Azure SQL Databaseの接続文字列を表示できます（図7-49）。

図7-47　発行後に表示される画面

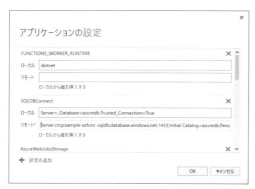

図7-48　［アプリケーションの設定］ダイアログ

図7-49　Azure SQL Databaseの接続文字列

この値をコピーして、図7-48の［アプリケーションの設定］ダイアログの［リモート］の値に接続文字列として設定します。ここで注意が必要なのは、接続文字列を貼り付けたのちに、User ID=|your_username|;Password=|your_password|; の2つの ‖ の部分は自分がAzure SQL Databaseに設定した値に変更しておく点です。変更したら［OK］ボタンをクリックして、Azure上のFunction Appにアプリケーション設定を反映させます。

Azure Portalを開き、［すべてのリソース］からAzure Functionsの「sample-azfunc-adv-HttpSample」を探します。ReadData関数のURLを取得します（図7-50）。

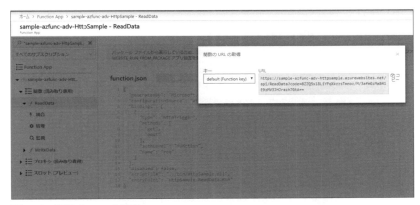

図7-50　関数のURLを取得

このURLをブラウザのアドレスに指定して、Personsテーブルのデータが正常に取得できることを確認しておきます。試しに挿入したデータが表示されていれば成功です（図7-51）。

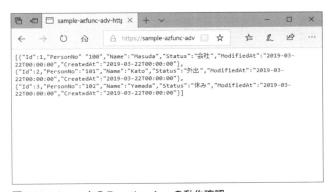

図7-51　Azure上のFunction Appの動作確認

SSMSでAzure上のAzure SQL Databaseを開き、Personsテーブルの内容を変更して再びブラウザをリロードします。変更した通りに表示が切り替わっていることも確認しておきましょう。

7.3.7 | クライアントアプリのURLを修正

　最後にデスクトップクライアントで指定してあるURLを、Azure上のReadData関数とWriteData関数のものに設定しなおします。

　HttpSampleClientプロジェクトを開いて、MainWindow.xamlのコードビハインドのMainWindow.xaml.csを開きます。受信ボタンと送信ボタンのイベントに、ローカル環境へのURL呼び出しが書かれているので、デバッグモードとリリースモードで切り替えます（リスト7-18、7-19）。

リスト7-18　**clickGetList**メソッド

```
/// 出勤状態のリストを取得
/// </su clickGetList メソッドmmary>
/// <param name="sender"></param>
/// <param name="e"></param>
private async void clickGetList(object sender, RoutedEventArgs e)
{
#if DEBUG
    var URL = "http://localhost:7071/api/ReadData";
#else
    var URL =
      "https://sample-azfunc-adv-httpsample.azurewebsites.net" +
      "/api/ReadData?code=<APIキー>"
#endif
    var cl = new HttpClient();
```

リスト7-19　**clickSend**メソッド

```
/// <summary>
/// 出勤状態を送信
/// </summary>
/// <param name="sender"></param>
/// <param name="e"></param>
/// <summary>
private async void clickSend(object sender, RoutedEventArgs e)
{
#if DEBUG
    var URL = "http://localhost:7071/api/WriteData";
#else
    var URL =
      "https://sample-azfunc-adv-httpsample.azurewebsites.net" +
      "/api/WriteData?code=<APIキー>";
#endif
    var cl = new HttpClient();
```

リリースモードでは、Azure上のReadData関数のURLとWriteData関数のURLを使います。リスト7-13と7-19で＜APIキー＞としている部分は、自分で作成したSample-azfunc-adv-HttpSampleのReadDataとWriteDataの関数キーの値を設定します（図7-52、7-53）。

図7-52　Sample-azfunc-adv-HttpSampleのReadDataの関数キー

図7-53　Sample-azfunc-adv-HttpSampleのWriteDataの関数キー

HttpSampleClientをリリースモードで実行したときに、Azure上のFunction Appを呼び出していることを確認しておきましょう（図7-54）。

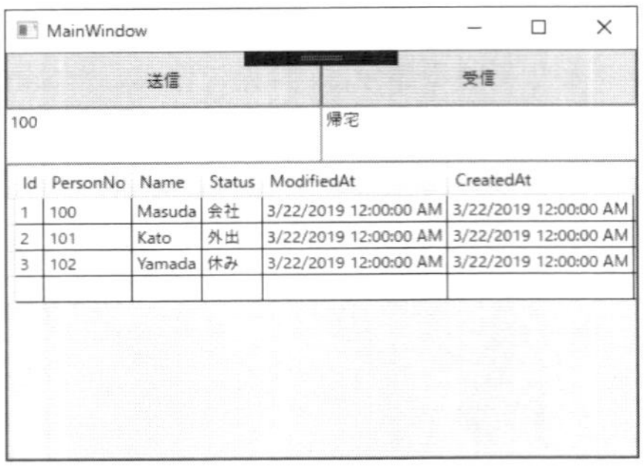

図7-54　リリースモードでの実行

　ブラウザアプリのURLの変更はここでは省略しますが、同じようにAzure上のAzure FunctionsのURLに切り替えておきます。ブラウザアプリの場合は、デスクトップアプリとは違いビルドをする訳ではないので、デバッグモードやリリースモードがありません。このため、Sample.htmlをコピーして、もう1つリリースモード用のHTMLファイルを作成してURL部分を変更します。
　ブラウザからクロスドメインで呼び出しができるように、sample-azfunc-adv-HttpSampleの［プラットフォーム設定］から［CORS］をクリックして、許可される元のドメインに「*」を入れておきましょう（図7-55）。

図7-55　CORSの設定

　これでデスクトップとブラウザからの2つのクライアントからAzure上のFunction Appを呼び出す準備ができました。

7.4 検証

ある程度の動作確認ができたので、プログラムを検証していきましょう。今回は2つのクライアントがデータベースにどのようにアクセスするのかをチェックしていきます。

実運用を想定するとAzure上のAzure SQL Databaseを使ったほうがよいのですが、データ（Personsテーブル）のチェックをやりやすくするため、本書ではローカルでの検証をしていきましょう。

7.4.1 複数のデスクトップクライアントでチェック

複数のクライアントから出勤状態を呼び出す検証をしてみます。デスクトップクライアントを2つ起動した状態で、それぞれ異なる社員番号で送信をします。

クライアントはVisual Studioを2つ起動してデバッグ実行するか、［bin/Debug］フォルダーにある実行ファイルを直接起動してみてください（図7-56）。

図7-56　デスクトップクライアントを2つ起動

すべての社員を「帰宅」にした状態で、別々の社員番号の人の出勤状態を送信します。ここでは社員番号100の人は「出勤」、社員番号101の人を「社外」にします（図7-57）。

社員番号100と101の人の出勤状態が異なっていることを確認しておきましょう。あわせて、SSMSでテーブルPersonsテーブルの状態も確認します。それぞれの出勤状態が更新されていることで、正しくFunction Appが動いていることがわかります。

図7-57　それぞれのクライアントから送信した後

7.4.2 未登録の社員番号で更新

次に、社員番号が間違っているときの動作を確認しておきます。想定としては、Personsテーブルは更新されず、Function Appからはエラーを表す文字列が返ってきます（図7-58）。

図7-58　社員番号が間違っている場合

　Function Appは、社員番号が見つからない場合は、BadRequestObjectResultを返しています。これはHTTPプロトコルのステータスが「400」になっています。クライアントでは、このエラー値を受けてメッセージダイアログで表示させています。

　これで間違った社員番号で更新しようとしても、Function Appが正しく処理してくれることが確認できます。

7.4.3 同一の社員番号を更新

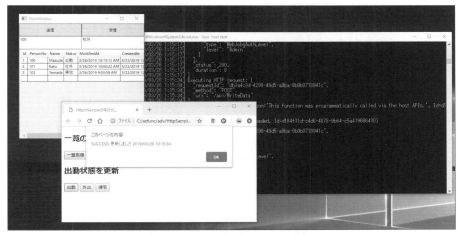

図7-59　デスクトップクライアントとブラウザアプリの同時利用

最後にブラウザアプリとデスクトップクライアントで同じ社員番号「100」を更新してみましょう（図7-59）。

デスクトップアプリで「社外」に更新した後に、ブラウザアプリで「出勤」ボタンをクリックします。そのあとに、Personsテーブルを確認すると、後から送信したブラウザアプリの「出勤」が登録されていることがわかります（図7-60）。

	ID	PersonNo	Name	Status	ModifiedAt	CreatedAt
1	1	100	Masuda	出勤	2019-03-26 10:15:34.070	2019-03-22 00:00:00.000
2	2	101	Kato	社外	2019-03-26 10:00:22.013	2019-03-22 00:00:00.000
3	3	102	Yamada	帰宅	2019-03-26 09:55:59.897	2019-03-22 00:00:00.000

図7-60　Personsテーブルの内容

これは同じ社員番号を使って、PCからの設定とスマホアプリからの設定が順番に行われたと想定したものです。Function AppのHTTPトリガーでは登録された順番に処理を行うので、後から送信されたデータで上書きされます。

7.5 応用

HTTPトリガーは他のWebアプリで公開されているWebhookと同じように利用できるため、応用範囲は広いです。

今回はクライアントから直接HTTPトリガーを呼び出す例を示しましたが、他のシステムからHTTPトリガーが呼び出される応用例を考えてみましょう。

7.5.1 統一的なストレージアクセスを提供

Webサービスを提供する方法としては、ブラウザでの提供からRESTfulなWeb APIを提供するなど、さまざまです。単純にデータを提供する場合を考えたとしても、データの形式がCSV型式なのかJSON型式なのか、また独自な形式なのかという違いがあります。

データの中身がよくわかっている開発者であれば、データベースに直接SQLクエリを実行してデータを取り出すことは可能でしょうが、一般的には適切な方法とは言えません。データアクセスのセキュリティの確保、データの改ざんなどを考えると、制限されたAPIを用意することが必須です。

提供するストレージ（データベースやファイルなど）にアクセスする方法を、ストレージそのものに対してアクセスを許すのではなく、ワンクッションとしてHTTPトリガーを入れます（図7-61）。ストレージアクセスをHTTPトリガーが提供する機能で統一して、ユーザーの権限によるアクセスを制限することができます。同時に、データにアクセスする方法をPOSTメソッドによるJSON型式やGETメソッドによるクエリ文字列など、レベルによって統一させることができます。

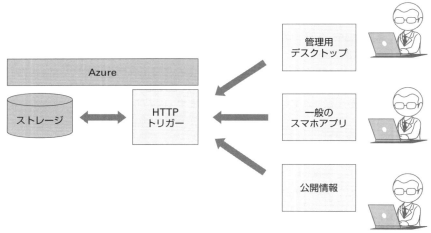

図7-61　統一的なストレージアクセス

7.5.2 スケールアウトとアクセス制限

内部システムの機能を外部に公開するときに問題になるのは、アクセス負荷の問題です。初期状態では、少ないアクセスで正常にシステムが動いていたものの、一時的なアクセスの増加により内部システムの利用がオーバーフローしてしまって、システム全体がダウンしてしまうことも考えられるでしょう。

この場合、アクセス制限の機能を内部システムそのものに追加することも可能ですが、外部に提供する機能はHTTPトリガーを通すことによって、アクセス数の制限やスループットの監視が容易になります（図7-62）。

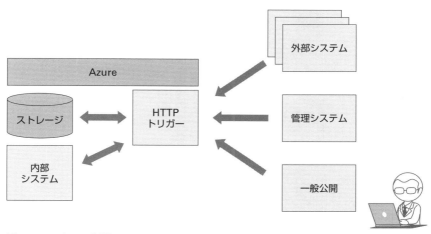

図7-62　アクセス制限

　逆に内部システムを増強した後に、HTTPトリガーのほうを強化することによってスケールアウトも可能です。さまざまな外部アクセスを状況により、アクセスの増減を中間層となるHTTPトリガーが担います。

　内部システムのバージョンアップのよるインターフェイスの変化に対しても、HTTPトリガーのよりAPIを外部提供することで、システムへのアクセスの仕方を柔軟に制御できるでしょう。

第**8**章
Cosmos DBトリガーの利用

Cosmos DBトリガーは、監視対象となるストレージのデータが更新されるときに発生するトリガーです。データベースやストレージによりさまざまな特徴があります。

ここでは大量なデータを分散環境で扱えるCosmos DBトリガーを利用したシステム構築を考えてみましょう。

8.1 | イントロダクション

データストレージを扱ったトリガーのパターンにはいくつかのパターンがあります。第5章のIoT Hubトリガーで示したように、大量のデバイスから定期的にデータが送信されてくる高負荷のパターン、タイマートリガーで発生したイベントのように一定の間隔で定期的に発生する監視のパターン、メールやアラートのように不定期に通知されるが見落としを避けるために通知に使うパターン。

このようにいくつかのパターンが考えられますが、この章では最後の例に示した、不定期に呼び出されたときに通知に使うパターンを実装してみます。

Cosmos D3に挿入されたデータの緊急度に従って、いくつかのアラートを発生させます。

8.1.1 | 従来のアラート発生のパターン

従来の方法でアラートを発生する場合は、一度、アラートを受けるためのWeb APIが必要になります。複数の端末や機器からアラートを受けるためのWeb APIは、アラートとなる通知を記録のためのデータベースに書き込みます。

それと同時に、送信されたデータに従って、通知先を切り替えます。

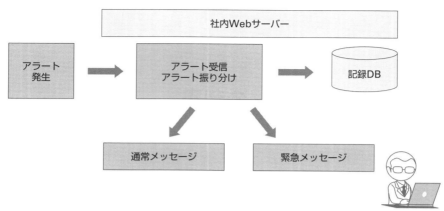

図8-1 従来のアラートの振り分け

① 何らかのアラートが発生して、サーバーに通知をします。
② アラートを受信したら、記録をデータベースに残します。
③ 通常のアラートメッセージであれば、通常用に振り分けます。
④ 緊急度の高いメッセージであれば、緊急メッセージとして通知します。

　この構造だと、各機器からメッセージを受ける部分と、データベースに記録を残す部分、優先度により通知先を振り分ける部分が1つにまとめられてしまいます。このため、振り分け先が増えるたびにプログラムを修正せねばならず、あまり拡張性がよくありません。
　また、アラートが複数送られてきたときでもシーケンス的に処理が行われるため、アラートを発信している機器に多少の待ちが発生しています。
　これらの動きをそれぞれ非同期に動作できるように分離させていきましょう。

8.1.2　Cosmos DBを利用したアラート発生パターン

　Cosmos DBを利用すると、データを保存すると同時にデータを挿入したときのイベントを発生させることができます。データはCosmos DBに保存されるので、後からSQLなどで検索することが可能です。
　アラートメッセージの処理を媒介する中間層としてCosmos DBを利用することで、アラートを受信する部分と、メッセージの優先度に従って振り返る部分を非同期に処理することが可能になります。

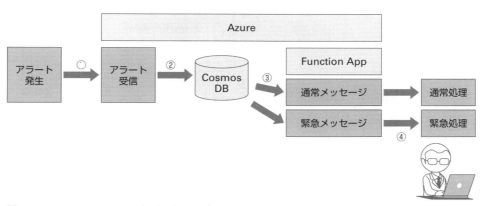

図8-2　Cosmos DBのトリガーを利用した振り分け

①従来と同じように、何らかのアラートが発生してサーバーに通知します。
②Azure上のWebサービスがアラートを受けて、Cosmos DBにデータを書き込みます。
③Cosmos DBトリガーが発生して、登録済みのFunction Appの関数を呼び出します。ここでは、通常メッセージ用と緊急メッセージ用の2つの関数が呼び出されます。
④それぞれの関数で、通常処理と緊急処理が行われます。

　従来の方法と異なるのは、アラート発生部分と通常/緊急のメッセージ振り分け部分が非同期で動作することです。アラート発生側の処理は、Cosmos DBにメッセージの記録を残して処理が終わります。この処理は非常に早く終わります。
　データが挿入された後に、通常メッセージと緊急メッセージの処理が動きます。これらの処理が多少重くなっても問題はありません。既にアラートは受け取っているのですから、比較的ゆっくりと処理を行えます。
　Cosmos DBトリガーには複数のトリガーを設置できるので、通常用と緊急用の処理を行うFunction Appの関数は別々に登録できます。今後、振り分け処理が増えたとしても、元の関数には影響を与えずに、新たにFunction Appの関数を追加することによって機能を増やすことができます。

8.1.3　検証のためのシステム構成

　では、Cosmos DBトリガーを利用したアラート処理のシステムを検証するための構成を考えます。Cosmos DBへデータを登録するツールを用意します。これは直接「Azure Cosmos DB Emulator」を使っても構いません。

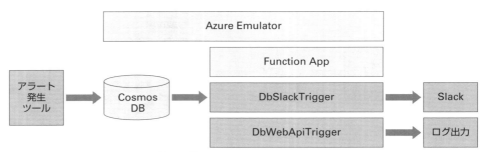

図8-3　Cosmos DBトリガーの検証環境

　検証はローカル環境で動作するAzure Cosmos DB Emulatorで動作させます。Cosmos DBトリガーとして「DbWebApiTrigger」と「DbSlackTrigger」の2つを用意します。
　DbWebApiTriggerは、通常メッセージを処理して、メッセージをログに出力するためのトリガーです。テストとしてHTTPトリガーを呼び出すようにしています。
　DbSlackTriggerは、優先度を設定されたアラートをSlackへ転送するためのトリガーです。あらかじめSlackのWebhookを作成しておくことで、Slackに独自のメッセージを送信することができます。

8.2　下準備

　Cosmos DBトリガーの検証するための環境を整えていきましょう。今回は、ローカル環境のみでテストを行います。ローカル環境のCosmos DB Emulatorに接続する接続文字列をAzure上のCosmos DBへの接続文字列に切り替えることで、Azure上での本番環境に移し替えられます。

8.2.1　ローカル環境のCosmos DBの作成

　まず、ローカルでCosmos DBをテストするためのエミュレーターの設定をしておきましょう。
　タスクトレイからAzure Cosmos Emulatorのアイコンを右クリックして、ショートカットメニューから［Open Data Explorer...］を選択すると、ブラウザでAzure Cosmos DB Emulatorの設定画面が開かれます。
　ローカル環境のCosmos DBへの接続文字列（Primary Connection String）を保管しておきます。

リスト8-1　接続文字列

```
AccountEndpoint=https://localhost:8081/;AccountKey=C2y6yDjf5/R+↩
ob0N8A7Cgv30VRDJIWEHLM+4QDU5DE2nQ9nDuVTqobD4b8mGGyPMbIZnqyMsEca↩
GQy67XIw/Jw==
```

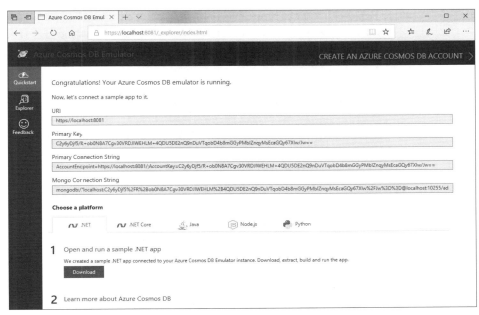

図8-4　Azure Cosmos DB Emulator（Quickstart）

次に検証環境で使うデータベースとコレクションを作成します。

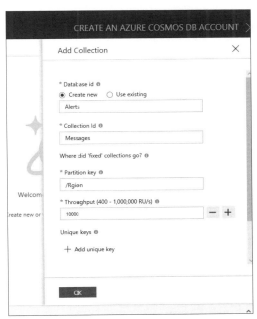

図8-5　データベースとコレクションの作成

［Explorer］タブの［New Collection］ボタンをクリックして、［Add Collection］を表示させます。データベース名は「Alerts」、コレクション名は「Messages」で作成します。Azure上で動作させたいときは、AzureのCosmos DBも作成しておきましょう。

8.2.2 | Visual StudioでCosmos DBトリガーの作成

Visual StudioでCosmos DBトリガーを受けるためのFunction Appプロジェクトを作成しましょう。

図8-6　新しいプロジェクト

Visual Studioを起動して、［ファイル］メニューから［新規作成］→［プロジェクト］を選択します。［新しいプロジェクト］ダイアログで、左側のテンプレートのツリーから［Visual C#］→［Cloud］を選択します。プロジェクトテンプレートのリストから［Azure Functions］を選択して、プロジェクト名を入力してください。ここでは名前に「CosmosDBSample」と入力しています。

［OK］ボタンをクリックすると、トリガーを選択するダイアログが表示されます。

［Cosmos DB Trigger］を選択します。

［Connection string setting］は、Cosmos DBに接続する接続文字列を保存するための

図8-7　トリガーの選択

アプリ設定値です。ここではAzure Portalの時と同じように「COSMOSDB_CONNECTION」と入力しておきます。

接続先のデータベース名（Database name）とコレクション名（Collection name）を設定しておきます。データベース名は「Alerts」、コレクション名は「Messages」にして、名前を「CosmosDbTrigger.cs」で作成します。

リスト8-2　作成するCosmos DBトリガーのひな形

```
public static class CosmosDBTrigger                                    ①
{
    [FunctionName("FuncWebApi")]                                       ②
    public static void Run([CosmosDBTrigger(
        databaseName: "Alerts",
        collectionName: "Messages",
        ConnectionStringSetting = "COSMOSDB_CONNECTION",
        LeaseCollectionName = "leases",
        CreateLeaseCollectionIfNotExists = true,                       ③
        LeaseCollectionPrefix ="normal" )]                             ④
        IReadOnlyList<Document> input, ILogger log)
    {
        if (input != null && input.Count > 0)
        {
            log.LogInformation(
              "Documents modified " + input.Count);
            log.LogInformation(
              "First document Id " + input[0].Id);
        }
    }
    [FunctionName("FuncSlack")]                                        ⑤
    public static void RunSlack([CosmosDBTrigger(                      ⑥
        databaseName: "Alerts",
        collectionName: "Messages",
        ConnectionStringSetting = "COSMOSDB_CONNECTION",
        LeaseCollectionName = "leases",
        CreateLeaseCollectionIfNotExists = true,                      ⑦
        LeaseCollectionPrefix = "priority" )]                         ⑧
        IReadOnlyList<Document> input, ILogger log)
    {
        if (input != null && input.Count > 0)
        {
            log.LogInformation(
              "Documents modified " + input.Count);
            log.LogInformation(
              "First document Id " + input[0].Id);
        }
    }
}
```

Cosmos DBトリガーは2つ用意しておきます。ひな形で作成されたRunメソッドをコピーして、2つめの関数を作ります（リスト8-2の⑤以降）。関数名は「RunSlack」のように変更しておきましょう。

①クラス名をわかりやすいように「CosmosDbTrigger」と変更します。
②通常用の関数名を「FuncWebApi」に変更します。
③リースコレクションを自動作成するフラグです。
④Cosmos DBトリガーを複数登録する場合は、LeaseCollectionPrefixで名前を付けておきます。ここでは「normal」と付けています。
⑤もう1つのトリガー関数は「FuncSlack」とします。
⑥関数名は「RunSlack」に変更します。最初のRunメソッドと名前が重複しなければ、どんな名前でも構いません。
⑦リースコレクションを自動作成するフラグです。
⑧LeaseCollectionPrefixの値を「priority」としておきます。

Function Appに拡張機能として「Microsoft.Azure.WebJobs.Extensions.CosmosDB」が必要になるので、［NuGetパッケージの管理］から検索してインストールします。また、ひな形として生成されたコードには、internal class CosmosDBTriggerAttribute : Attribute { } という行が含まれているので、これは削除しておきます。

この状態でビルドしてコンパイルエラーが出ない状態にしておきます。

リスト8-3 `local.setting.json`

```
{
  "IsEncrypted": false,
  "Values": {
    "AzureWebJobsStorage": "UseDevelopmentStorage=true",
    "FUNCTIONS_WORKER_RUNTIME": "dotnet",
    "COSMOSDB_CONNECTION":                                        ①
"AccountEndpoint=https://localhost:8081/;AccountKey=C2y6yDjf5/R+o⤸
b0N8A7Cgv30VRDJIWEHLM+4QDU5DE2nQ9nDuVTqobD4b8mGGyPMbIZnqyMsEcaGQy⤸
67XIw/Jw=="
  }
}
```

ソリューションエクスプローラーでlocal.setting.jsonファイルを開いて、アプリ設定COSMOSDB_CONNECTIONを追加しておきましょう（リスト8-3の①）。値は「8.2.1 ローカル環境のCosmos DBの作成」で取得したCosmos DBへの接続文字列になります。

8.2.3 | 通常通知のためのHTTPトリガーを作成

通常のアラートを処理するためのHTTPトリガーを作っておきましょう。このHTTPトリガーは、Function AppのFuncWebApiから呼び出されます。

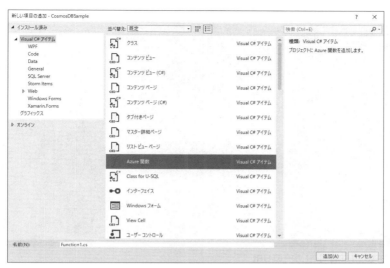

図8-8　新しい項目の追加

　ソリューションエクスプローラーでプロジェクトを右クリックして、［追加］→［新しいAzure関数］を選択します。［新しい項目の追加］ダイアログで、名前を「FunctionSend」のように変更して［追加］ボタンをクリックします（図8-8）。
　［新しいAzure関数］ダイアログ（図8-9）で、［Http trigger］を選択して［OK］ボタンをクリックすると、プロジェクトにHTTPトリガーのひな形が追加されます。

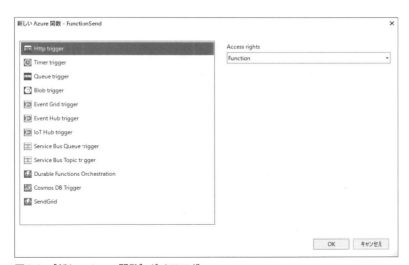

図8-9　［新しいAzure関数］ダイアログ

　この状態で、CosmosDBSampleプロジェクトをデバッグ実行してみましょう。

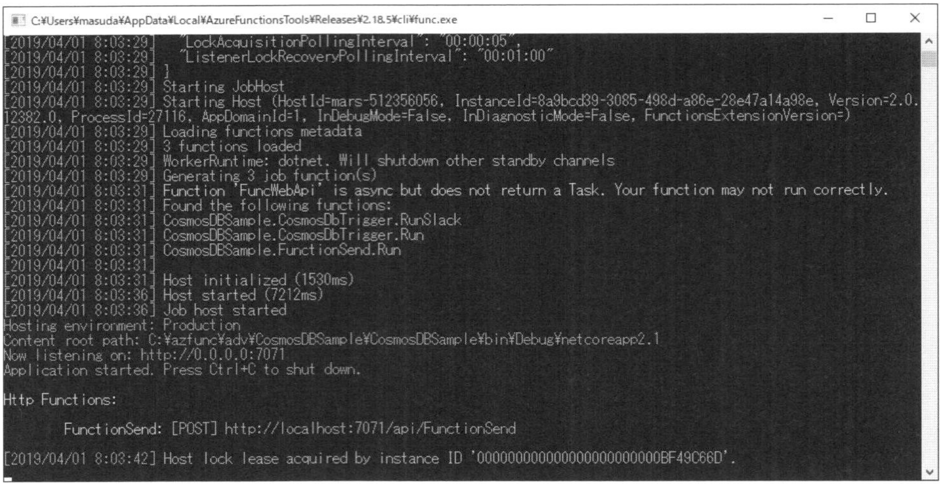

```
C:\Users\masuda\AppData\Local\AzureFunctionsTools\Releases\2.18.5\cli\func.exe                    —  □  ×
[2019/04/01 8:03:29]     "LockAcquisitionPollingInterval": "00:00:05",
[2019/04/01 8:03:29]     "ListenerLockRecoveryPollingInterval": "00:01:00"
[2019/04/01 8:03:29] ]
[2019/04/01 8:03:29] Starting JobHost
[2019/04/01 8:03:29] Starting Host (HostId=mars-512356056, InstanceId=8a9bcd39-3085-498d-a86e-28e47a14a98e, Version=2.0.
12382.0, ProcessId=27116, AppDomainId=1, InDebugMode=False, InDiagnosticMode=False, FunctionsExtensionVersion=)
[2019/04/01 8:03:29] Loading functions metadata
[2019/04/01 8:03:29] 3 functions loaded
[2019/04/01 8:03:29] WorkerRuntime: dotnet. Will shutdown other standby channels
[2019/04/01 8:03:29] Generating 3 job function(s)
[2019/04/01 8:03:31] Function 'FuncWebApi' is async but does not return a Task. Your function may not run correctly.
[2019/04/01 8:03:31] Found the following functions:
[2019/04/01 8:03:31] CosmosDBSample.CosmosDbTrigger.RunSlack
[2019/04/01 8:03:31] CosmosDBSample.CosmosDbTrigger.Run
[2019/04/01 8:03:31] CosmosDBSample.FunctionSend.Run
[2019/04/01 8:03:31]
[2019/04/01 8:03:31] Host initialized (1530ms)
[2019/04/01 8:03:36] Host started (7212ms)
[2019/04/01 8:03:36] Job host started
Hosting environment: Production
Content root path: C:\azfunc\adv\CosmosDBSample\CosmosDBSample\bin\Debug\netcoreapp2.1
Now listening on: http://0.0.0.0:7071
Application started. Press Ctrl+C to shut down.

Http Functions:

        FunctionSend: [POST] http://localhost:7071/api/FunctionSend

[2019/04/01 8:03:42] Host lock lease acquired by instance ID '000000000000000000000000BF49C66D'.
```

図8-10　HTTPトリガーのURL

　プログラムが正常に動くと、最後にFunctionSend関数のURLが表示されます（図8-10、リスト8-4）。

リスト8-4　HTTPトリガーのURL

```
http://localhost:7071/api/FunctionSend
```

　これが、通常アラートのためのFuncWebApi関数で送信するURLになります。他のWeb APIへの通知やAzure上のFunction Appを使う場合は適宜URLを変えてください。

8.2.4 緊急通知のためのSlackのWebhookを作成

　Slack（slack.com）は開発者に人気なグループチャットシステムで、豊富なAPIが用意されています。特に簡単なものは、あらかじめWebhook用のURLを取得しておくことで、自由にSlackへの投稿ができます。このURLは誰でも自由に投稿できるため秘匿しておく必要はありますが、Function Appからアラート用として使うのには便利でしょう。

　Slackのアカウントを取得し、図8-11の［Apps］をクリックして、［アプリ一覧］画面を表示させます（図8-12）。この中で「Incoming Webhook」を検索して、「samples」チャンネルに投稿するためのWebhookのURLを取得します。

　WebhookのURLは次の形式で取得できます（リスト8-5）。

リスト8-5　Incoming Webhook

```
https://hooks.slack.com/services/XXXXX/YYYYY
```

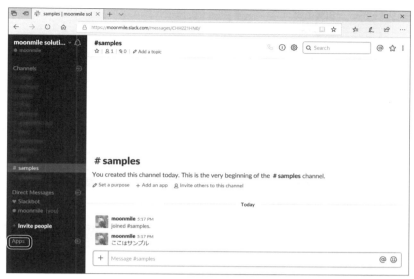

図8-11　Slackクライアント

図8-12　［アプリ一覧］画面

　このWebhcokに対して、JSON型式でデータを送ることによってSlackに投稿できます（リスト8-6）。

リスト8-6　JSON型式

```
{
 "text": "Hello Cosmos DB Trigger",
 "channel": "#samples",
 "username": "cosmos-db"
}
```

　Advanced REST clientなどのツールを使って、指定のURLにPOSTメソッドで送信してみます（図8-13）。

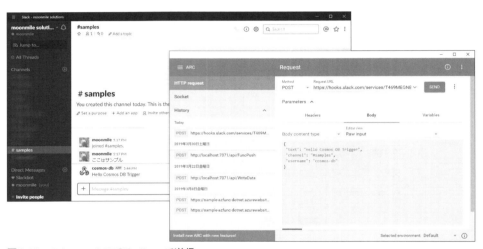

図8-13　Advanced REST client で送信

　このようにSlackに投稿ができます。

8.3 | コーディング

　Visual Studioで作成したひな形を使ってコーディングをしていきましょう。いきなりすべてのコードを打ち込み完全に動作させるのは難しいので、ローカル環境に構築したエミュレーションを使いながら動作確認も同時に行っていきます。

8.3.1 | 通常通知のためのHTTPトリガー

　最初に通常通知のターゲットとなるFunctionSend.csファイルを修正していきましょう。FunctionSend.csファイルは、HTTPトリガーでGETメソッドあるいはPOSTメソッドを受けて、何らかのデータを返します。

呼び出しを簡単にするために、通常通知の関数FunctionSendの呼び出しはPOSTメソッドでJSON型式のデータを送ります。JSONデータでは、nameキーとmessageキーを扱います。

リスト8-7 **FunctionSend.cs**

```
public static class FunctionSend
{
    [FunctionName("FunctionSend")]
    public static async Task<IActionResult> Run(
        [HttpTrigger(AuthorizationLevel.Anonymous,        ①
        "post", Route = null)]                            ②
        HttpRequest req, ILogger log)
    {
        log.LogInformation(                               ③
          $"called FunctionSend {DateTime.Now}");
        string requestBody =                              ④
          await new StreamReader(req.Body).ReadToEndAsync();
        dynamic data =
          JsonConvert.DeserializeObject(requestBody);
        var name = data?.name;
        var message = data?.message;
        log.LogInformation($"from {name} : {message}");   ⑤
        return (ActionResult)new OkObjectResult("ok");    ⑥
    }
}
```

①匿名アクセスを可能にしています。
②「POST」メソッドのみ受け付けます。
③関数呼び出しのログです。
④送信されたJSON型式のデータから、nameキーとmessageキーの値を取り出します。
⑤取り出した値をログに出力します。
⑥HTTFプロトコルのレスポンスを「ok」で返します。

ここのHTTPトリガーを簡単に動作確認しておきます。Visual Studioでデバッグ実行をして、Advanced REST clientなどを使い、「http://localhost:7071/api/FunctionSend」にPOSTメソッドを送信して動作確認をしておきましょう。

8.3.2 | Cosmos DBトリガーの作成（通常通知）

Cosmos DBトリガーは、通常通知と緊急通知の2つのトリガーがあります。最初に、通常通知を行うFuncWebApi関数を作ります（リスト8-8）。

リスト8-8 **FuncWebApi**関数

```
using System.Net.Http;                                         ①

static HttpClient cl = new HttpClient();                       ②
[FunctionName("FuncWebApi")]
public static async void Run([CosmosDBTrigger(
    databaseName: "Alerts",
    collectionName: "Messages",
    ConnectionStringSetting = "COSMOSDB_CONNECTION",
    LeaseCollectionName = "leases",
    LeaseCollectionPrefix = "normal",
    CreateLeaseCollectionIfNotExists = true)]
    IReadOnlyList<Document> input, ILogger log)
{
    if (input != null && input.Count > 0)
    {
        var doc = input[0];                                    ③
        var name = doc.GetPropertyValue<string>("name");       ④
        var message = doc.GetPropertyValue<string>("message");
        var data = new SendHttp()                              ⑤
        {
            name = name,
            message = message
        };
        log.LogInformation("called webapi");
        await cl.PostAsJsonAsync(                              ⑥
          "http://localhost:7071/api/FunctionSend", data);
    }
}
public class SendHttp                                          ⑦
{
    public string name { get; set; }
    public string message { get; set; }
}
```

①HttpClientクラスのために名前空間System.Net.Httpを追加します。

②HTTPトリガーを呼び出すために、HttpClientオブジェクトを用意します。

③最初のデータを取得します。Document型になります。ここでは説明のため最初のデータだけを処理していますが、実際にはinputコレクション全体を扱うとよいでしょう。

④Cosmos DBのコレクションから、nameキーとmessageキーを取り出します。

⑤通常通知用のHTTPトリガーに渡すJSON型式の文字列を作ります。値クラスとしてSendHttpを利用しています。

⑥PostAsJsonAsyncメソッドを呼び出し、JSON型式のデータをPOSTメッセージで送信します。送信先のURLは、「8.2.3 通常通知のためのHTTPトリガーを作成」で取得したものです。

⑦JSON型式にする値クラスの定義です。

第**8**章　Cosmos DBトリガーの利用　**297**

　これでAlertsデータベースのMessagesコレクションにデータが挿入されたときに、FuncWebApi関数が呼び出され、通常通知のHTTPトリガーの「FunctionSend」が呼び出されます。

8.3.3 | Cosmos DBトリガーの作成（緊急通知）

　もう1つ緊急通知を行うFuncSlack関数を作ります（リスト8-9）。

リスト8-9　**FuncWebApi**関数

```
[FunctionName("FuncSlack")]

public static async void RunSlack([CosmosDBTrigger(
    databaseName: "Alerts",
    collectionName: "Messages",
    ConnectionStringSetting = "COSMOSDB_CONNECTION",
    LeaseCollectionName = "leases",
    LeaseCollectionPrefix = "priority",
    CreateLeaseCollectionIfNotExists = true)]
    IReadOnlyList<Document> input, ILogger log)
{
    if (input != null && input.Count > 0)
    {
        var doc = input[0];                                    ①
        var priority = doc.GetPropertyValue<string>("priority");
        var name = doc.GetPropertyValue<string>("name");
        var message = doc.GetPropertyValue<string>("message");
        /// 優先度が設定されている場合はSlackに通知する
        // Slackに通知する
        if (!string.IsNullOrEmpty(priority))                   ③
        {
            var data = new Slack()                             ④
            {
                name = name,
                text = message,
                channel = "#samples"
            };
            log.LogInformation("called slack");
            await cl.PostAsJsonAsync(                          ⑤
"https://hooks.slack.com/services/T469MEGNB/BAS6QT6RW/XWwevoz0⬆
colt6yjeMzbWDPB7", data);
        }
    }
    public class Slack                                         ⑥
    {
        public string name { get; set; }
```

```
        public string text { get; set; }
        public string channel { get; set; }
    }
}
```

①最初のデータを取得します。
②受信したデータから、優先度（priority）などの値を取得します。
③優先度が指定されていた場合はSlackに通知します。
④値クラスのSlackオブジェクトを作成します。投稿するSlackのチャンネルは
　「#samples」に設定しています。
⑤PostAsJsonAsyncメソッドを呼び出し、JSON型式のデータをPOSTメッセージで
　Slackに送信します。送信先のURLは、「8.2.4 緊急通知のためのSlackのWebhookを
　作成」で取得したWebhookのURLです。
⑥JSON型式にする値クラスの定義です。

　これでAlertsデータベースのMessagesコレクションにデータが挿入されたときに、
FuncSlack関数が呼び出され、Slackに緊急通知されます。

8.3.4 | Cosmos DBへデータ投入

　ローカル環境で動作するAzure Cosmos DB Emulatorを使ってデータを挿入して、動作を
確認してみましょう。挿入するデータはリスト8-10の通りです。

リスト8-10　挿入するデータ

```
{
  "region": "Japan",
  "name": "masuda",
  "message": "hello cosmos DB alert!!!",
  "priority": "HIGH"
}
```

　regionキーは、Cosmos DBがパーティションを分けるときのキーなので、適当に設定して
おきます。
　nameキーとmessageキーに適当な文字列を設定します。priorityキーを設定して、緊急通
知扱いにしてSlackにも同時に通知されるようにしてみましょう。
　Visual Studioを起動して、CosmosDBSampleプロジェクトをデバッグ実行してComsos
DBのトリガー待ち状態にします。
　Azure Cosmos DB Emulatorを開き、データベース［Alerts］、コレクション［Messages］
を開きます。［New Document］ボタンをクリックして、先のJSONデータを本文に書き込み、
［Save］ボタンをクリックします（図8-14）。

第8章 Cosmos DBトリガーの利用

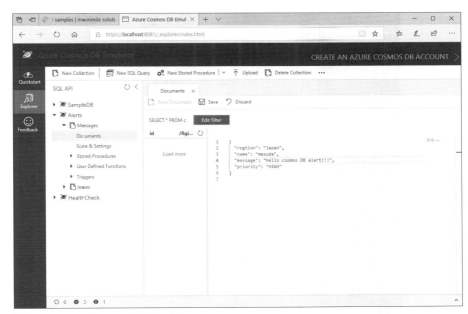

図8-14　Azure Cosmos DB Emulator

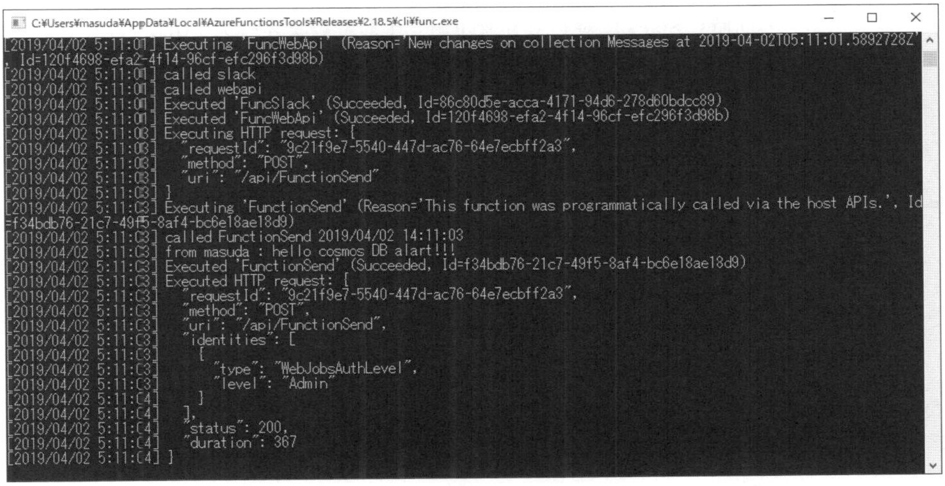

図8-15　デバッグログ

　デバッグログで、Cosmos DBトリガーが動作したことが出力され、通常通知のFunction Send関数が呼び出されていることがわかります（図8-15）。

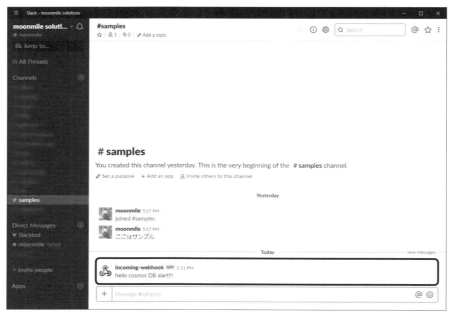

図8-16　Slackの通知

同時にSlackに対しても通知が発生しています（図8-16）。名前やメッセージを変えてCosmos DBトリガーが正しく動いていることを確認しておきましょう。

8.4 検証

ある程度の動作確認ができたので、プログラムを検証していきましょう。実運用を想定するとAzure上のCosmos DBを使ったほうがよいのですが、チェックをやりやすくするために、本書ではローカル環境を使って検証をしていきます。

8.4.1 データ投入用のコンソールアプリの作成

検証作業をやりやすくするために、Cosmos DBにデータを投入するためのコンソールアプリを作成しておきます。引数で名前（name）とメッセージ（message）を指定して、ローカルのCosmos DB Emulatorに対してデータを挿入します。

ソリューション エクスプローラーでCosmosDBSampleソリューションを右クリックし、［追加］→［新しいプロジェクト］を選択します。

［新しいプロジェクトの追加］ダイアログで、［Visual C#］→［.NET Core］→［コンソールアプリ（.NET Core）］のプロジェクトテンプレートを選びます。プロジェクト名を「ConsoleCosmosDB」として［OK］ボタンをクリックします（図8-17）。

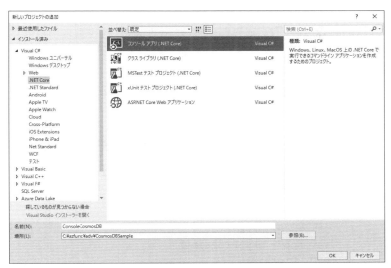

図8-17　新しいプロジェクトの追加

図8-18　NuGetで「Microsoft.Azure.DocumentDB.Core」を追加

　プロジェクトを右クリックして［NuGetパッケージの管理］を選択して、「Microsoft.Azure.DocumentDB.Core」のパッケージをインストールします（図8-18）。このパッケージは、Cosmos DBにアクセスするためのパッケージです。今回はローカルのCosmos DB Emulatorを扱っていますが、接続文字列を変更すればAzure上のCosmos DBにアクセスできます。
　作成したProgram.csをリスト8-11のように修正します。

302 Asure Functions 入門

リスト8-11 `Program.cs`

```csharp
using Microsoft.Azure.Documents.Client;                         ①

class Program
{
    static readonly string Endpoint =                            ②
        "https://localhost:8081";
    static readonly string Key =                                 ③
"C2y6yDjf5/R+obON8A7Cgv30VRDJIWEHLM+4QDU5DE2nQ9nDuVTqobD4b8mGGy⟳
PMbIZnqyMsEcaGQy67XIw/Jw==";
    static readonly string DatabaseId = "Alerts";                ④
    static readonly string CollectionId = "Messages";            ⑤

    static void Main(string[] args)
    {
        var app = new Program();
        app.Go(args);
        Console.WriteLine("Press any key to continue.");
        Console.ReadKey();
    }

    async void Go( string[] args )
    {
        Console.WriteLine("Send alart message");
        var client =                                             ⑥
          new DocumentClient(new Uri(Endpoint), Key);
        var msg = new Message()                                  ⑦
        {
            region = "Japan",
            name = args[0],
            message = args[1],
            priority = args.Length < 3 ? null : args[2]
        };
        await client.CreateDocumentAsync(                        ⑧
            UriFactory.CreateDocumentCollectionUri(
            DatabaseId, CollectionId), msg);
    }
    public class Message                                         ⑨
    {
        public string region { get; set; }
        public string name { get; set; }
        public string message { get; set; }
        public string priority { get; set; }
    }
}
```

①名前空間「Microsoft.Azure.Documents.Client」を追加します。

②ローカル環境のCosmos DB EmulatorのエンドポイントをURLで指定します。この値は「Azure Cosmos DB Emulator」の「URI」で取得できます。

③アクセスキーを設定します。これは「Primary Key」の値です。

④アクセスするデータベース名「Alerts」です。

⑤データを追加するコレクション名「Messages」です。

⑥エンドポイントとアクセスキーを指定して、DocumentClientオブジェクトを初期化します。

⑦コマンドラインの引数から、データ（Messageクラス）を作成します。

⑧CreateDocumentAsyncメソッドで、データを追加します。

⑨データを追加するための値クラスです。

　コマンドラインの指定方法は「dotnet run」に続いて、パラメータを指定します（リスト8-12）。

リスト8-12　コマンドラインの指定

```
dotnet run ＜名前＞ ＜メッセージ＞
あるいは
dotnet run ＜名前＞ ＜メッセージ＞ ＜優先度＞
```

　メッセージに空白が含まれる場合は「"」（ダブルクォート）で囲みます。

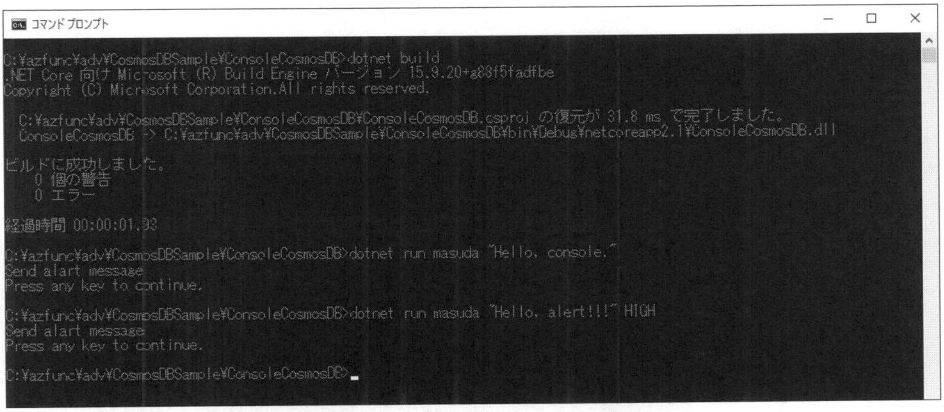

図8-19　コマンドラインでテスト実行

　ConsoleCosmosDBプロジェクトが正常にビルドできたら、実際にコマンドラインで動作させてみましょう（図8-19）。コンソールからいくつかのデータを挿入させてみます。

　Azure Cosmos DB Emulatorで、Messagesコレクションの内容を確認すると、正常にデータが追加されていることがわかります（図8-20）。これでコマンドラインのツールからもCosmos DBにデータを入れ、登録済みのCosmos DBトリガーを動かす準備が整いました。

図8-20　Azure Cosmos DB Emulator

8.4.2 発信者名を変えて通常通知を発信する

では、発信者名を変更して2つの通常通知をシミュレーションしてみましょう。コマンドラインを2つ立ち上げて、発信者名を変えて送信します。

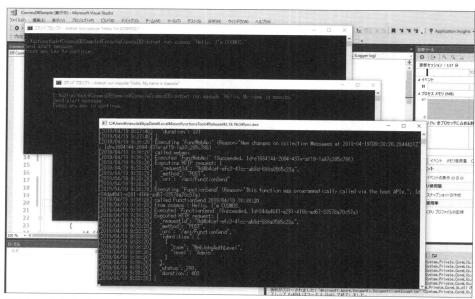

図8-21　実行結果

それぞれのメッセージがCosmos DBトリガーを通して、通常メッセージのためのHTTPトリガーの「FunctionSend」を呼び出しています。優先度（priority）は設定していないので、Slackへの通知は発生していません。

8.4.3 通常通知と緊急通知を発信する

今度は通常通知と緊急通知を混ぜたときのパターンをシミュレーションしてみましょう。コマンドラインを2つ立ち上げて、発信者名を変えて送信します。片方のメッセージには優先度を示す「HIGH」を指定します。

図8-22　実行結果

それぞれのメッセージがCosmos DBトリガーを通して、通常メッセージのためのHTTPトリガーの「FunctionSend」を呼び出しています。優先度（priority）を指定した「hello, I'm COSMOS.」のメッセージだけが、Slackに通知されていることがわかります。

8.5 応用

　Cosmos DBトリガーの連携は、データ登録と更新時のトリガーの利用としてBlobトリガーやQueueトリガーと似たような機能を持ちます。
　ただし、Blobトリガーが主に大量なファイルを監視し、Queueトリガーが瞬時的なメッセージの仲介役を担うのと違い、Cosmos DBはデータベースの役割とデータ更新のトリガーの役割を両方兼ね備えることができます。
　通知されたデータを蓄積して後から検索できるという点では、アクセスログなどに応用が効きます。

8.5.1 アクセスログと警告の組み合わせ

各種機器やサーバーから流れてくるアクセスログを、Webサービスや直接Cosmos DBで取り込むことが考えられます。Cosmos DBはスケーラビリティが高いため、データを高速に扱うことが可能です。

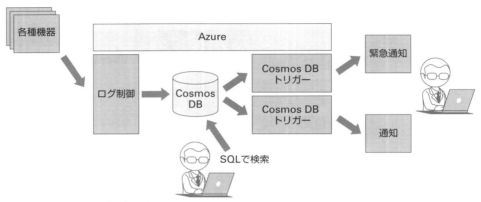

図8-23　アクセスログの振り分け

このアクセスログの状態に従って、適切なCosmos DBトリガーを仕掛けておきます。サンプルで示したようにSlackへ通知する場合もあれば、緊急通知用のスマホアプリを作って警告通知を行うのもよいでしょう（図8-23）。

Cosmos DBのトリガーは複数設定ができるので、通知の種類によってトリガーを追加することが容易です。

また、アクセスログのコレクションを独自のルールで分けておくこともできるでしょう。アクセスログは、Cosmos DBのSQL文などを用いながら検索ができます。警告通知が発生したあとに、該当するアクセスログを検索することも容易でしょう。アクセスログ自体は、前後のデータも取得できるので、時系列に並べて、前後の数件のアクセスログを抽出して原因を探ることも可能です。

8.5.2 統計情報の作成と通知の組み合わせ

日々作成される統計情報は、ビッグデータとしてCosmos DBへ残しておくことが多いと思われます。しかし、この膨大な統計情報をそのままアクセスして解析するのは大変な労力が必要です。これらの情報は、統計解析を行うときにわかりやすいように整理されるでしょう。

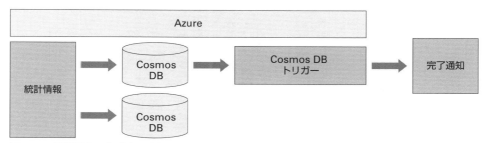

図8-24 統計情報の作成完了通知

　膨大な統計情報の整理には主にバッチ処理が使われますが、なかなか時間がかかるものです。CPUはストレージの性能により非常に多くのデータを瞬時に扱えるようになっていますが、一方でビックデーターのように膨大なデータを扱う場合は1〜2時間、ときには2〜3日程度の計算時間も必要になってきます。

　このような場合、集約した統計情報が作成できたことを示す完了通知ができると便利です（図8-24）。同じことはEvent Hubなどを利用してもできますが、Cosmos DBのトリガーを利用することもできます。

　完了通知のためのコレクションを用意しておき、そのコレクションにCosmos DBトリガーを仕掛けておきます。完了通知は、スマホへの通知やメール送信などが考えられるでしょう。

^第**9**^章

ファイルストレージの利用

　ストレージアカウントには、Blob、ファイル、Queue、テーブルの4つのストレージがあります。この中でファイルストレージは通常のファイルとして扱える便利なストレージです。ファイルストレージへのアクセスは、Windows上でエクスプローラーを使ってファイルを開くのと同じように利用できます。ファイルストレージのフォルダーをドライブに割り当てることにより、他のネットワークドライブと同じようにPCからアクセスができます。

　この機能を利用して、ファイルストレージの特定フォルダーにExcelファイルが提出されたときに、データを抽出する仕組みを作ってみましょう。

　本書では、データ抽出までしかしませんが、もうひと手間をかければ、データベースへの登録や別形式の帳票の作成も可能です。

9.1 | イントロダクション

　ファイルストレージは、通常のドライブと同じようにフォルダーとファイルを利用できるため、ファイルをそのまま保存しておくときに便利です。ファイルストレージを直接アクセスするときは少々コツがいりますが、ネットワークドライブに割り当てたときは、SMBプロトコル（Server Message Block）でアクセスをするため、通常のHDDドライブへのアクセスと同じように扱えます。

9.1.1 | Webサービスのファイルアクセスの利用

　Function Appを含めたAzure上のWebサービスは、実行時に必要なフォルダーやファイルをファイルストレージでアクセスをしています。

　適当なストレージアカウントをAzure Portalで眺めてみてください。たとえば、ここでは「sampleazfuncbasic」という名前のストレージアカウントを見てみましょう（図9-1）。

図9-1　ファイルストレージ

　Storage Explorerで［FILE SHARES］を開くと、既に作成されているファイルストレージが見えます。これらのファイルストレージは、第5章で作成したFunction Appに関係するファイルです。
　この中で［sample-azfunc-basic-http...］を見ていくと、［ASP.NET］や［site］などのフォルダーが作成されていることがわかります。

図9-2　run.csx

　［site］→［wwwroot］→［HttpTrigger1］とフォルダーを開いていくと、run.csxファイルがあります（図9-2）。これが、HTTPトリガーを動作させているC#スクリプトのファイルです。子のフォルダー構成から想像すると、Function Appを起動しているURLアドレスと同じ構成となっていることがわかります。Function Appも通常のWebサービスと同じように、フォルダー単位でルーティングされています。
　このように、さまざまなAzureのサービスがファイルストレージを利用しています。このファイルストレージはWebサービスから自由にアクセスができています。同じように、Function Appの関数から直接ファイルストレージにアクセスをして、データを取り出すことも可能なのです。

9.1.2　ファイルストレージを利用したデータ抽出

　Azure上にあるストレージアカウントを利用して、データ抽出する仕組みを考えます。

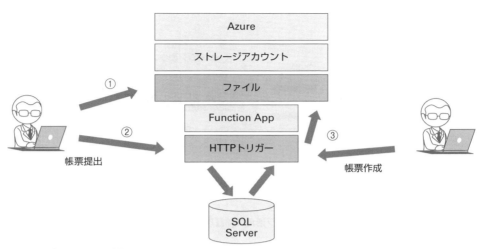

図9-3　データ抽出の仕組み

　最近では帳票の提出などはWebサイト上で行うことが多いでしょうが、ここではExcelファイルに各種のデータを書き込んで指定のフォルダーに提出するパターンを考えてみましょう（図9-3）。社内システムでは共有フォルダーを利用して、社員から提出物を集めることが多いです。これらのシステムを完全にWeb化するのが難しい場合は、この手法が参考になるでしょう。

　①のようにExcel帳票を指定のフォルダーに提出して、②で提出済みのHTTPトリガーを呼び出します。このHTTPトリガー内で、ファイルストレージに保存されたデータを読み取り、データベース（SQL Server）に保存します。

　帳票を作る場合も、③で帳票作成のHTTPトリガーを呼び出すことによってデータベースからデータを抽出し、Excelファイルへ書き出します。

　一般的なブラウザでのアップロード/ダウンロードと異なるのは、ファイルのアップロード/ダウンロードが非同期で行われていることです。大き目のファイルをアップロードする場合、ブラウザを起動したままにしておく必要があります。時にはアップロードに長い時間がかかってしまい、セッションが切れてしまうかもしれません。

　それに対して、SMBプロトコルを使ったファイルストレージへのアクセスならば、一度ファイルをフォルダーへコピーしてから提出の通知を送るので、それぞれを非同期に動かせます。

9.1.3　検証のためのシステム構成

　では、ファイルストレージを利用した帳票の提出システムを検証するため構成を考えます。
　Azure上のファイルストレージと、HTTPトリガー、ローカル環境のSQL Serverを活用します。SQL ServerはAzure SQL Databaseを利用しても構いません。

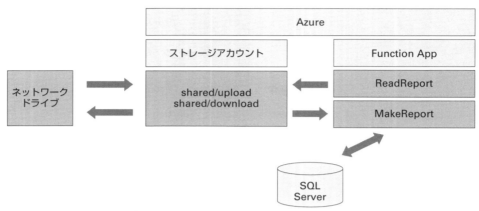

図9-4 ファイルストレージ活用の検証環境

　ストレージアカウントのファイルにsharedという共有フォルダーを作成します。この共有フォルダーにuploadとdownloadというフォルダーを作成して、Excel帳票のファイルのやり取りをユーザーと行います（図9-4）。
　ファイルストレージの確認はMicrosoft Azure Storage Explorerまたはネットワークドライブの接続で確認します。
　ネットワークドライブの接続は外部ポートの制限などで繋がらない場合もあるので、そのときはMicrosoft Azure Storage Explorerを使ってください。

9.2 下準備

　ファイルストレージの利用を検証するための環境を整えていきましょう。ローカル環境で動作させたHTTPトリガーから、Azure上のストレージアカウントにアクセスします。データベースはローカル環境にあるSQL Serverを使いましょう。
　HTTPトリガーやSQL SererをAzure上に移し替えることで、Azure上の本番環境で動作ができます。

9.2.1 ストレージアカウントの作成

　最初に接続先のストレージアカウントを作成しておきましょう。既に実験用のストレージアカウントがAzure上に作成済みであれば、それを再利用しても構いません。
　「5.4.2 ストレージアカウントの作成」と同じように、Azure Portalで左のメニューから［＋リソースの作成］をクリックします。カテゴリで［ストレージ］を選択して［ストレージアカウント］を選びます（図9-5）。

第9章 ファイルストレージの利用　313

図9-5　リソースの作成

　[リソースグループ]は、あらかじめ作成してある「sample-auzre-functions-test」を選んでいます。
　[ストレージアカウント名]は「sampleazfuncfiles」にしました。この名前はファイルをネットワークアクセスするときに「sampleazfuncfilesfile.core.windows.net」となります（図9-6）。

図9-6　ストレージアカウントの作成

作成したストレージアカウントをリソースグループから開いて、左側のメニューから［Storage Explorer］を開きます。［FILES SHARE］を右クリックして［Create file share］を選択して、［shared］という共有フォルダーを作成しておきましょう。
　さらにこの共有フォルダーに、［download］と［upload］というフォルダーを作成します（図9-7）。

図9-7　Storage Explorer

　右上にある［More］をクリックして［Connect VM］を選択すると、ネットワークドライブの設定が表示されます（図9-8）。

図9-8　ネットワークドライブの設定

リスト9-1　Zドライブへの割り当て

```
net use Z: ¥¥sampleazfuncfiles.file.core.windows.net¥shared ⮐
/u:AZURE¥sampleazfuncfiles Bx1v7+ADtTJKpsYhD4kbEGpO5R4jiX9PXWU+⮐
ciyFJ4IT8PUW6bJhdMFMwK1EkaWyYMHa6TUfrQ8mxLx8RHIB6g==
```

　ファイルストレージは、SMBプロトコルによってネットワークドライブを割り当てられます。ユーザー名は「AZURE¥＜ストレージアカウント名＞」、パスワードはストレージアカウ

ントへのアクセスキーです。

　このコマンドをコマンドプロンプトで実行すると、ローカルのコンピューターのZドライブから、Azure上のファイルストレージの［shared］フォルダーにアクセスができるようになります（リスト9-1、図9-9）。

図9-9　エクスプローラー

　Zドライブは変更可能です。ローカルPCの空いているドライブに割り当ててください。

9.2.2　HTTPトリガーのひな形を作成

　Visual Studioでファイルストレージにする Function App プロジェクトを作成しておきましょう。

　Visual Studioを起動して、［ファイル］メニューから［新規作成］→［プロジェクト］を選択します。［新しいプロジェクト］ダイアログで、左側のテンプレートのツリーから［Visual C#］→［Cloud］を選択します。プロジェクトテンプレートのリストから［Azure Functions］を選択して、プロジェクト名を入力してください。ここでは名前に「AzureFilesSample」と入力しています（図9-10）。

　［OK］ボタンをクリックすると、トリガーを選択するダイアログが表示されます。

図9-10　[新しいプロジェクトの追加] ダイアログ

　テンプレートとなるトリガーでは [Http trigger] のアイコンを選んで [OK] ボタンをクリックします (図9-11)。[ストレージアカウント] は [ストレージエミュレーター]、[Access Rights (アクセス認証)] は [Function] のままにしておきます。

図9-11　トリガーの選択

リスト9-2　HTTPトリガーのひな形

```
public static class Report                                          ①
{
    [FunctionName("MakeReport")]                                    ②
    public static async Task<IActionResult> MakeReport(             ③
        [HttpTrigger(AuthorizationLevel.Function, "get")]
        HttpRequest req,
        ILogger log)
```

```
{
    log.LogInformation("called MakeReport");                    ④
    return new OkObjectResult("ok");
}


[FunctionName("ReadReport")]                                    ⑤
public static async Task<IActionResult> ReadReport(             ⑥
    [HttpTrigger(AuthorizationLevel.Function, "get")]
    HttpRequest req,
    ILogger log)
{
    log.LogInformation("called ReadReport");                    ⑧
    return new OkObjectResult("ok");
}
}
```

　HTTPトリガーのひな形を修正して、帳票を作成するための「MakeReport」関数と帳票から読み込むための「ReadReport」関数を作っておきます（リスト9-2）。

　　①わかりやすいようにクラス名を「Function1」から「Report」に変更します。
　　②HTTPトリガーの関数名を「MakeReport」にします。
　　③対応するメソッド名も「MakeReport」で合わせておきます。
　　④関数が呼び出されたときのログ出力です。
　　⑤もう1つのHTTPトリガーの関数名を「ReadReport」にします。
　　⑥メソッド名を「ReadReport」にします。
　　⑦関数が呼び出されたときのログ出力です。

　この2つのHTTPトリガーに、帳票作成と帳票読み込みの処理を記述します。

9.2.3 ┃ コンソールアプリでファイルストレージへ読み書き

　いきなりHTTPトリガーからファイルアクセスをするコードを書いてもよいのですが、最初は動作を理解するためにコンソールアプリで実験してみましょう。
　ソリューションエクスプローラーでAzureFilesSampleソリューションを右クリックして、［追加］→［新しいプロジェクト］を選びます。
　［新しいプロジェクトの追加］ダイアログで、プロジェクトテンプレートから［Visual C#］→［.NET Core］→［コンソールアプリ（.NET Core）］を選択します。
　名前に「ConsoleCloudFile」と入力して、［OK］ボタンをクリックしてプロジェクトを作成します（図9-12）。
　ストレージアカウントに接続するための「Microsoft.Azure.Storage.File」パッケージをインストールしておきましょう。

図9-12 ［新しいプロジェクトの追加］ダイアログ

ConsoleCloudFileプロジェクトを右クリックして［NuGetパッケージの管理］を選択します。検索ボックスに「Microsoft.Azure.Storage.File」と入力して検索し、パッケージをインストールします（図9-13）。

図9-13 NuGetパッケージ「Microsoft.Azure.Storage.File」

リスト9-3 **Program.cs**

```
using Microsoft.Azure.Storage;                ①
using Microsoft.Azure.Storage.File;
using System;

namespace ConsoleCloudFile
```

第**9**章　ファイルストレージの利用　**319**

```
{
    class Program
    {
        static void Main(string[] args)
        {
            Console.WriteLine("Hello Cloud Files");
            var app = new Program();
            // app.GoRead();                                          ②
            app.GoWrite();                                            ③
        }
        readonly string STRAGE_CONNECTION =                           ④
   "DefaultEndpointsProtocol=https;AccountName=sampleazfuncfiles;⏎
AccountKey=Bx1v7+ADtTJKpsYhD4kbEGpO5R4jiX9PXWU+ciyFJ4IT8PUW6bJhd⏎
MFMwK1EkaWyYMHa6TUfrQ8mxLx8RHIB6g==;EndpointSuffix=core.windows.⏎
net";
        void GoRead()                                                ⑤
        {
            CloudStorageAccount storageAccount =                     ⑥
                CloudStorageAccount.Parse(STRAGE_CONNECTION);
            CloudFileClient fileClient =                             ⑦
                storageAccount.CreateCloudFileClient();
            CloudFileShare share =                                   ⑧
                fileClient.GetShareReference("shared");
            if ( share.Exists() )                                    ⑨
            {
                CloudFileDirectory rootDir =                         ⑩
                    share.GetRootDirectoryReference();
                CloudFile file =                                     ⑪
                    rootDir.GetFileReference("test.txt");
                if (file.Exists())                                   ⑫
                {
                    Console.WriteLine(file.DownloadText());          ⑬
                }
            }
        }

        void GoWrite()                                               ⑭
        {
            CloudStorageAccount storageAccount =                     ⑮
                CloudStorageAccount.Parse(STRAGE_CONNECTION);
            CloudFileClient fileClient =
                storageAccount.CreateCloudFileClient();
            CloudFileShare share =
                fileClient.GetShareReference("shared");
            if (share.Exists())
            {
                CloudFileDirectory rootDir =
                    share.GetRootDirectoryReference();
```

```
            CloudFile file = rootDir.GetFileReference(     ⑯
        "test-" + DateTime.Now.ToString("yyyyMMdd-hhmm") +
        ".txt");
            file.UploadText(                                ⑰
              $"Upload sample : {DateTime.Now}");
        }
      }
    }
}
```

①ストレージアカウントに接続するための名前空間を設定します。

②ファイルストレージから読み取るメソッド「GoRead」の呼び出しです。

③ファイルストレージへ書き出すメソッド「GoWrite」の呼び出しです。

④ストレージアカウントの接続文字列を「STRAGE_CONNECTION」で定義しておきます。この接続文字列は「9.2.1 ストレージアカウントの作成」で取得したものです。

⑤ファイルを読み取るためテストメソッド「GoRead」の定義です。

⑥接続文字列からCloudStorageAccountオブジェクトを作成します。

⑦接続クライアントのCloudFileClientオブジェクトを作成します。

⑧共有フォルダー「shared」のCloudFileShareオブジェクトを取得します。

⑨共有フォルダーがあることを確認します。

⑩ルートディレクトリを、CloudFileDirectoryオブジェクトで取得します。

⑪GetFileReferenceメソッドで、「test.txt」ファイルのCloudFileオブジェクトを取得します。

⑫ファイルが存在するか調べます。

⑬ファイルがあったら、DownloadTextメソッドで内容を読み取り、コンソールへ出力します。

⑭ファイルへ書き込むためのテストメソッド「GoWrite」の定義です。

⑮共有フォルダーの取得から、ルートディレクトリを取得するまでの手順はGoRead関数と変わりません。

⑯新しいファイル名を指定して、GetFileReferenceメソッドでCloudFileオブジェクトを作成します。

⑰UploadTextメソッドを使い、ファイルにテキストを書き込みます。

　通常のディスクへのファイルアクセスとは違いますが、これでファイルストレージの読み書きのテストが可能です（リスト9-3）。

　ディスクの読み書きと同じように、ファイルとディレクトリを扱います。ストレージを扱うためのCloudFileクラスは、Function Appでもよく使われるものです。

第9章 ファイルストレージの利用

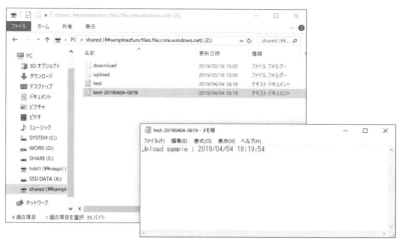

図9-14 テスト実行

　GoReadメソッドを実行するときは、あらかじめtest.txtファイルをファイルストレージに作成しておきます（図9-14）。
　dotnet runコマンドやVisual Studioの実行時に「Microsoft.Azure.KeyVault.Core」に関する警告がでることがありますが、ここでは問題なく動くので大丈夫です。

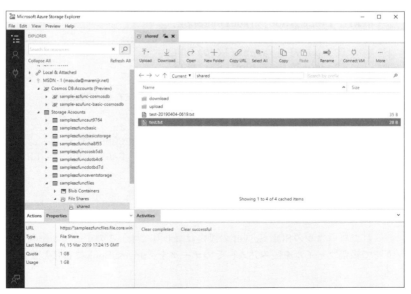

図9-15 Micorosoft Azure Storage Exlplorer

　ルーターの制限によりネットワークドライブに割り当てられないときには、Microsoft Azure Storage Explorerを使って、ファイルのアップロードや存在するファイルの確認を行ってください（図9-15）。

322 | Asure Functions 入門

9.2.4 | データ蓄積用のテーブルを作成

ローカル環境のSQL Serverを使って、データ蓄積用のAddressBookテーブルを作成して
おきましょう。データベースは「7.2.3 ローカルのデータベースの作成」のときに作成した
「azuredb」を使います。

作成済みのazuredbデータベースの配下にある［テーブル］を右クリックして、［新規作成］
→［テーブル］を選択します。

AddressBookテーブルの内容は次の通りです。

表9-1　AddressBookテーブル

列名	データ型	NULLを許容	説明
ID	int	NOT NULL	プライマリーキー
Company	varchare(50)	NULL	社名
Person	varchare(50)	NULL	社員名
Apartment	varchare(50)	NULL	部署名

クエリを使ってテーブルを作成する場合は、リスト9-4のスクリプトを実行します。

リスト9-4　**AddressBook**テーブルの作成スクリプト

```
USE azuredb
GO
CREATE TABLE [dbo].[AddressBook](
      [ID] [int] IDENTITY(1,1) NOT NULL,
      [Company] [varchar](50) NULL,
      [Person] [varchar](50) NULL,
      [Apartment] [varchar](50) NULL,
 CONSTRAINT [PK_AddressBook] PRIMARY KEY CLUSTERED
(
      [ID] ASC
)WITH (PAD_INDEX = OFF, STATISTICS_NORECOMPUTE = OFF, IGNORE_DUP_⟳
KEY = OFF, ALLOW_ROW_LOCKS = ON, ALLOW_PAGE_LOCKS = ON) ON ⟳
[PRIMARY]
) ON [PRIMARY]
GO
```

これでローカルのSQL Serverの設定は終わりです。このテーブルを利用して、HTTPトリ
ガーで帳票ファイルを読み込み、そのデータをAddressBookに蓄積します。

9.2.5 | エンティティクラスを作成

次にデータベースにアクセスするためのエンティティクラスを作ります。第7章の「7.3.1 エ
ンティティクラスの生成」では、dotnet efコマンドを使いazuredbContext.csファイルと

Persons.csファイルを自動生成しましたが、今回は既に7章で作成済みのazuredbContext.csファイルをコピーして再利用します。

図9-16　NuGetパッケージ管理

まず、HTTPトリガーを含むAzureFilesSampleプロジェクトに、[NuGetパッケージの管理]で「Microsoft.EntityFrameworkCore」と「Microsoft.EntityFrameworkCore.SqlServer」の2つのパッケージをインストールします。

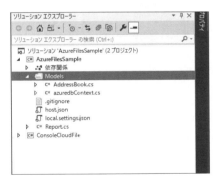

図9-17　ファイルの追加

AzureFilesSampleプロジェクトを右クリックして、[追加]→[新しいフォルダー]で、[Models]フォルダーを作成します。[Models]フォルダーの中に、azuredbContext.csファイルとAddressBook.csファイルを作成します。最初から作成するときは、ひな形のファイルは、[追加]→[新しいAzure関数]として、[追加]→[クラス]を選択して作ります。

リスト9-5　`azuredbContext.cs`

```
using System;
using System.Collections.Generic;
using System.Text;
using Microsoft.EntityFrameworkCore;
```
①

```
namespace AzureFilesSample.Models                                    ②
{
    public partial class azuredbContext : DbContext
    {
        public azuredbContext()
        {
        }

        public azuredbContext(
          DbContextOptions<azuredbContext> options)
            : base(options)
        {
        }
        public virtual DbSet<AddressBook>                            ③
          AddressBook { get; set; }
        protected override void OnConfiguring(
          DbContextOptionsBuilder optionsBuilder)
        {
            if (!optionsBuilder.IsConfigured)
            {
                var connectionString =                               ④
    System.Environment.GetEnvironmentVariable("SQLDB_CONNECTION");
                optionsBuilder.UseSqlServer(connectionString);
            }
        }
    }
}
```

　azuredbContext.cs ファイルの内容は、「7.3.1 エンティティクラスの生成」で作ったものと
ほぼ同じものです。OnModelCreating メソッドのような不要な部分は削除して、
AzureFilesSample プロジェクトで必要なところだけコピーして使っています。

　①Entity Framework を使うための名前空間を設定します。
　②azuredbContext クラスを定義する名前空間を「AzureFilesSample.Models」としてい
　　ます。
　③コンテキストからアクセスするための AddressBook プロパティを設定します。
　④接続文字列は System.Environment.GetEnvironmentVariable メソッドで取得します。
　　ローカル環境で動作させる場合は local.settings.json から、Azure 上で動作させる場合
　　はアプリ設定から「SQLDB_CONNECTION」の値を取得できます。

リスト9-6　**AddressBook.cs**

```
using System;
using System.Collections.Generic;
using System.Text;
```

```
namespace AzureFilesSample.Models
{
    public class AddressBook                                ①
    {
        public int ID { get; set; }                          ②
        public string Company { get; set; }
        public string Person { get; set; }
        public string Apartment { get; set; }
    }
}
```

AddressBookクラスは単純な値クラスです。データベースに作成したAddressBookテーブルのカラムに合わせて、プロパティ名と型を記述します。テーブルが大量にある場合は、dotnet efコマンドで自動生成したほうがよいのですが、今回は1つのテーブルだけを参照するので、手動で書いています。

①AddressBookクラスを作成します。
②AddressBookテーブルにあわせて、プロパティ名を記述します。

ビルドをしてazuredbContextクラスとAddressBookクラスができあがったら、ビルドをしてコンパイルエラーがないことを確認しておきます。
これでデータベースに接続し、LINQを使って検索やデータの挿入ができるようになりました。

9.3 コーディング

Visual Studioで作成したひな形を使ってコーディングをしていきましょう。今回はオープンソースで公開されている「ClosedXML（https://github.com/ClosedXML）」を利用して、Excelファイルの読み書きを行います。

9.3.1 Excel読み取りパッケージClosedXMLの利用

CloseXMLは、Microsoft Officeが採用しているOpenXML型式のデータをVBAのマクロ風に読み込めるオープンソースなライブラリです（図9-18）。Excelのxlsx型式やWordのdocx型式は、OpenXMLという公開された規格で記述されています。このXML型式を読み書きすれば、Microsoft社だけでなく誰でも自由にExcelやWordのファイルが作成できます。
Microsoft社がOpenXMLのアクセスライブラリを提供しているのですが、そのままでは使いづらくコーディングには難しい面が多いのです。

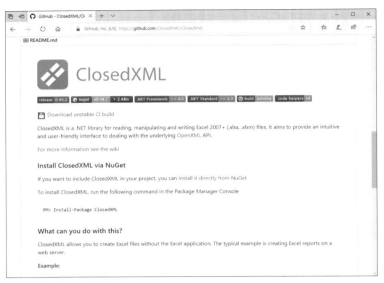

図9-18　ClosedXML

　そこで、Excel VBAのように利用できるClosedXMLが登場しました。このパッケージは、内部でOpneXMLを利用し、C#などの.NET言語からExcelのxlsx型式のファイルを扱えるようになっています（リスト9-7）。

リスト9-7　コードサンプル

```
using (var workbook = new XLWorkbook())
{
    var worksheet = workbook.Worksheets.Add("Sample Sheet");
    worksheet.Cell("A1").Value = "Hello World!";
    worksheet.Cell("A2").FormulaA1 = "=MID(A1, 7, 5)";
    workbook.SaveAs("HelloWorld.xlsx");
}
```

　GitHubに挙げられているサンプルコードを見ると、Excel VBAのように扱えるCell関数などが用意されています。
　ただし、Function Appで公開されているパッケージを利用するには条件があります。Function Appは.NET Coreを利用しているため、利用するパッケージは.NET Coreで利用できる.NET Standardに対応したライブラリでなければいけません。
　ClosedXMLパッケージは、この.NET Standardで作られているため、.NET Coreで扱えます。これにより、Windows環境だけでなく、LinuxやmacOSでも利用が可能になっています。場合によっては、Xamarin.Formsを利用してAndroidやiPhoneアプリで利用することもできます。
　.NET Standrad対応のライブラリはClosedXMLパッケージではありません。さまざまなパッケージが公開されているので、これらを利用してFunction Appをより多機能にバージョンアップさせることができます。

9.3.2 コンソールアプリでExcel読み込み

実験として、コンソールアプリを使ってClosedXMLを利用してExcelファイルを読み込んでみましょう。

では、ソリューションエクスプローラーで、AzureFilesSampleソリューションを右クリックして［追加］→［新しいプロジェクト］を選びます。［新しいプロジェクトの追加］ダイアログで、プロジェクトテンプレートから［Visual C#］→［.NET Core］→［コンソールアプリ（.NET Core)］を選択します。

名前に「ConsoleClosedXML」と入力して、［OK］ボタンをクリックしてプロジェクトを作成します。

図9-19　NuGetパッケージ「ClosedXML」

ExcelファイルにアクセスするためのClosedXMLパッケージをインストールしておきましょう。ConsoleClosedXMLプロジェクトを右クリックして［NuGetパッケージの管理］を選択します。検索ボックスに「ClosedXML」と入力して検索し、パッケージをインストールします（図9-19）。

リスト9-8　GoReadメソッド

```
using ClosedXML.Excel;                          ①
using System;
using System.Collections.Generic;
using System.Linq;                              ②

namespace ConsoleClosedXml
{
    class Program
    {
        static void Main(string[] args)
        {
            Console.WriteLine("Hello ClosedXML World!");
```

```
            var app = new Program();
            app.GoRead();                                       ③
        }

        void GoRead()
        {
            string path = @"c:¥azfunc¥sample.xlsx";             ④
            using (var st = System.IO.File.OpenRead(path))      ⑤
            {
                var wb = new XLWorkbook(st);                    ⑥
                var sh = wb.Worksheets.First();                 ⑦
                // セルから読み込み                               ⑧
                var id = sh.Cell(1, 2).Value;          // ID
                var company = sh.Cell(2, 2).Value;     // 会社
                var person = sh.Cell(3, 2).Value;      // 担当者
                var apartment = sh.Cell(4, 2).Value;   // 部署
                Console.WriteLine(                              ⑨
                  $"{id} {company} {person} {apartment}");
            }
        }
    }
}
```

　Program.csファイルを開いて、Excelからデータを読み込むGoReadメソッドを書きます。この関数では、既存のc:¥azfunc¥sample.xlsxファイルからデータを読み込んで、結果をコンソールに出力するものです。

　①ClosedXMLを使うための名前空間「ClosedXML.Excel」を追加します。
　②LINQを利用するための名前空間「System.Linq」を追加します。
　③Excelファイルからデータを読み込むGoReadメソッドを呼び出します。
　④読み込むファイルの指定です。これは読者の環境に合わせてください。
　⑤読み取り用のストリームでオープンします。
　⑥ストリームを渡して、XLWorkbookオブジェクトを作成します。これがワークブックに相当します。
　⑦ワークブックから先頭のワークシートを取得します。
　⑧各セルからCellメソッドを使って、セルのデータを読み込みます。
　⑨読み込んだデータをコンソールへ出力します。

　適当なsample.xlsxファイルを用意して、コマンドプロンプトから「dotnet run」を実行してみましょう。指定したセルが読み込まれていることがわかります（図9-20）。

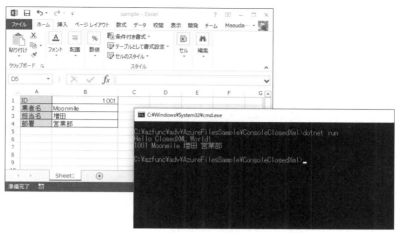

図9-20 テスト実行

9.3.3 | コンソールアプリでExcel書き出し

Excelファイルからのデータ読み取りは成功したので、今度はExcelファイルへの書き込みを試していきましょう。実践を想定して、見出し行のみを保存してあるテンプレートとなるtemplate.xlsxファイルを読み込んで、コード内に記述したセルデータをsample_output.xlsxというファイル名の一覧表で書き出すパターンを試します。

リスト9-9 **GoWrite**メソッド

```
void GoWrite()                                              ①
{
    var templatepath = @"c:\azfunc\template.xlsx";          ②
    using (var st = System.IO.File.OpenRead(templatepath))  ③
    {
        var wb = new XLWorkbook(st);
        var sh = wb.Worksheets.First();                     ④
        var items = new List<AddressBook>();                ⑤
        items.Add(new AddressBook()
        {
            ID = 1,
            Company = "日経BP",
            Person = "日経太郎",
            Apartment = "出版部"
        });
        items.Add(new AddressBook()
        {
            ID = 2,
            Company = "日経BP",
            Person = "日経次郎",
```

```
            Apartment = "営業部"
        });
        items.Add(new AddressBook()
        {
            ID = 3,
            Company = "Microsoft",
            Person = "アジュール花子",
            Apartment = "開発部"
        });
        int row = 2;
        foreach( var it in items )                        ⑥
        {
            sh.Cell(row, 1).Value = it.ID;                ⑦
            sh.Cell(row, 2).Value = it.Company;
            sh.Cell(row, 3).Value = it.Person;
            sh.Cell(row, 4).Value = it.Apartment;
            row++;
        }
        var path = @"c:¥azfunc¥sample_output.xlsx";       ⑧
        wb.SaveAs(path);                                  ⑨
    }
}
public class AddressBook                                  ⑩
{
    public int ID { get; set; }
    public string Company { get; set; }
    public string Person { get; set; }
    public string Apartment { get; set; }
}
```

①ファイルに書き出すGoWriteメソッドを追加します。

②テンプレートとなるExcelファイル名は、読者の環境に合わせて調節してください。

③テンプレートのExcelファイルを読み込み専用でオープンします。

④最初のシートを書き込み対象とします。

⑤後述するAddressBookクラスを使って、帳票に出力するリストを作ります。

⑥データを1つずつ処理します。

⑦行単位で、データをシートに書き込んでいきます。

⑧Excel型式で保存するファイル名を指定します。このファイル名はテンプレートのファイル名とは異なるようにします。

⑨ファイルに保存します。

⑩データを格納するためのAddressBookクラスです。このクラスはデータベースのテーブルに対応する値クラスになります。

　MainからGoWriteメソッドを呼び出すように修正して、実際に試してみましょう。適当なテンプレートファイルtemplate.xlsxファイルを用意して、コマンドプロンプトから「dotnet run」を実行します。テスト用のデータが表形式で出力されていることがわかります（図9-21）。

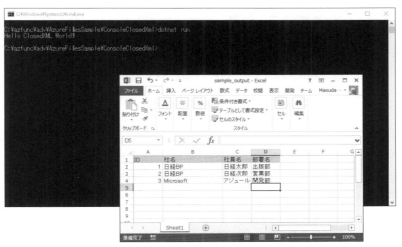

図9-21 テスト実行

9.3.4 HTTPトリガーでExcel読み込み

では、HTTPトリガーのReadReport関数に、Excelファイルを読み込みデータベースに登録する処理を記述しています。最初にAzureFilesSampleプロジェクトに、[NuGetパッケージの管理]でClosedXMLをインストールしておきましょう。

リスト9-10 ReadReport関数

```
using Microsoft.WindowsAzure.Storage;                          ①
using Microsoft.WindowsAzure.Storage.File;
using ClosedXML.Excel;
using System.Linq;
using AzureFilesSample.Models;

[FuncticnName("ReadReport")]
public static async Task<IActionResult> ReadReport(
    [HttpTrigger(AuthorizationLevel.Function,
      "get", "post", Route = null)] HttpRequest req,
    ILogger log)
{
    log.LogInformation("called ReadReport");
    /// upload フォルダーから、帳票ファイルを探す
    CloudStorageAccount storageAccount =                       ②
      CloudStorageAccount.Parse(
      System.Environment.GetEnvironmentVariable(
      "STORAGE_CONNECTION"));
    CloudFileClient fileClient =
      storageAccount.CreateCloudFileClient();
```

332 Asure Functions 入門

```csharp
        CloudFileShare share =
          fileClient.GetShareReference("shared");
        CloudFileDirectory root = share.GetRootDirectoryReference();
        var upload = root.GetDirectoryReference("upload");              ③
        var file = upload.GetFileReference("sample.xlsx");             ④
        var result = "NG";
        if (await file.ExistsAsync())                                 ⑤
        {
            using (var st = await file.OpenReadAsync())               ⑥
            {
                var wb = new XLWorkbook(st);                          ⑦
                var sh = wb.Worksheets.First();
                var id = sh.Cell(1, 2).GetValue<int>();        // ID
                var company = sh.Cell(2, 2).GetString();       // 会社
                var person = sh.Cell(3, 2).GetString();        // 担当者
                var apartment = sh.Cell(4, 2).GetString();     // 部署
                log.LogInformation(
                  $"{id} {company} {person} {apartment}");
                result = $"{id} {company} {person} {apartment}";
                // データベースへの書き込み
                var context = new azuredbContext();                  ⑧
                var item = new AddressBook()                         ⑨
                {
                    Company = company,
                    Person = person,
                    Apartment = apartment
                };
                context.Add(item);                                   ⑩
                context.SaveChanges();
            }
        }
        return new OkObjectResult(result);
}
```

①コーディングに必要な名前空間を指定しておきます。

②ストレージアカウントの接続文字列は、アプリ設定「STORAGE_CONNECTION」で
読み込めるようにしておきます。

③ストレージアカウントから、読み込むフォルダー［shared/upload］を取得します。

④GetFileReferenceメソッドでsample.xlsxファイルのオブジェクトを取得します。

⑤ファイルが存在すれば処理を行います。

⑥読み取り専用で、ファイルをオープンします。

⑦ClosedXMLパッケージの各種オブジェクトを使い、Excelファイルから指定のセルの
データを抜き出します。

⑧データベースに書き込むためのコンテキストを作成します。

⑨Excelから抜き出したデータを使い、AddressBookオブジェクトを作成します。

⑩データを挿入して、データベースにコミットします。

この状態でビルドが正常にできることを確認しておきます。

リスト9-11　`local.settings.json`

```
{
  "IsEncrypted": false,
  "Values": {
    "AzureWebJobsStorage": "UseDevelopmentStorage=true",
    "FUNCTIONS_WORKER_RUNTIME": "dotnet",
    "SQLDB_CONNECTION": "Trusted_Connection=True;database=azuredb⤶
;server=(local)",
    "STORAGE_CONNECTION": "DefaultEndpointsProtocol=https;Account⤶
Name=sampleazfuncfiles;AccountKey=Bx1v7+ADtTJKpsYhD4kbEGpO5R4jiX9⤶
PXWU+ciyFJ4IT8PUW6bJhdMFMwK1EkaWyYMHa6TUfrQ8mxLx8RHIB6g==;⤶
EndpointSuffix=core.windows.net"
  }
}
```

SQL Serverへの接続「SQLDB_CONNECTION」とストレージアカウントへの接続「STORAGE_CONNECTION」の設定を、local.settings.jsonに記述しておきましょう。SQLDB_CONNECTIONは、ローカル環境で動作しているSQL Serverへの接続文字列です。読者の環境に合わせて適宜設定してください。STORAGE_CONNECTIONは、「9.2.1 ストレージアカウントの作成」で取得したものを使います。

設定が終わったら、サンプルデータとなるsample.xlsxをファイルストレージの［shared/upload］フォルダー内に置きます。Visual Studioでデバッグ実行をして、HTTPトリガーのReadReport関数を呼び出します。ブラウザで「http://localhost:7071/api/ReadReport」を開くと、HTTPトリガーが起動します。

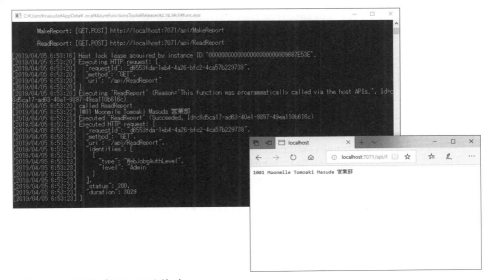

図9-22　実行結果（HTTPトリガー）

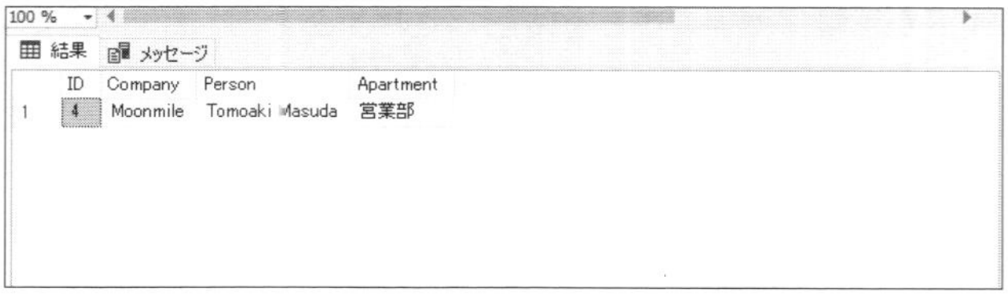

334 Asure Functions 入門

図9-23 実行結果（SSMS）

HTTPトリガーのログ出力とSSMSで「select * from AddressBook」で検索した結果を確認してみましょう。

Excelファイルが読み込み、データを抜き出した後にデータベースのAddresssBookテーブルに書き込まれていることが確認できます。

9.3.5 | HTTPトリガーでExcel書き出し

次に、HTTPトリガーのWriteReport関数に、テンプレートとなるExcelファイルを読み込み、データベースからリストを抽出して帳票ファイルを作る処理を記述していきます（リスト9-12）。

リスト9-12 **WriteReport関数**

```
[FunctionName("MakeReport")]
public static async Task<IActionResult> MakeReport(
    [HttpTrigger(AuthorizationLevel.Function,
    "get", "post", Route = null)] HttpRequest req,
    ILogger log)
{
    log.LogInformation("called MakeReport");
    CloudStorageAccount storageAccount =              ①
      CloudStorageAccount.Parse(
      System.Environment.GetEnvironmentVariable(
      "STORAGE_CONNECTION"));
    CloudFileClient fileClient =
      storageAccount.CreateCloudFileClient();
    CloudFileShare share =
      fileClient.GetShareReference("shared");
    CloudFileDirectory root =
      share.GetRootDirectoryReference();
    var download = root.GetDirectoryReference("download");
    var tempfile =                                    ②
      download.GetFileReference("template.xlsx");
    var filename = "output-" +                        ③
      DateTime.Now.ToString("yyyyMMdd") + ".xlsx";
    var file = download.GetFileReference(filename);   ④
    using (var st = await tempfile.OpenReadAsync())   ⑤
    {
```

```
        var wb = new XLWorkbook(st);                                ⑥
        var sh = wb.Worksheets.First();
            // データベースから読み取る
        var context = new azuredbContext();                         ⑦
        var items = context.AddressBook.ToList();
        int row = 2;
            // Excelに書き込む
        foreach (var it in items)                                   ⑧
        {
            sh.Cell(row, 1).Value = it.ID;
            sh.Cell(row, 2).Value = it.Company;
            sh.Cell(row, 3).Value = it.Person;
            sh.Cell(row, 4).Value = it.Apartment;
            row++;
        }
        var mem = new System.IO.MemoryStream();                     ⑨
        wb.SaveAs(mem);
        mem.Position = 0;
        await file.UploadFromStreamAsync(mem);                      ⑩
    }
    return new OkObjectResult(                                      ⑪
      $"excel download/{filename} success");
}
```


①指定したストレージアカウントに接続します。ReadReport関数と同じように接続文字列は、アプリ設定のlocal.settings.jsonから取得します。
②テンプレートファイルtemplate.xlsxのオブジェクトを取得します。
③出力のためのファイル名を作成します。
④出力先のオブジェクトを作成します。
⑤テンプレートファイルを読み取り専用でオープンします。
⑥ClosedXMLパッケージを使い、最初のシートを書き込み対象にします。
⑦データベースからAddressBookテーブルのデータを取得します。
⑧取得したデータを1行ずつ、Excelに書き込みます。
⑨メモリストリームを媒介にして、ワークブックのデータをファイルに書き出します。
⑩UploadFromStreamAsyncメソッドで、ファイルにデータを保存します。
⑪書き込んだファイル名をレスポンスとして戻します。

この状態でビルドが正常にできることを確認しておきます。

テスト出力のために、SQL ServerにAddressBookテーブルの内容を追加しておきます（図9-24）。

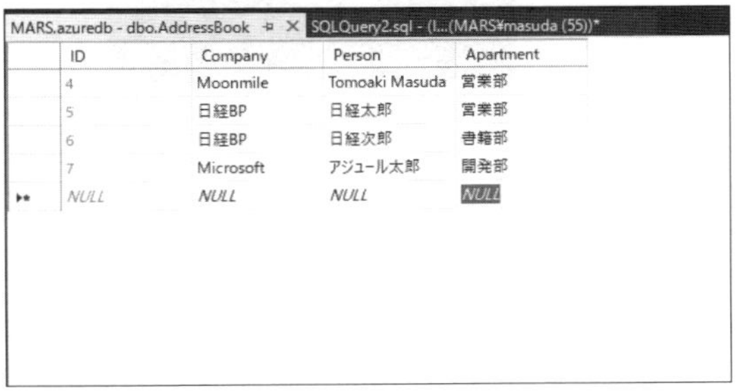

ID	Company	Person	Apartment
4	Moonmile	Tomoaki Masuda	営業部
5	日経BP	日経太郎	営業部
6	日経BP	日経次郎	書籍部
7	Microsoft	アジュール太郎	開発部
NULL	NULL	NULL	NULL

図9-24　AddressBookテーブルの編集

ファイルストレージにテンプレートファイルとなるshared/upload/template.xlsxファイルを作成しておきます。1行目はタイトルで、2行目から表形式で追記されます。

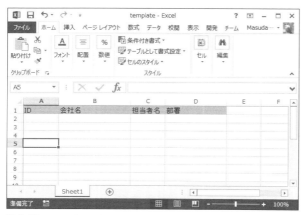

図9-25　template.xlsx

ブラウザで「http://localhost:7071/api/MakeReport」を表示させると、Function AppのMakeReport関数が起動します。[shared/download]フォルダーを見ると、作成済みのExcelファイルが作成されているはずです。データベースの中身が書き出されていることを見比べてください（図9-26）。

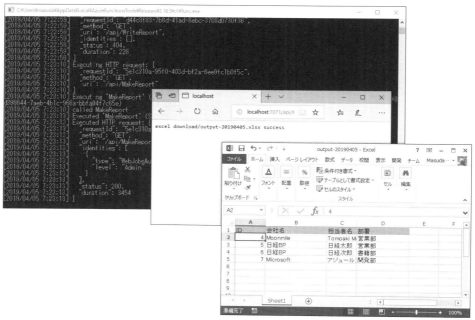

図9-26　実行結果

9.4 検証

ブラウザでの多数の入力を、Excelなどを使った入力ファイルに変更すると、ユーザーがローカルPCでじっくりと項目を入れることができます。ブラウザでの入力時とは異なり、セッション切れを気にすることもなくなります。

しかし、入力専用のExcelファイルを用意したとしても、いくつかの問題がでてきます。ブラウザ入力とは異なる点を具体的に確認してみましょう。

9.4.1 ファイルをアップロードせずに確認通知でエラー

最初はアップロードするファイルを忘れたまま、アップロードの完了通知を送ったときのパターンを試してみましょう。完了通知は、AzureFilesSampleプロジェクトのReadReport関数を呼び出すようにします。

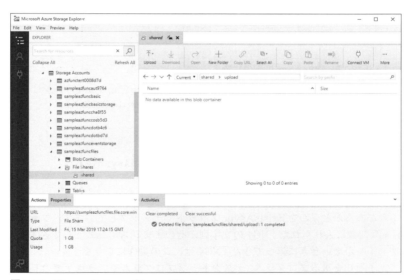

図9-27　Microsoft Azure Storage Explorer

参照先のファイルストレージsampleazfuncfilesの[shared/upload]フォルダーの中身を空にしておきます。ここでは、Microsoft Azure Storage Explorerを使い、アップロードのときに試したsample.xlsxファイルを削除しました。

この状態でブラウザから「http://localhost:7071/api/ReadReport」を呼び出してみましょう。

動作結果は、ReadReport関数は正常終了し、ブラウザには「NG」という文字列が返ってきます（図9-28）。

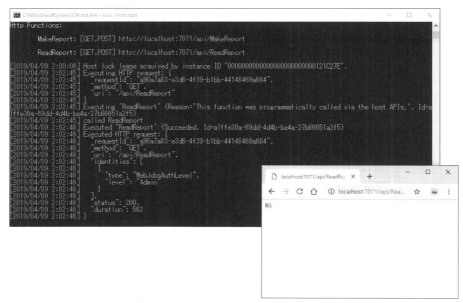

図9-28　HTTPトリガーで「NG」

リスト9-13　**ReadReport**関数の抜粋

```
var upload = root.GetDirectoryReference("upload");
var file = upload.GetFileReference("sample.xlsx");
var result = "NG";
if (await file.ExistsAsync())
{
    using (var st = await file.OpenReadAsync())
```

　ReadReport関数では、アップロード対象のファイルをsample.xlsxと固定して、このファイルがあるかどうかをExistsAsyncメソッドでチェックしています。ファイルがない場合は、result変数に入れられた「NG」の文字列がそのままレスポンスとして返すようにしています。ファイルがないときに返ってきた「NG」は、この動作になります。

　完了通知を送るプログラム（デスクトッププログラムやブラウザでのJavaScript）は、指定したURLのレスポンスを確認して、アップロードがうまくいかなかった（この場合は対象のファイルがなかった）ことを知ることができます。

9.4.2　異なる形式のファイルをアップロードして確認通知でエラー

　次は、間違ったファイル形式でアップロードした場合を確認してみましょう。通常ならばExcelファイル形式で送ると思われますが、何らかのミスで中身はテキスト形式のままで拡張子だけ「.xlsx」にしたファイルを送ったと想定しましょう。ユーザーのファイル形式のミスや、配布したExcelファイルが壊れていた場合、あるいは悪意あるユーザーが拡張子を変えて

アップロードした場合を考えています。

適当なテキストファイルを用意して、拡張子だけ「.xlsx」にして［upload］フォルダーに置きます。この状態で、ブラウザから「http://localhost:7071/api/ReadReport」を呼び出してみます。

図9-29　ReadReport関数でエラー発生

エラーの詳細は追いませんが、おそらくClosedXMLパッケージのXLWorkbookクラスの生成時に、OpenXML形式でなかったためにファイルが読み込めなかったことが想像できます（図9-29、リスト9-14）。

リスト9-14　ReadReport関数の抜粋

```
var result = "NG";
if (await file.ExistsAsync())
{
    using (var st = await file.OpenReadAsync())
    {
        var wb = new XLWorkbook(st);
        var sh = wb.Worksheets.First();
```

これは例外をキャッチして、ファイルがなかったときと同じように「NG」を返すように修正するとよいでしょう。あるいは、ファイルがなかったときとファイル形式が間違っていたときをクライアントのプログラムで区別できるように、独自のエラー値やメッセージを返してもいいかもしれません。

9.4.3 入力ミスで確認通知エラー

もう1つのパターンは、提出するExcelファイルの形式は正しいものの、内容が間違っている場合です。

図9-30　IDが文字列になっている

sample.xlsxファイルの「ID」の項目は数値を想定していますが、文字列を入れた場合を試してみます。

入力に慣れている提出者であれば項目の説明がなくても正しく入力できるかもしれませんが、入力する人が初心者であったりベテランでもミス入力してしまったりすることが考えらえます。

図9-31　ReadReport関数でエラー発生

前回と同じようにReadReport関数でエラーが出ていますが、メッセージが異なります（図9-31）。 Excelのセルから「ID」の項目「Cell(1, 2)」を読み取っていますが、ここでint型にキャストできずに例外が発生しています（リスト9-15）。

リスト9-15　ReadReport関数の抜粋

```
var wb = new XLWorkbook(st);
var sh = wb.Worksheets.First();
var id = sh.Cell(1, 2).GetValue<int>();        // ID
var company = sh.Cell(2, 2).GetString();       // 会社
var person = sh.Cell(3, 2).GetString();        // 担当者
var apartment = sh.Cell(4, 2).GetString();     // 部署
log.LogInformation($"{id} {company} {person} {apartment}");
result = $"{id} {company} {person} {apartment}";
// データベースへの書き込み
var context = new azuredbContext();
```

ここでは、項目の読み取り時にエラーが発生していますが、ほかにもデータベースに書き込むときにエラーが発生（文字列の最大長を超える、日付の形式が異なるなど）することも考えられます。

入力項目のエラーに関しては、いくつか方法が考えられます。

- ブラウザ入力のように、Excelの入力時にガードをかける方法
- Excelから読み取るときに、項目チェックをする方法
- データベースに書き込む直前で項目チェックをする方法

セキュリティを高度に保つためには、上記の3つの方法をすべてチェックすることが望まれますが、実際に使うユーザー（社内だけの限られたユーザー、選任の入力するユーザー、不特定の一般ユーザーなど）を想定して、項目チェックを考えてみてください。

9.5 | 応用

今回の例では、アップロードするファイルが比較的小さいExcelファイルを扱いましたが、ファイルストレージではもっと大きなファイルでも扱えます。

ブラウザではアップロードに時間がかかってしまう場合でも、ファイルストレージを媒介すれば、アップロードの途中でブラウザを誤って閉じてしまい最初から作業をやり直さなければならないという事態を避けられます。

9.5.1 | 動画を転送してから完了通知

サーバーに動画ファイルを転送するパターンを考えてみましょう。

最近の光回線のような高速なネットワークでも、動画のアップロードには比較的時間がかかります。アップロードする回線が高速でない場合やWi-Fiによる無線LANの場合もあるでしょう。

さらに応用を考えるならば、IoT機器からの画像転送を考えると、CPUやネットワーク回線が貧弱な状態でも安定的に画像データや動画データをサーバーへ送る仕組みが欲しいところでしょう。

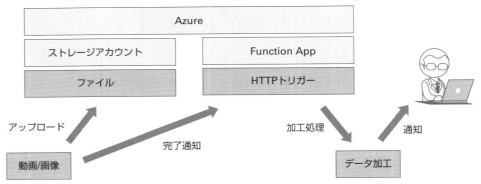

図9-32　遅い回線でのファイルアップロード

アップロード回線が遅い場合、データそのものが回線を占有してしまう問題もありますが、エラーによるリトライによる回線負荷が高まる危険もあります。アップロードでエラーが累積しまい、何度もリトライしてしまうことにより、さらに回線の負荷が高まってしまう悪いスパイラルに陥ってしまいます。

これを避けるために、IoT機器からアップロードする時間を変えたり、比較的回線が空いている夜間にデータ転送したりする例が考えられます（図9-32）。

9.5.2　複数のファイルを転送してからデータ加工

アップロードするファイルが複数あるパターンを考えてみましょう。

複数の画像や動画ファイルをアップロードして、加工をしてからユーザーに通知するシステムを考えます。ファイルのアップロードにはそれなりに時間がかかるでしょうし、データの加工にも時間がかかるでしょう。複数のファイルをアップロードする場合、選択するファイルの数にもよりますが、データを受信するHTTPトリガーでは処理時間が足りないことがあります。

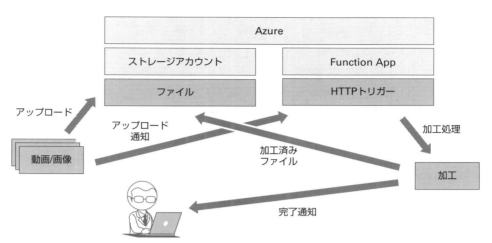

図9-33　複数ファイルのアップロード

　図9-33の例では、複数ファイルのアップロード先をファイルストレージにしています。加工で使うファイルがアップロードし終わったら、HTTPトリガーのほうに「アップロード通知」を送るようにします。
　データの加工処理も非同期で行われ、加工済みのファイルがファイルストレージに置かれた後にユーザーに完了通知が送られます。
　加工データは、データベースから検索した結果でもよいでしょう。ファイルストレージを直接アクセスしなくても、加工ファイルの保存先のURLをユーザーにメールで通知してもよいでしょう。
　このように大きなファイルを扱う部分を非同期処理にすることによって、ユーザーの待ち時間やエラーによるリトライを減らすことが可能です。特にリトライを減らすことは、システムのスループットを上げることに役に立ちます。

第10章 プッシュ通信

プッシュ通知は、Azure Notification Hubsを使って実現します。Notification Hubでは、インターフェイスが異なる各社のプッシュ通知を統一的に扱うことが可能です。それぞれのプッシュ通知インターフェイスをアプリで呼び出すのではなく、あらかじめNotification Hubに通知の設定を登録しておきます。

10.1 | イントロダクション

プッシュ通信は、スマホやPC（Windows 10）などにサーバーから通知ができる機能です。サーバーからの情報をプログラミングでポーリング（周期的なチェック）する必要はなく、サーバー側から直接スマホやPCに通知が送られます。

Azureでは、プッシュ通知をNotification Hubsで実現します。あらかじめ各社（Apple、Google、Microsoftなど）の通知元の設定を設定しておくことで、それぞれのOS（iOS、macOS、Android、Windows 10など）のアプリケーションに通知が送れるようになります。

10.1.1 | プッシュ機能とNotification Hubの関係

スマートフォンへのプッシュ通知は非常に便利なものです。スマホを使っているとバックグラウンドで、ニュースの速報やアプリの新着通知などが届きます。通知は、ユーザー側から制御もでき、通知されたときに音を鳴らすことやメニューなどの表示が選べます。ユーザーからみたプッシュ通知は、自分のためだけに送ってくるメッセージのように見えますが、システムの側から見れば、アプリが登録されている数万の端末に一斉に通知を送っています。アプリは、iPhoneやAndroid、Windows 10など、さまざまな端末で動作しています。それらの端末に一斉に通知にするのはなかなか大変なものです。

プッシュ機能は、プラットフォーム通知システム（Platform Notification System）を使って送ることができますが、このメッセージを配信するシステムはインターフェイスが統一されていません。iPhoneへの通知ならばApple Push Notification Service（APNS）、Android

への通知ならばFirebase Cloud Messaging（FCM）、Windows 10への通知ならばWindows通知サービス（WNS）を操作する必要があり、各端末に一斉に通知を行おうとしても、それぞれのインターフェイスを利用することになって、開発が大変です。

図10-1　Notification Hub

　これらのプッシュ機能を持つサービスをひとまとめにして、クロスプラットフォームをまたがってプッシュ通知できる仕組みをAzure Notification Hubsは備えています。左のメニューある設定カテゴリには、

- Apple（APNS）
- Google（GCM/FCM）
- Windows（WNS）
- Windows Phone（MPNS）
- Amazon（ADM）
- Baidu（Android China）

が並んでいます。これらで、各プラットフォームで異なるプッシュ通知の設定を行っておきます。そして、このNotification Hubに対してアクションを行うことで、端末に対する一斉通知が実現できます。

　Notification Hubが、各社の違いを吸収してくれるので、プッシュ通知を送るプログラムは、Microsoft.Azure.NotificationHubs.NotificationHubClientクラスを使うだけで済みます。

10.1.2 HTTPトリガーとプッシュ通知

この章ではプッシュ通知をFunction Appから呼び出して実験してみましょう。通知の受信は、Windows 10で確認できるUWPアプリを使います。

実験を行うためのプログラムと設定は4つです。

- プッシュ通知を送信するためのHTTPトリガー
- プッシュ通知を受信するためのUWPアプリ
- プッシュ通知を媒介するNotification Hub
- HTTFトリガーを呼び出すためのWPFアプリ

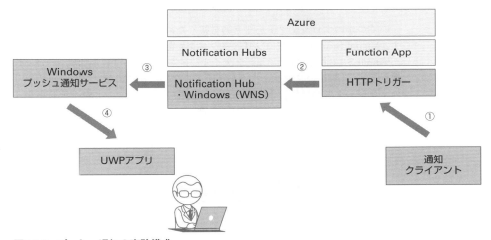

図10-2　プッシュ通知の実験構成

①通知クライアント（WPFアプリ）から通知メッセージを設定して、HTTPトリガーを呼び出します。
②HTTPトリガーは、あらかじめ作成されているNotification Hubに対してメッセージを送ります。
③Notification Hubは、設定済みのプラットフォーム通知システムにそれぞれに対して通知を送ります。ここでは、Windows（WNS）に送信をします。
④メッセージを受けたWindowsプッシュ通知サービス（WNS）が、UWPアプリにメッセージを送ります。

ここでは、1つのUWPアプリしか起動していませんが、複数のPCでUWPアプリを起動しておくことで一斉通知の様子が確認できます。通知されたメッセージはWindows 10のトースト機能を伺い、ユーザーに表示されます。この通知はユーザーにより制御ができるため、ユーザーの設定によってメッセージの非表示や表示位置を設定できます。

10.2 下準備

プッシュ通知の動作を確認するための環境を整えていきましょう。通知先のUWPアプリ、Notification Hubの作成と設定、HTTPトリガー、通知するためのWPFクライアントの順番でアプリケーションのひな形を作っていきます。

UWPアプリを発行したときのSIDなどを転記していくので、注意しながら作っていきましょう。

10.2.1 NotificationHubSampleソリューションの作成

いくつかのプロジェクトをまとめて扱うため、Visual Studioでソリューションを作成します。Visual Studioで［空のソリューション］を使って作ります。

Visual Studioを起動して、［ファイル］メニューから［新規作成］→［プロジェクト］を選択します。［新しいプロジェクト］ダイアログで、左側のテンプレートのツリーから［その他のプロジェクトの種類］→［Visual Studio ソリューション］を選択します。テンプレートのリストから［空のソリューション］を選択して、名前を入力してください。ここでは名前に「NotificationHubSample」と入力しています（図10-3）。

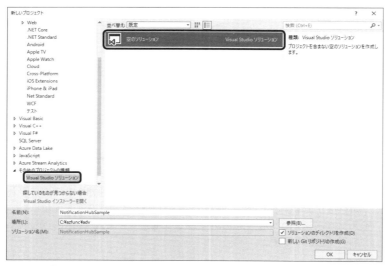

図10-3　［新しいプロジェクト］ダイアログ

［OK］ボタンをクリックすると、ソリューションファイルが作成されます。

10.2.2 通知先のUWPアプリの作成

空のソリューションができたら、UWPアプリケーションのプロジェクトを追加します。
ソリューションエクスプローラーでソリューション名を右クリックして、［追加］→［新しいプロジェクト］を選択します。

［新しいプロジェクト］ダイアログで、左側のテンプレートのツリーから［Visual C#］→［Windowsユニバーサル］を選択します。プロジェクトテンプレートのリストから［空白のアプリ（ユニバーサル Windows）］を選択して、プロジェクト名を入力してください。ここでは名前に「NotificationHubSampleTest」と入力しています（図10-4）。

図10-4　新しいプロジェクト

通常ならば、UWPアプリのUIやコードを記述するところですが、今回はプッシュ通知の検証に使うだけなので、画面は真っ白のままで使います。

10.2.3 UWPアプリを発行

Notification HubからWindowsプッシュ通知サービスを使うためには、通知先のパッケージSIDが必要です。

パッケージSIDを取得するため、UWPアプリをWindows Storeに仮登録します。この仮登録は一時的に登録するものなので、実際にはWindows Storeには表示されません。ただし、UWPアプリをWindows Storeに登録するためには、「開発者アカウント」が必要になります。開発者アカウントの詳細については、「Windowsストアの登録（https://developer.microsoft.com/ja-jp/store/register）」を参照してください。

NotificationHubSampleTestプロジェクトを右クリックして、［ストア］→［アプリケーショ

ンをストアと関連付ける]を選択します。

　[アプリケーション名を選択]のページで、[新しいアプリケーション名の予約]でユニークな名前を入力し、[予約]ボタンをクリックします（図10-5）。正常に予約ができたら、既存のアプリケーション名の一覧から関連付けるアプリケーション名を選択します。ここでは、「NotificationHubSampleApp」という名前で予約をしたあとに、アプリ名を選択しています。

図10-5　アプリケーションをWindowsストアと関連付ける

　Windowsストアのパートナーセンター（https://partner.microsoft.com）を見ると、正常にアプリケーションが予約登録されていることがわかります（図10-6）。

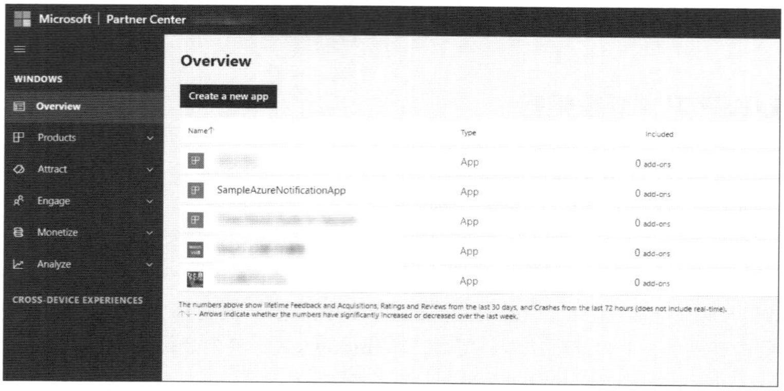

図10-6　パートナーセンター

10.2.4 Live SDKアプリケーションからSIDを取得

UWPアプリケーションからプッシュ通知を扱えるように、Applicaiton Registration Portal（https://apps.dev.microsoft.com/）からパッケージSIDとアプリケーションシークレットを取得しておきます。

Applicaiton Registration Portalにアクセスすると、Windowsストアのパートナーセンターで登録されているアプリの一覧が「Live SDK アプリケーション」のリストに表示されています（図10-7）。

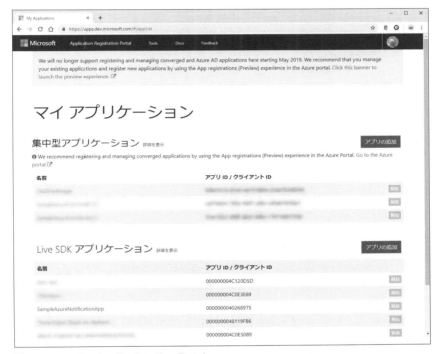

図10-7　Application Registration Portal

ここで目的のアプリ（「NotificationHubSampleApp」など）をクリックして、アプリケーションシークレットとパッケージSIDを取得します（図10-8）。

アプリケーションシークレットは、再発行が可能です。

図10-8　SampleAzureNotificationApp 登録

パッケージSIDは、リスト10-1のように「ms-app://」で始まるユニークな文字列で取得できます。

リスト10-1　パッケージSID

```
ms-app://s-1-15-2-2832168379-3216514399-2122670391-1819935680-⤵
2005245197-2327059991-2070837045
```

このアプリケーションシークレットとパッケージSIDを、後で作成するNotification Hubに設定します。漏洩や定期変更などでアプリケーションシークレットを再発行したときは、Notification Hub側の設定も変更します。

10.2.5　Notification Hubを作成

各種のプッシュ通知をまとめて扱うNotification Hubを作成します。Notification HubはIoT Hubと同じように、Notification Hubs名前空間の中にNotification Hubがあります。

Azure Portalで左のメニューから［＋リソースの作成］をクリックします。「Marketplaceの検索」の欄に「Notification Hub」と入力して検索します。表示されたら、［作成］をクリックします（図10-9）。

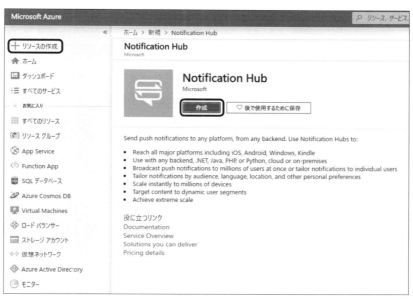

図10-9 リソースの追加

表示された画面で、[Notification Hub]にはNotification Hubの名前を入力します。ここでは「samplze-azfunc-notification」としています。この名前はNotification Hubs名前空間内でユニークであれば何でもかまいません。

[Create a new namespace]では、Notification Hubs名前空間を指定します。これはサブドメインで使われるためにユニークになるように設定します。「azfuncnotification」の場合は「azfuncnotification.servicebus.windows.net」というサブドメイン名になります。

[場所]と[リソースグループ]を設定して[作成]ボタンをクリックし、Notification Hubを作成します(図10-10)。

図10-10 Notification Hubの作成

リソースの作成が終わると、Notification Hubを開くことができます（図10-11）。

図10-11　Notification Hub

　Notification Hubs名前空間を確認すると、作成したNotification Hubの「samplze-azfunc-notification」がリストに表示されています（図10-12）。別のNotification Hubを追加するときは、ここの名前空間から追加できます。

図10-12　Notification Hubs名前空間

10.2.6　Notification HubにWNSを登録

　作成したNotification HubにWindowsプッシュ通知サービスの設定を追加していきましょう。

　Notification Hubの設定カテゴリで［Windows（WNS）］を選択します（図10-13）。「10.2.4 Live SDKアプリケーションからSIDを取得」で取得したパッケージSID（Package SID）とア

プリケーションシークレット（Security Key）を転記します。［Save］ボタンをクリックして、設定を保存します。

図10-13　Windows（WNS）

これにより、AzureのNotification HubとApplicaiton Registration Portalの設定が結び付いた状態になります。

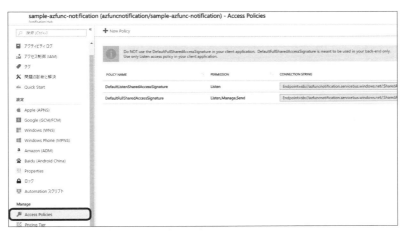

図10-14　アクセスポリシー（Access Policies）

　Notification Hubに接続するためのエンドポイント接続文字列を確認しておきましょう。左のメニューから［Access Policies］をクリックすると、デフォルトで2つのキーが作成されています。
　［DefaultListenSharedAccessSignature］は、通知を受信するクライアントアプリで設定するキーです。今回はプッシュ通知を受けるUWPアプリに設定します。

［DefaultFullSharedAccessSignature］は、フルアクセスのキーでバックエンドのアプリケーションでのみ使います。ここではFunction AppのHTTPトリガーで利用します。

10.2.7　HTTPトリガーを作成

Visual Studioに戻り、Notification Hubのメッセージを送信するHTTPトリガーを作成しましょう。

Visual Studioを起動して、ソリューションを右クリックして［追加］→［プロジェクト］を選択します。［新しいプロジェクト］ダイアログで、左側のテンプレートのツリーから［Visual C#］→［Cloud］を選択します。プロジェクトテンプレートのリストから［Azure Functions］を選択して、プロジェクト名を入力してください。ここでは名前に「NotificationHubSample」と入力しています（図10-15）。

図10-15　［新しいプロジェクト］ダイアログ

図10-16　トリガーの選択

第**10**章　プッシュ通信　**357**

　[OK] ボタンをクリックすると、トリガーを選択するダイアログが表示されます。
　テンプレートとなるトリガーでは [Http trigger] のアイコンを選んで [OK] ボタンをクリックします（図10-16）。[ストレージアカウント]は[ストレージエミュレーター]、[Access Rignts（アクセス認証）] は [Function] のままにしておきます。

リスト10-2　**HTTP**トリガーのひな形

```
public static class Function1
{
    [FunctionName("FuncPush")]                              ①
    public static async Task<IActionResult> Run(
        [HttpTrigger(AuthorizationLevel.Function,
        "post", Route = null)] HttpRequest req,            ②
        ILogger log)
    {
        log.LogInformation("called FuncPush.");            ③
        return new OkObjectResult("ok");                   ④
    }
}
```

　後でコード修正が楽になるように、ひな形を書き換えておきます（リスト10-2）。

①関数名を「FuncPush」に変更します。
②HTTPトリガーで、POSTメソッドのみ受け入れることにします。
③関数が呼び出されたときのログ出力です。
④HTTPトリガーの戻り値を変更しておきます。

リスト10-3　`local.settings.json`

```
{
  "IsEncrypted": false,
  "Values": {
    "AzureWebJobsStorage": "UseDevelopmentStorage=true",
    "FUNCTIONS_WORKER_RUNTIME": "dotnet",
    "NOTIFICATIONHUB_CONNECTION": "Endpoint=sb://azfuncnotifi➜
cation.servicebus.windows.net/;SharedAccessKeyName=DefaultFull➜
SharedAccessSignature;SharedAccessKey=w+5xR48yY8DxGJ2R3zPYBWCw➜
KPZnL65fjohLeN83CG4="
  }
}
```

　「10.2.6 Notification HubにWNSを登録」で取得したアクセスキーを使って、Notification Hubにメッセージを送信するための設定をしておきます（リスト10-3）。local.settings.jsonファイルを開き、「NOTIFICATIONHUB_CONNECTION」キーを追加します。このキーの値として、Notification Hubのアクセスキーの「DefaultFullSharedAccessSignature」に書かれていた接続文字列を設定します。

10.2.8 WPFクライアントを作成

デスクトップからHTTPトリガーを呼び出すWPFクライアントの作成は、第7章で作ったものを再利用しましょう。「7.3.4 デスクトップクライアントを作成」で作成したHttpSampleClientプロジェクトを、NotificationHubSampleソリューションのフォルダーへコピーします。

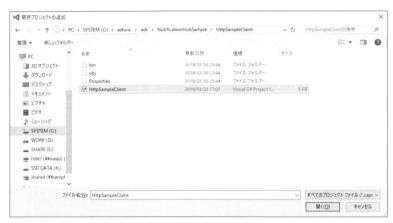

図10-17　[既存のプロジェクトの追加]ダイアログ

ソリューションを右クリックして、[追加]→[既存のプロジェクト]を選択し、[既存のプロジェクトの追加]ダイアログでコピーしたいHttpSampleClientプロジェクトをリストから選択します（図10-17）。

[開く]ボタンをクリックすると、ソリューションにプロジェクトが追加されます。コーディングの時点で、送信ボタンをクリックしたときのコードなどを書き替えていきましょう。

10.3 コーディング

Visual Studioで作成したひな形を使ってコーディングをしていきましょう。プッシュ通知の受信テストをやりやすくするため、通知先のUWPアプリから作成しましょう。

10.3.1 UWPアプリで通知を受信

最初にプッシュ通知を受信するUWPアプリを作ります。UWPアプリでプッシュ通知を受けるには、PushNotificationChannelManagerクラスを使いAzureのNotification Hubに対して登録（レジストレーション）を行います。

図10-18　NuGetで「WindowsAzure.Messaging.Managed」を追加

　プロジェクトを右クリックして［NuGetパッケージの管理］を選択して、「WindowsAzure.Messaging.Managed」のパッケージをインストールします（図10-18）。このパッケージは、PushNotificationChannelManagerクラスを使って、Azure Notification Hubsから通知を受けるためのパッケージです。
　NotificationHubTestプロジェクトのApp.xaml.csファイルに、Notification Hubへの登録を行う処理を追加します（リスト10-4）。

リスト10-4　**App.xaml.cs**

```
using Windows.Networking.PushNotifications;                        ①
using Microsoft.WindowsAzure.Messaging;
using Windows.UI.Popups;

protected override void OnLaunched(LaunchActivatedEventArgs e)
{
    /// Notification Hubへ登録
    InitNotificationsAsync();                                      ②

    Frame rootFrame = Window.Current.Content as Frame;
// 省略
}
private async void InitNotificationsAsync()                        ③
{
    var channel = await PushNotificationChannelManager
        .CreatePushNotificationChannelForApplicationAsync();       ④
    var hub = new NotificationHub(                                 ⑤
        "sample-azfunc-notification",
        "Endpoint=sb://azfuncnotification.servicebus.windows.net/;⤶
SharedAccessKeyName=DefaultListenSharedAccessSignature;Shared⤶
AccessKey=5IcyyyWuD8TtwzOzRx7Z8pDvfJgQFOIalvPvfNTEvGI=");
    var result = await hub.RegisterNativeAsync(channel.Uri);       ⑥
    // Displays the registration ID so you know it was successful
    if (result.RegistrationId != null)                             ⑦
```

```
        {
            var dialog = new MessageDialog(
              "Registration successful: " +
              result.RegistrationId);
            dialog.Commands.Add(new UICommand("OK"));
            await dialog.ShowAsync();
        }
    }
```

①PushNotificationChannelManagerクラスを利用するための名前空間を登録しておきます。
②Notification Hubへの登録はUWPアプリが起動したときに行います。UWPアプリでは起動時にOnLaunchedメソッドが呼ばれるため、このメソッドの先頭でNotification Hubへの登録を行います。登録のためのInitNotificationsAsyncメソッドを呼び出しています。
③Notification Hubへ登録するためのNotification Hubメソッドを作成します。
④プッシュ通知のチャンネルを作成します。
⑤NotificationHubクラスのコンストラクターで、Notification Hubの名前とエンドポイントを指定してハブオブジェクトを作成します。エンドポイントの接続文字列は、「10.2.5 Notification Hubを作成」で取得したものです。
⑥Notification Hubとのチャンネルを開きます。
⑦正常にチャンネルが開けたときには、RegistrationIdにIDとなる文字列が入ります。これをメッセージボックスで表示しています。実際の運用ではユーザーに表示する必要はありません。

　UWPアプリの起動時に登録すると、このアプリがインストールされている間プッシュ通知を受けられます。
　では、Azure Portalを利用してプッシュ通知を試してみましょう。Visual StudioでNotificationHubTestプロジェクトを実行して、UWPアプリを登録します。このとき、UWP

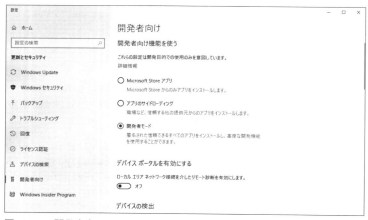

図10-19　開発者向けモード

アプリを登録するためには「開発者モード」が必要になります。

Windows 10の［設定］で［更新とセキュリティ］→［開発者向け］を開き、［開発者向け機能を使う］のオプションを［開発者モード］にします（図10-19）。Visual Studioを使ってWindows 10へUWPアプリへの登録が可能になります。

図10-20　デバッグ実行時のエラー

ローカルコンピューターでの実行時にエラーが出るときがあります（図10-20）。これはUWPアプリの実行時に、［配置］がデフォルトでは［無効］になっているためです。

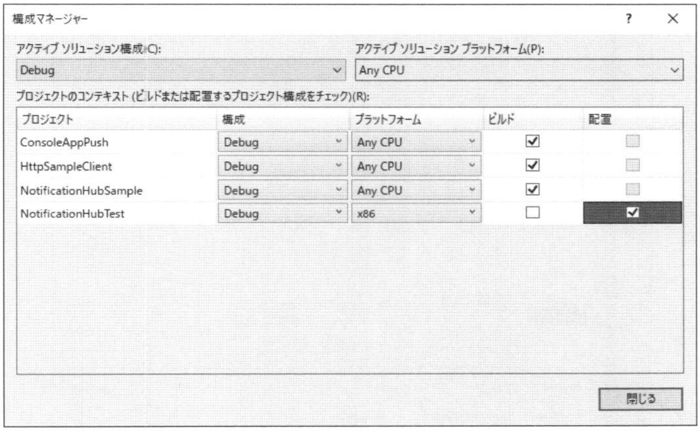

図10-21　構成マネージャー

このようなときは、［ビルド］メニューから［構成マネージャー］を選択し、NotificationHubTestプロジェクトの［配置］にチェックを入れます（図10-21）。これで、ローカルコンピューターでのデバッグ実行時に自動的に配置が行われます。

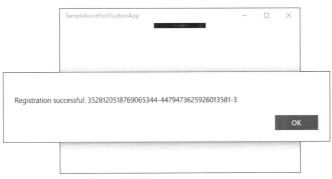

図10-22　チャンネル登録の成功

うまくNotification Hubとのチャンネルが開けると、図10-22のようにRegistrationIdプロパティの値が表示されます。メッセージが出なかったときは、NotificationHubオブジェクトを作成するときに指定した「Notification Hubの名前」と「エンドポイントの接続文字列」を再確認してください。

そのままメッセージダイアログを閉じて、アプリケーションを終わらせます。

図10-23　Notification HubのTest Send

ブラウザでAzure Portalを開き、作成したNotification Hub（ここではsample-azure-notificadtion）からテストメッセージを送ります。

左のメニューから［サポート＋トラブルシューティング］カテゴリにある［Test Send］を選択すると、Azure Portalからテスト用のメッセージを送ることができます（図10-23）。

［プラットフォーム（Platforms）］で［Windows］を選び、［通知タイプ（Notificatin Type）］では［Toast］を選択します。

［ペイロード（payload）］は、送信するデータです。

リスト10-5　**Payload**

```
<?xml version="1.0" encoding="utf-8"?>
<toast>
<visual><binding template="ToastText01">
<text id="1">Test message</text>
</binding>
</visual>
</toast>
```

Windows 10のトースト（Toast）のフォーマットはXML形式になっています（リスト10-5）。詳しいトーストのフォーマットは「トーストのコンテンツ（https://docs.microsoft.com/ja-jp/windows/uwp/design/shell/tiles-and-notifications/adaptive-interactive-toasts）」を参照してください。

メッセージはそのままにして［Send］ボタンをクリックしてみましょう。

ローカルのWindows 10に通知が表示されます（図10-24）。メッセージやトーストのフォーマットはいろいろと変更できるので試してみてください。

図10-24　通知

Test messageの左側にある「×」は、UWPアプリのデフォルトのアイコンです。UWPアプリのパッケージマニフェストにあるビジュアル資産を適切に変更することによって、このアイコンを変更できます。

通知のチャンネルはUWPアプリをアンインストールすることで閉じられます。

10.3.2　HTTPトリガーでプッシュ通知を送信

Notification Hubから直接UWPアプリにプッシュ通知を送ることができたので、次はHTTPトリガーからNotification Hubを通してプッシュ通知を送ってみましょう。

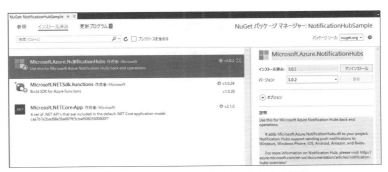

図10-25　NuGetで「Microsoft.Azure.NotificationHubs」を追加

［NuGetパッケージの管理］で「Microsoft.Azure.NotificationHubs」を追加します（図10-25）。このパッケージでは、NotificationHubClientクラスを使い、Notification Hubへメッセージを送ります。

364 Asure Functions入門

　次に、HTTPトリガーが記述されているNotificationHubSampleプロジェクトのFunction1.
csファイルを編集します（リスト10-6）。

リスト10-6　**Function1.cs**

```
using Microsoft.Azure.NotificationHubs;                               ①

public static class Function1
{
    [FunctionName("FuncPush")]
    public static async Task<IActionResult> Run(
        [HttpTrigger(AuthorizationLevel.Function,
        "post", Route = null)] HttpRequest req,
        ILogger log)
    {
        log.LogInformation("called FuncPush.");
        // POSTデータからパラメーターを取得                           ②
        string requestBody =
          await new StreamReader(req.Body).ReadToEndAsync();
        dynamic data =
          JsonConvert.DeserializeObject(requestBody);
        string name = data?.name;
        string message = data?.message;
        var connectionString =                                       ③
            System.Environment.GetEnvironmentVariable(
            "NOTIFICATIONHUB_CONNECTION");
        var hub = NotificationHubClient                              ④
          .CreateClientFromConnectionString(
              connectionString,
              "sample-azfunc-notification");
        var toast = @"                                               ⑤
<toast>
    <visual>
        <binding template=""ToastText01"">
            <text id=""1"">" +
                $"from {name} : {message}" + @"
            </text>
        </binding>
    </visual>
</toast>";
        var outcome =                                                ⑥
          await hub.SendWindowsNativeNotificationAsync(toast);
        return new OkObjectResult(                                   ⑦
          $"send message : {message}");
    }
}
```

①NotificationHubClientクラスを使うための名前空間を指定します。
②POSTメソッドのデータからパラメーターを取り出します。JSON形式でnameキーとmessageキーの値を取得します。
③Notification Hubへの接続文字列は、アプリ設定のNOTIFICATIONHUB_CONNECTIONから取得します。NOTIFICATIONHUB_CONNECTIONの値は、「10.2.7 HTTPトリガーを作成」で設定したNotification Hubへの接続文字列になります。
④接続文字列とNotification Hubの名前（ここでは「sample-azfunc-notification」）からNotificationHubClientオブジェクトを生成します。
⑤変数nameとmessageを使って、トーストのXMLデータを作成します。
⑥SendWindowsNativeNotificationAsyncメソッドでNotification Hubへ通知メッセージを送信します。
⑦HTTPトリガーの呼び出し元に、通知したメッセージを返しています。

　HTTPトリガーのNotificationHubSampleプロジェクトをデバッグ実行して、「http://localhost:7071/api/FuncPush」に対して、Advanced REST ClientなどでPOSTデータを送ってみましょう（図10-26、リスト10-7）。

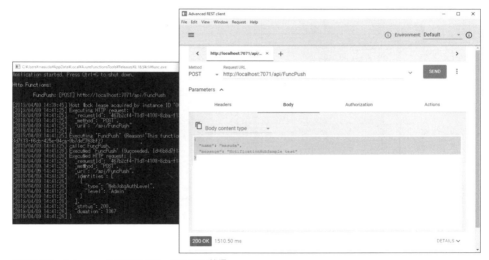

図10-26　Advanced REST Clientによる送信

リスト10-7　POSTしたデータ

```
{
  "name": "masuda",
  "message": "NotificationHubSample test"
}
```

　Advanced REST ClientからHTTPトリガーにPOSTしたデータが、Notification Hubを経由して、Windows 10のUWPアプリに通知されています（図10-27）。

図10-27　通知の結果

名前（name）やメッセージ（message）を変えて、何度か試してみてください。

10.3.3　WPFアプリでプッシュ通知を送信

実運用や検証環境では、HTTPトリガーの起動はデスクトップクライアントを使ったほうが便利でしょう。最後にWPFアプリケーションからプッシュ通知を送る仕組みを完成させます。

Visual StudioでHttpSampleClientプロジェクトを開いてコードを修正します（リスト10-8）。

WPFアプリのデザインを［送信］ボタンと2つのテキストボックスだけに変更します（図10-28）。

図10-28　WPFアプリのデザイン

リスト10-8　**MainWindow.xaml**

```
<Grid>
    <Grid.ColumnDefinitions>
        <ColumnDefinition Width="1*"/>
        <ColumnDefinition Width="1*"/>
    </Grid.ColumnDefinitions>
    <Grid.RowDefinitions>
        <RowDefinition Height="40"/>
        <RowDefinition Height="40"/>
        <RowDefinition Height="*"/>
    </Grid.RowDefinitions>
    <Button Content="送信" Click="clickSend" />                         ①
```

```xml
        <TextBox Text="{Binding Name}"
            Grid.Row="1" Grid.Column="0" />          ②
      <TextBox Text="{Binding Message}"               ③
            Grid.Row="1" Grid.Column="1" />
</Grid>
```

①プッシュ通信を送るための［送信］ボタンです。クリックしたときにclickSendメソッドを呼び出します。
②名前を指定するためのテキストボックスです。
③メッセージを指定するためのテキストボックスです。

リスト10-9 **ViewModel.cs**

```
public class ViewModel : ObservableObject
{
    public string Name { get; set; }
    public string Message { get; set; }
}
```

ViewModelクラスもシンプルに、NameプロパティとMessageプロパティだけのクラスに編集します（10-9）。

リスト10-10 **MainWindow.xaml.cs**

```
using System.Net.Http;                                            ①

private async void clickSend(object sender, RoutedEventArgs e)
{
    var URL = "http://localhost:7071/api/FuncPush";               ②
    var cl = new HttpClient();
    var content = new StringContent(                              ③
        $"{{ name:¥"{_vm.Name}¥", message:¥"{_vm.Message}¥" }}");
    var res = await cl.PostAsync(URL, content);                   ④
    var result = await res.Content.ReadAsStringAsync();           ⑤
    MessageBox.Show(result);
}
```

①HttpClientクラスを使うためにSystem.Net.Http名前空間を利用します。
②プッシュ通知を送るHTTPトリガーのURLです。実際にはAzure上にデプロイしたときのURLを使います。
③送信するJSON形式のデータを作ります。
④指定したURLへPOSTメソッドで送信します。
⑤レスポンスデータを文字列に変換して、メッセージボックスで表示しています。

　WPFアプリをビルドしてエラーが出ないことを確認しておきましょう。今回はWPFアプリ（HttpSampleClientプロジェクト）とHTTPトリガー（NotificationHubSampleプロジェク

ト）を同時に動かす必要があります。Visual Studioを2つ起動するか、HTTPトリガーをコマンドラインから「func host start」で起動して試してください。

WPFアプリで名前（Name）とメッセージ（Message）を入力して、送信ボタンをクリックします（図10-29）。うまくHTTPトリガーを呼び出せると、Notification Hubを通じて、ローカルマシンのWindows 10にプッシュ通知が送られます（図10-30）。

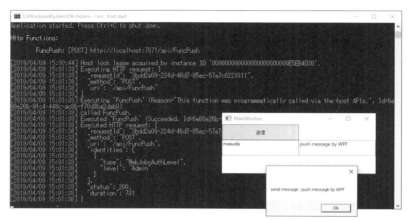

図10-29　WPFアプリの実行

図10-30　通知の結果

今回の仕組みでは、以下の4つの仕組みを使ってプッシュ通知を実現しています。

- WPFアプリケーション
- Function AppのHTTPトリガー
- Notification Hub
- UWPアプリケーション

プログラムが増えて一見複雑のように見えますが、それぞれのアクションを別々に作ることによって拡張性が高くなっています。

また、プログラムを連携するときに全てをひとまとめにして作ってしまうと、不具合が出たときにどこに間違いがあるのかわかりづらくなります。着実に動作を確認しながら、プッシュ通知のための連携のコードを作成していきましょう。

10.4 検証

Notification Hubを使ったプッシュ通知の詳細は、「Azure Notification Hubs のドキュメント（https://docs.microsoft.com/ja-jp/azure/notification-hubs/）」で確認ができます。Windows 10以外へ通知するときの設定やカテゴリを設定してアプリへ通知する方法など詳しい情報があるので、これを参照してください。

ここでは、作成したプログラムを利用して、プッシュ通知の動きを確認してみましょう。

10.4.1 プッシュ通知を表示しない設定

デスクトップのWindows 10では［設定］→［システム］→［通知とアクション］でアプリケーション単位での通知が制御できます（図10-31）。

図10-31　通知とアクション

通知を受けるアプリケーションがリスト表示されています。インストールした状態では、アプリの通知はオンに設定されています。これをオフにすることで、通知を受け取らないようにできます。

サンプルで作成した［SampleAzureNotificationApp］をクリックすると、細かい設定の画面が表示されます。

通知を受けたときの動作（アクションセンターへの表示、音を鳴らすなど）が設定できます（図10-32）。これらの設定は、アプリケーション自身が行うのではなく、OS（この場合はWindows 10）で行われます。設定がOS側で保存されるため、UWPアプリでは設定情報などを保存する必要はありません。iOSやAndroidのアプリも同様で、ユーザー側でプッシュ通知の制御が行われます。

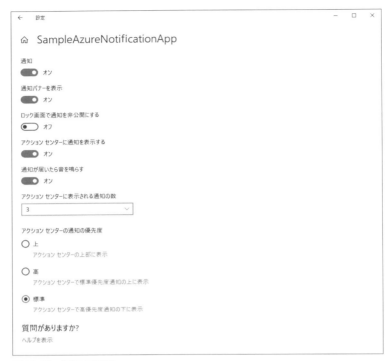

図10-32　通知の詳細

では、[SampleAzureNotificationApp]の通知をオフにして、プッシュ通知を送ってみましょう（図10-33）。通知を送信するプログラムは「10.3.3 WPFアプリでプッシュ通知を送信」で作成したHttpSampleClientを使います。

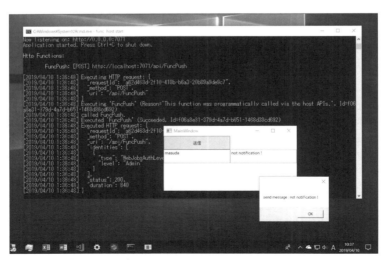

図10-33　通知がオフの時

通知がオン状態とオフ状態で切り替えて、プッシュ通知の状態を確認してみましょう（図10-34）。アプリやNotification Hubは全く変えずに、ユーザー側で制御できていることがわかります。

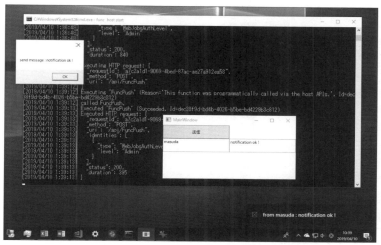

図10-34　通知がオンの時

10.4.2 UWPアプリをアンインストールしてプッシュ通知を試す

UWPアプリ「SampleAzureNotificationApp」をアンインストールした状態での通知を試してみましょう。通知を受けるUWPアプリは起動したときにNotification Hubのチャンネルを登録します。このためUWPアプリがフォアグラウンドで動いていない状態でも通知を受け取ることが可能です。

UWPアプリをアンインストールすると、通知を受けるアプリがなくなるので当然のことながらユーザーに通知はされません。この動作を確認しておきます。

［設定］→［アプリ］→［アプリと機能］を開き、ローカルコンピューターにインストールした「SampleAzureNotificationApp」をアンインストールします（図10-35）。

アンインストールした後に、HttpSampleClientプログラムを実行してプッシュ通知を行ってみましょう。プッシュ通知が行われないことがわかります（図10-36）。再びUWPアプリをインストールするためには、Visual Studioで配置先を「ローカルコンピューター」にしてデバッグ実行します。

「開発者モード」や「アプリのサイドローディング」に設定してあるコンピューターに対してならば、Visual Studioのソリューションエクスプローラーから［ストア］→［アプリパッケージの作成］で作った「サイドロード用のパッケージ」で配布することも可能です。このパッケージを配布して、他のPCでもプッシュ通知が送られていることを確認してみてください。

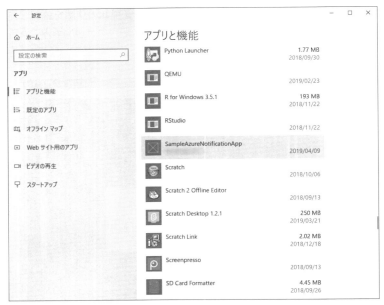

図10-35　アプリと機能

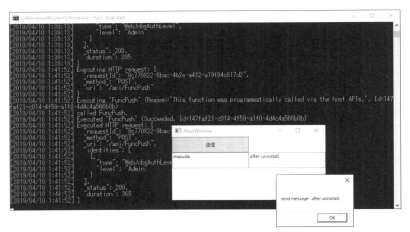

図10-36　アンインストール後に通知

10.5 応用

　主にニュース速報やスマホアプリの更新情報に使われているプッシュ通知ですが、配信先のユーザーを限定すれば、手軽な警告メッセージにも利用できます。
　特定の組織内での利用や個人的な利用も含めて、応用例を考えてみましょう。

10.5.1 監視端末に対して複数の警告アプリの割り当て

監視対象の端末が複数ある場合、警告の通知をひとまとめに扱うことも可能ですが、警告アプリ自体を複数用意することもできます。

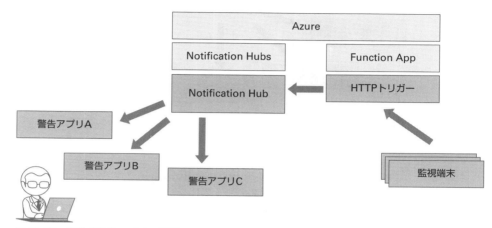

図10-37　複数の警告アプリに配信

たとえば、稼働しているサーバーの状態を監視する場合、さまざまな方法でデータを収集します。CPUの稼働率やメモリ不足、プロセスの起動状態などを監視することになるのですが、収取するデータ型式も大きく異なり、警告を出すときのチェック方法も異なります。これらのさまざまな監視状態を1つのアプリで賄うのは難しいでしょう。

社内ネットワークでの利用を限定すれば、無理に汎用的に作成する必要はなく、ピンポイントに社内ネットワークの状態に合わせたアプリを作成するほうがよいでしょう。

図10-37では、警告を表示するための専用のアプリを複数用意しています。監視端末からのアラートメッセージは、HTTPトリガーで収集した後に、適切なNotification Hubにて配信します。各警告アプリへの配信は、警告アプリ自身のカテゴリの設定もできるでしょうし、Notification Hubの「Access Policies」で、送信先のキーを増やすことで対応できるでしょう。

警告アプリの種類が少なければ、パーミッションを「Listen」だけ指定したキーを作成し、各警告アプリに対応させます。これにより、UWPアプリの作成が簡単になり、先行きのバージョンアップも容易になります。

10.5.2 特定デバイス対して通知

Notification Hubは主に一斉配信に使われますが、特定のデバイスに対しても送信が可能です。通知を受ける端末が、Notification Hubへのチャンネルを作成すると同時に、Web APIなどでデバイスIDを取得するようにします。Notification Hubを呼び出すときに、デバイスIDを指定することで、特定のデバイスにのみ通知を送れます。

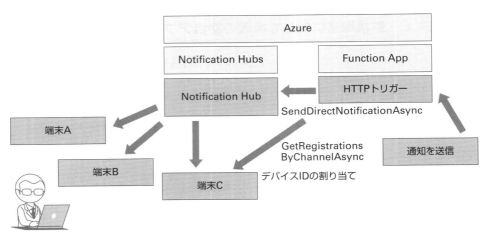

図10-38　特定デバイスに通知

　あらかじめ、サーバー側でNotificationHubClientクラスのGetRegistrationsByChannelAsyncメソッドを使い、複数のデバイスIDを作成しておきます。通知を受ける端末のアプリが起動したときに、このWeb API（あるいはHTTPトリガー）を呼び出して、デバイスIDを取得します。特定のメッセージを送る場合は、SendDirectNotificationAsyncメソッドでデバイスIDを指定します。個人が利用できるプロモーションIDなどの配布に利用される方法です（図10-38）。

　個人的な専用アプリや小さな組織内で利用する専用のシステムと組み合わせれば、スマホへの汎用的な通知機能として利用できるでしょう。デバイスIDの具体的な登録方法については、Notification Hubドキュメントの「登録管理（https://docs.microsoft.com/ja-jp/azure/notification-hubs/notification-hubs-push-notification-registration-management）」を参照してください。

第11章
多数の連携（Event Grid）

この章では、第3章の「3.4.2.Azure Event Gridを利用する」で少し解説したEvent Gridを使ってみましょう。Event GridはAzureのさまざまなサービスとAzure内外のサービスをつなぐハブの役目を担います。

11.1 イントロダクション

Event Gridのおおまかな構造をつかんでおきましょう。多様な「イベントソース」と「イベントトリガー」を扱うための概要を覚えておくと、イベントサブスクリプションの登録時の設定やイベントの伝達を把握するときに役に立ちます。

11.1.1 Event Gridの構造

Event Gridの機能は、以下の3つから成り立ちます（図11-1）。

- イベントが発生する「イベントソース」
- イベントを処理するための「イベントハンドラー」
- 2つを繋ぐ「イベントサブスクリプション」

図11-1 Event Gridの構造

イベントソースには、Azure Functionsのトリガーで扱えるBlobストレージやEvent Hubsのほかに、リソースグループへの追加や削除、IoT Hubへのアカウント追加や削除を指定できます。

これらのイベントを、設定済みのイベントサブスクリプションがイベントハンドラーに通知します。イベントソースのデータは「トピック」としてイベントハンドラーに伝えられます。

つまり、1つのイベントソースに対してイベントハンドラーが対応し、この設定がイベントサブスクリプションとして保存されています。Event Gridは、これらの複数のイベントサブスクリプションをまとめて扱います。

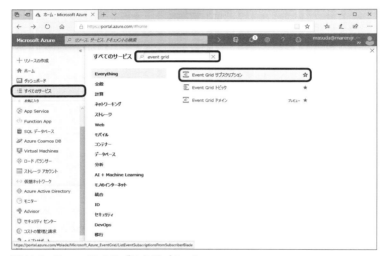

図11-2　Event Gird サブスクリプション

Azure Portalで左のメニューから［すべてのサービス］を選び、検索用のテキストボックスに「Event Grid」を入力して、検索結果から［Event Grid サブスクリプション］をクリックします（図11-2）。

Event Grid サブスクリプションは［トピックの種類］［サブスクリプション］［場所］で分類されているので、これらのリストから適切なものを選びます。［トピックの種類］に［Storage Accounts］を選び、［場所］を［東日本］として検索すると、作成したイベントサブスクリプションの一覧が表示されます。

11.1.2　Event Gridの動き

次にEvent Gridの動きを確認していきます。Event Gridの動きはやや複雑なので、概要を具体的な例を使って説明しましょう。実際の手順は後から試すので、ここでは大まかな動きをつかんでください（図11-3）。

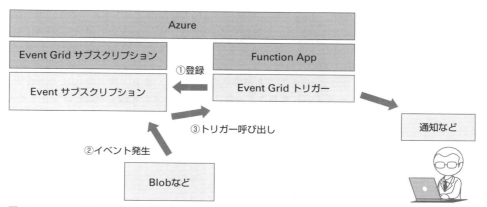

図11-3　Event Gridトリガーの動き

最初にイベントが発生するイベントソースを決めます。ここではBlobストレージのアクセスが派生したときを考えてみましょう。

次にイベントを受けるイベントハンドラーを作成します。Event Gridが受けられるイベントハンドラーは複数ありますが、Azure Functionsで作成できるEvent Gridトリガーが最も簡単です。Event Gridトリガーを作成したときに、この関数を呼び出すためのエンドポイントを取得できます（実際には、Azure Portal側で自動的に取得します）。

どのイベントソースのイベントが発生したときに、どのようなイベントハンドラーを呼び出すのか（エンドポイントを呼び出すのか）という設定を、Eventサブスクリプションに設定します。これが①の設定です。

Event GridトリガーやWebhookの場合は、①の登録が終わると検証プロセスが実行されます。Event Gridがエンドポイントに対して検証データを送り、所有権をチェックします。

②でイベントソースであるBlobストレージにファイルの追加や削除が起こったとき、イベントサブスクリプションの設定に従い、③のイベントトリガーが呼び出されます。

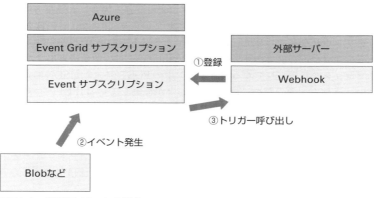

図11-4　外部Webhookの動き

もう1つ、外部のWebhookを扱うパターンを示しておきます。Event Gridトリガーのとき

と同じように、Blobストレージへの追加や削除のイベントをイベントサブスクリプションに登録します。このとき①で登録するURLは、WebhookのURLアドレスになります。

　イベントサブスクリプションを作成するときに、WebhookのURLに検証データが送られます。これを適切に処理することによって、Webhookの正しい所有権が登録者（この場合は筆者や読者です）にあることが確認できます。つまり、無効なURLや所有権のないWebhook（いたずらやサイバー攻撃など）のURLアドレスを登録することはできません。

　②でイベントソースであるBlobストレージにファイルの追加や削除が起こったとき、イベントサブスクリプションの設定に従い、③のWebhookが呼び出されます。このとき、トピック（イベントソースのデータ）がJSON型式で渡されます。

11.1.3 　検証イベントの応答

　イベントサブスクリプションに登録するエンドポイントには、検証イベントに応答する方法が3つあります。

- Event Gridトリガーを使い、自動で検証イベントに応答する
- 外部Webhookを使い、自動で検証イベントに応答する
- 外部Webhookを使い、手動で検証イベントに応答する

　この3種類の方法について、具体的にエンドポイントを登録して、各種のトリガー（Event GridトリガーやHTTPトリガー）が検証データを返す様子を確認していきます。

　Event Gridトリガーを使うパターンは、一番容易なパターンです。Function AppのEvent Gridトリガーが自動的に検証イベントの応答を返すので、検証イベントに応答するコードを書かなくて済みます。

　外部のWebhookを利用する場合は、検証イベントへの応答を自動化するパターンと手動で応答するパターンの2種類があります。

　Event Gridトリガーのように自動で応答する場合には、Webhookのコードに手を加える必要があります。これはWebhookのコードが変更できる場合に有効な方法です。

　手動での応答は、検証イベントに記述されているValidationUrlの値を抜き出し、このアドレスをブラウザなどで呼び出します。検証イベントへの応答は手動で行うため、Webhookのコードを変更する必要はありませんが、ValidationUrlの値を抜き出すためにイベントサブスクリプションから送られてくる検証イベントのPOSTデータ（JSON形式のデータ）を見なければいけません。このためには、Webhookが稼働しているHTTPサーバーのログが閲覧可能、あるいはWebhookが呼び出されるデータをデバッグ出力できなければいけません。

　どちらの方法でも、Webhookの所有者である必要があります。

　Webhookが第三者で提供される場合、このような検証イベントに応答できないときもあります。しかし、そのような場合はEvent GridトリガーやHTTPトリガーをプロキシとして扱い、外部Webhookを呼び出すことで解決できます。この方法は後で試していきます。

11.2 | Azure Portalで動作確認

では、具体的にEvent Gridを試してみましょう。Azure PortalでEvent GridトリガーとHTTPトリガーを作成し、Blobストレージのイベントを取得するようにします。HTTPトリガーは、外部のWebhookの代わりにEvent Gridから送られてくる検証データなどの確認に使います。

11.2.1 | ストレージアカウントの作成

最初にイベントソースとなるストレージアカウントを作成しておきましょう。Event Gridの動作を確認するためなので、新しいストレージアカウントを作成して、余分なイベントが発生しないようにします。

「5.4.2 ストレージアカウントの作成」と同じように、Azure Portalで左のメニューから［＋リソースの作成］をクリックします。［カテゴリ］で［ストレージ］を選択して、［ストレージアカウント］を選びます（図11-5）。

図11-5　リソースの作成

［リソースグループ］は、あらかじめ作成してある［sample-azure-functions-test］を選んでいます。

［ストレージアカウント名］は「sampleazfunceventgrid」にしました（図11-6）。

図11-6 ストレージアカウントの作成

作成したストレージアカウントをリソースグループから開いて、左側のメニューから［Storage Explorer］を開きます。［BLOB CONTAINERS］を右クリックして［Create blob container］を選択して、「public」と「local」というコンテナーを作成しておきましょう（図11-7）。このコンテナーにファイルなどを置くことで、Blobストレージからイベントが発生します。このストレージアカウントがイベントソースになります。

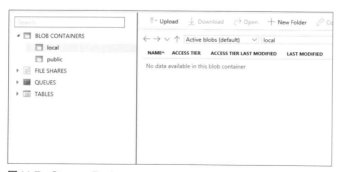

図11-7 Storage Explorer

11.2.2 Function Appの作成

次にイベントトリガーを記述するFunction Appを作成します。左側のメニューから［＋リソースの作成］をクリックします。［新規］画面が表示され、作成できるサービスの一覧が表

示されています。この「Marketplaceを検索」と表示されているテキストボックスに「Function App」を入力します（図11-8）。

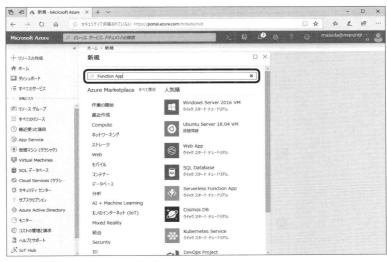

図11-8　「Function App」を検索

［Function App］画面が表示されるので、［作成］ボタンをクリックすると、Function Appを新規に作るための設定を入力する画面が表示されます（図11-9）。

図11-9　Function Appの新規作成

アプリ名は「sample-azfunc-adv-eventgrid」としています。このFunction Appに動作確認のためのEvent GridトリガーとHTTPトリガーを作成していきます。

11.2.3　Event Gridトリガーの作成と登録

Azure Portal内でC#スクリプトのEvent Gridトリガーを作ってみましょう。左のリストから［関数］を選択して、［＋新しい関数］をクリックしてテンプレートを表示させます。

図11-10　トリガーのテンプレート

トリガーのテンプレートでは［Azure Event Grid trigger］を選択します（図11-10）。

Event Gridトリガーを使うには、Function Appに拡張機能「Microsoft.Azure.WebJobs.Extensions.EventGrid」が必要になります。［インストール］ボタンをクリックして、拡張機能をインストールします（図11-11）。インストールは長い場合は5分から10分程度かかります。

図11-11　拡張機能のインストール　　図11-12　新しい関数

拡張機能のインストールが完了するとメッセージが表示されます。［続行］ボタンをクリックして、関数の作成を続けましょう。

デフォルトで関数名は「EventGridTrigger1」が設定されています（図11-12）。［作成］ボタンをクリックすると、Event Gridトリガーのひな形が作成されます（リスト11-1）。

リスト11-1　作成されたコード

```
#r "Microsoft.Azure.EventGrid"
using Microsoft.Azure.EventGrid.Models;

public static void Run(
EventGridEvent eventGridEvent, ILogger log)
{
    log.LogInformation(eventGridEvent.Data.ToString());
}
```

　関数にはEvent Gridから渡されたEventGridEventオブジェクトとログ出力用のオブジェクトが渡されます。EventGridEventクラスは、IdプロパティやTopicプロパティを持つ値クラスです。Event Gridで統一的に扱うヘッダー部にあたります。このコードでログ出力をしているDataプロパティに、Blogストレージの変更イベントなどの情報が入っています。
　［実行］ボタンをクリックして、Event Gridトリガーをテスト実行してみましょう。

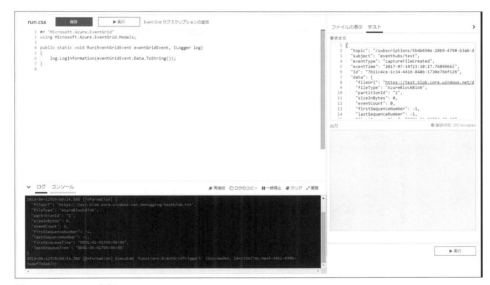

図11-13　テスト実行

　テスト実行をすると、右にPOSTメソッドで送信するサンプルデータが表示されます（図11-13）。このJSON形式のデータは、実際にEvent Gridから送られてくるBlobストレージのものとは異なりますが、このような形でJSONデータをGrid Eventトリガーに送ってテストできます。
　イベントソース（この場合はBlobストレージ）と結び付けるためには、［実行］ボタンの右にある［Event Grid サブスクリプションの追加］のリンクをクリックします（図11-14）。

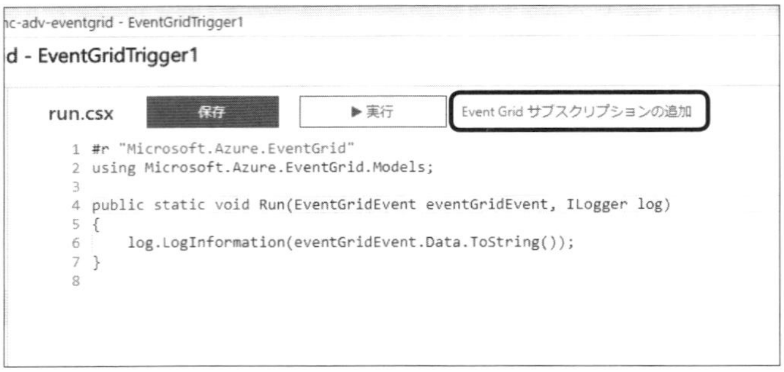

384 | Asure Functions入門

図11-14　［Event Grid サブスクリプションの追加］のリンクをクリック

　［イベントサブスクリプションの作成］画面で、イベントサブスクリプションの名前の入力、トピックの詳細でイベントソースの選択をします（図11-15）。

図11-15　［イベントサブスクリプションの作成］画面

　イベントサブスクリプションの名前は「eventgrid-normal」としています。イベントソースは［sample-azure-functions-test］にある［sampleazfunceventgrid］を選択しています。
　対象のBlobストレージを選択すると表示が少し変わります（図11-16）。イベントソースを変更するときは［（変更)］のリンクをクリックします。

第**11**章　多数の連携（Event Grid）　**385**

トピックの詳細
宛先にイベントをプッシュするトピックリソースを選択します。詳細情報

トピックの種類　　　　　　　　　ストレージ アカウント

トピックのリソース　　　　　　　sampleazfunceventgrid （変更）

図11-16　設定後のトピックの詳細の表示

　エンドポイントは、自動的に追加されます。エンドポイントのURLは途中で省略されていますが、左上にある［詳細エディター］のリンクをクリックすると、確認できます（リスト11-2）。

リスト11-2　［詳細エディター］をクリックすると表示されるコード

```
{
  "name": "eventgrid-normal",
  "properties": {
    "topic": "/subscriptions/XXXXXXXX-0000-0000-0000-XXXXXXXXXXXX⏎
/resourceGroups/sample-azure-functions-test/providers/Microsoft.S⏎
torage/StorageAccounts/sampleazfunceventgrid",
    "destination": {
      "endpointType": "WebHook",
        "properties": {
        "endpointUrl": "https://sample-azfunc-adv-eventgrid.azure⏎
websites.net/runtime/webhooks/EventGrid?functionName=EventGridTri⏎
gger1&code=CkmzhOBOMfWqbMPRRzpGy8piVzeOIt5N9Oy/2YaVf8OaGc2B7GhIDA⏎
=="
      }
    },
    "filter": {
      "includedEventTypes": [
        "All"
      ],
      "advancedFilters": []
    },
    "labels": [
      "functions-eventgridtrigger1"
    ],
    "eventDeliverySchema": "EventGridSchema"
  }
}
```

　このJSONデータの中のendpointUrlキーの値が、エンドポイントとなります。Event Gridトリガーの呼び出しは、HTTPトリガーのように直接関数名が呼び出されているのではなく、一度「/runtime/webhooks/EventGrid」を通して、Event Gridトリガーの関数が呼び出されていることがわかります。

　［作成］ボタンをクリックして、イベントサブスクリプションを作成しましょう。

　イベントサブスクリプション「eventgird-normal」が正常に作成されると、イベントグリッド（Event Grid）で一覧が確認できます（図11-17）。

図11-17　イベント グリッド（Event Grid）

11.2.4 Event Gridトリガーの動作確認

では、実際にBlobストレージにファイル追加して、Event Gridトリガーが動作することを確認してみましょう。

図11-18　EventGridTrigger1

EventGridTrigger1関数のページに戻り、［実行］ボタンをクリックしてログ出力が表示された状態にします（図11-18）。この状態でイベントソースであるBlobストレージ（sampleazfunceventgridのBlobストレージ）に、適当なファイルを追加します。

第11章 多数の連携（Event Grid） 387

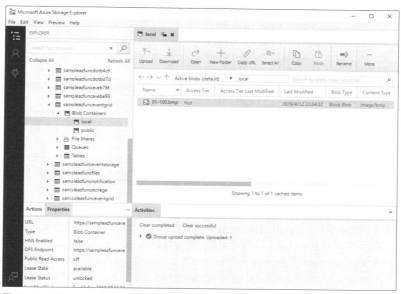

図11-19　Microsoft Azure Storage Explorer

ここでは「01-100.bmp」という画像ファイルをアップロードしました（図11-19）。

図11-20　EventGridTrigger1のログ出力

ログ出力が変わり、EventGridTrigger1関数が適切に呼び出されたことがわかります（図11-20、リスト11-3）。

リスト11-3　更新されたログ

```
2019-04-12T13:55:34.635 [Information] Executing 'Functions.EventG⤴
ridTrigger1' (Reason='EventGrid trigger fired at 2019-04-12T13:55⤴
:34.6355462+00:00', Id=f59ea8b3-e923-42e0-9f05-2c19f7618d54)
2019-04-12T13:55:34.642 [Information] {
  "api": "PutBlob",
  "clientRequestId": "a42839a0-5d2a-11e9-a60b-7b3c2639e3fa",
  "requestId": "fcb3ad96-501e-0021-7137-f19a9a000000",
  "eTag": "0x8D6BF4E886EF0E5",
```

```
    "contentType": "image/bmp",
    "contentLength": 1414874,
    "blobType": "BlockBlob",
    "url": "https://sampleazfunceventgrid.blob.core.windows.net/loc↵
al/01-100.bmp",
    "sequencer": "0000000000000000000000000000060B600000000012dd18d",
    "storageDiagnostics": {
      "batchId": "8ede3337-5f5d-4e27-9658-d6e80879d832"
    }
  }
2019-04-12T13:55:34.643 [Information] Executed 'Functions.EventGr↵
idTrigger1' (Succeeded, Id=f59ea8b3-e923-42e0-9f05-2c19f7618d54)
```

　ログ出力を見ると、Blobストレージに追加されたファイル名やサイズなどが取得できています。この値は、EventGridEventクラスのDataプロパティの値です。

　Dataプロパティはobject型ですが、中身はNewtonsoft.Json.Linq.JObjectクラスになっています。Newtonsoft.Json.JsonConvert.DeserializeObjectメソッドを使い、Microsoft.Azure.EventGrid.Models.StorageBlobCreatedEventDataクラスにデシリアライズして扱うか、dynamic型にキャストしてプロパティ名の動的解決を使うことができます。この方法は、後で解説します。

11.2.5 自動検証のHTTPトリガーの作成と登録

　Azure Portal内でC#スクリプトのHTTPトリガーを作ってみましょう。このHTTPトリガーは外部Webhookの代わりとなります。Event Gridから送られてくる検証イベントに対しては、自動で応答をするようにコーディングします。

図11-21　トリガーのテンプレート

第**11**章　多数の連携（Event Grid）　　**389**

　　左のリストから［関数］を選択して、［＋新しい関数］をクリックしてテンプレートを表示させます。

　　トリガーのテンプレートでは［HTTP trigger］を選択します（図11-21）。

図11-22　新しい関数

　　関数名を「HttpTriggerAuto」と変更します。［作成］ボタンをクリックして、HTTPトリガーを作成します（図11-22、リスト11-4）。

リスト11-4　HttpTriggerAuto関数

```
#r "Newtonsoft.Json"

using System.Net;
using Microsoft.AspNetCore.Mvc;
using Microsoft.Extensions.Primitives;
using Newtonsoft.Json;

public static async Task<IActionResult> Run(
HttpRequest req, ILogger log)
{
    log.LogInformation("called HttpTriggerAuto");       ①
    var validationEventType =                           ②
      "Microsoft.EventGrid.SubscriptionValidationEvent";
    string requestBody =                                ③
      await new StreamReader(req.Body).ReadToEndAsync();
    dynamic data =
      JsonConvert.DeserializeObject(requestBody);

    if ( data[0]?.eventType == validationEventType ) {  ④
        // 検証コードを自動で返す
        string validationCode =                         ⑤
          data[0]?.data.validationCode;
        log.LogInformation("validationCode : "          ⑥
          + validationCode);
```

```
        return new OkObjectResult(                              ⑦
          $"{{ ¥"ValidationResponse¥": ¥"{validationCode}¥" }}");
      }
      // ここは実際の処理
      log.LogInformation("your code in HttpTriggerAuto.");      ⑧
      log.LogInformation( requestBody );                        ⑨
      return new OkObjectResult("ok");
}
```

①関数が呼び出されたときのログ出力です。

②検証イベントで送られるValidationEventTypeの文字列です。EventTypeキーに
「Microsoft.EventGrid.SubscriptionValidationEvent」という値で送られます。

③検証イベントで送られてきたJSON形式のデータを読み取ります。

④JSONデータは配列で送られてきますが、最初のみチェックしています。

⑤検証コード（validationCode）の値を取り出します。この値を呼び出し元のEvent Grid
に送り返します。

⑥取得した検証コードをログへ出力します。

⑦検証データをJSON形式で返します。

⑧eventTypeキーの値が検証以外のときは、通常のWebhookの処理を行います。

⑨Blobストレージの更新イベントなどを出力します。

　検証イベントへの応答は次の形式になります（リスト11-5）。

リスト11-5　応答データ

```
{ "ValidationResponse": "＜検証コード＞" }
```

　Event Gridの検証イベントに対して、自動応答を行うWebhookでは、イベントの種別
（eventType）から検証に応答するロジックと通常処理のロジックを分けます。

　［保存］ボタンをクリックしてコンパイルエラーがでないことを確認したら、リスト11-6の
ようなPOSTするテストデータを右側の［テスト］タブの［要求本文］欄に入力して、［実行］
ボタンをクリックして関数のテストをしてみましょう。テストデータで必要な部分は
「validationCode」キーの値と「eventType」キーの値なので、他は適当に省略してもかまいま
せん。

リスト11-6　POSTするテストデータ

```
[{
  "id": "2d1781af-3a4c-4d7c-bd0c-e34b19da4e66",
  "topic": "/subscriptions/xxxxxxxx-xxxx-xxxx-xxxx-xxxxxxxxxxxx",
  "subject": "",
  "data": {
    "validationCode": "512d38b6-c7b8-40c8-89fe-f46f9e9622b6",
    "validationUrl": "https://rp-japaneast.eventgrid.azure.net:55⊃
3/"
  },
```

```
    "eventType": "Microsoft.EventGrid.SubscriptionValidationEvent",
    "eventTime": "2018-01-25T22:12:19.4556811Z",
    "metadataVersion": "1",
    "dataVersion": "1"
}]
```

ログ出力で検証コード（validationCode）の値をうまく取得して、ログ出力されていれば問題ありません（リスト11-7）。

リスト11-7　ログ出力

```
2019-04-12T15:26:27.155 [Information] Executing 'Functions.HttpTr⤸
iggerAuto' (Reason='This function was programmatically called via⤸
 the host APIs.', Id=57f2b7a5-a7ab-49d2-88b4-ba14684b5793)
2019-04-12T15:26:27.155 [Information] called HttpTriggerAuto
2019-04-12T15:26:27.215 [Information] validationCode : 512d38b6-c⤸
7b8-40c8-89fe-f46f9e9622b6
2019-04-12T15:26:27.222 [Information] Executed 'Functions.HttpTri⤸
ggerAuto' (Succeeded, Id=57f2b7a5-a7ab-49d2-88b4-ba14684b5793)
```

イベントサブスクリプションを作成する前に［関数のURLの取得］のリンクをクリックして、このHTTPトリガーを呼び出すURLを取得します（図11-23）。実際にはWebhookのURLになります。

図11-23　関数のURLの取得

外部Webhook（ここではHTTPトリガー）をイベントソース（この場合はBlobストレージ）と結び付けるためには、左のメニューから［すべてのサービス］を選択し、検索ボックスで「Event Grid サブスクリプション」を検索します。開いた［イベントサブスクリプション］画面で［＋イベントサブスクリプション］をクリックします（図11-24）。

図11-24　イベントサブスクリプションの追加

イベントサブスクリプションの名前を「eventgrid-http-auto」として、結び付けるストレージ（sampleazfunceventgrid）を選択します。
［エンドポイントのタイプ］では［webhook］を選びます（図11-25）。

図11-25　イベントサブスクリプションの作成

［webhook］を選んだら、［エンドポイントの選択］のリンクをクリックして、［webhookの選択］画面を開きます（図11-26）。

図11-26　エンドポイントの選択

［サブスクライバーエンドポイント］に、先ほどコピーしておいた関数のURLを貼り付けて、［選択の確認］ボタンをクリックします（図11-27）。イベントサブスクリプションの内容を確認して、［作成］ボタンをクリックします。

第11章 多数の連携（Event Grid） 393

図11-27 ［webhookの選択］画面

イベントサブスクリプションがデプロイされ、検証イベントが成功すると、「デプロイが正常に終了しました。」の通知が右上に表示されます（図11-28）。

図11-28 イベントサブスクリプションのデプロイに成功

Event Gridの一覧を更新すると、作成したイベントサブスクリプション（eventgrid-http-auto）が追加されています（図11-29）。

図11-29 Event Gridを更新

11.2.6 自動検証のHTTPトリガーの動作確認

では、実際にBlobストレージにファイル追加して、HTTPトリガー（HttpTriggerAuto）が動作することを確認してみましょう。

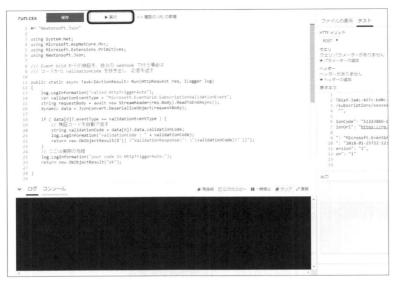

図11-30　HttpTriggerAuto

　HttpTriggerAuto関数のページに戻り、[実行] ボタンをクリックしてログ出力が表示された状態にします (図11-30)。

　この状態でイベントソースであるBlobストレージ (sampleazfunceventgridのBlobストレージ) に、適当なファイルを追加します。

リスト11-8　HttpTriggerAutoのログ出力

```
2019-04-12T16:00:14.573 [Information] Executing 'Functions.HttpTri
ggerAuto' (Reason='This function was programmatically called via t
he host APIs.', Id=1540ff32-d6ad-482d-ab76-db11c5171539)
2019-04-12T16:00:14.919 [Information] called HttpTriggerAuto
2019-04-12T16:00:14.936 [Information] your code in HttpTriggerAuto.
2019-04-12T16:00:14.936 [Information] [{"topic":"/subscriptions/XX
XXXXXX-0000-0000-0000-XXXXXXXXXXXX/resourceGroups/sample-azure-fun
ctions-test/providers/Microsoft.Storage/storageAccounts/sampleazfu
nceventgrid","subject":"/blobServices/default/containers/local/blo
bs/01-101.bmp","eventType":"Microsoft.Storage.BlobCreated","eventT
ime":"2019-04-12T16:00:14.2076844Z","id":"586eb62f-901e-001e-4f48-
f12d46066d59","data":{"api":"PutBlob","clientRequestId":"0f0fdeb0-
5d3c-11e9-8046-4d8b2cbf6d76","requestId":"586eb62f-901e-001e-4f48-
f12d46000000","eTag":"0x8D6BF5FF32C4499","contentType":"image/bmp"
,"contentLength":1133790,"blobType":"BlockBlob","url":"https://sam
pleazfunceventgrid.blob.core.windows.net/local/01-101.bmp","sequen
cer":"00000000000000000000000000000060B600000000013f5dfb","storageDi
agnostics":{"batchId":"6b156a40-537f-4ec7-b038-ee19af18e6fb"}},"da
taVersion":"","metadataVersion":"1"}]
2019-04-12T16:00:14.937 [Information] Executed 'Functions.HttpTrig
gerAuto' (Succeeded, Id=1540ff32-d6ad-482d-ab76-db11c5171539)
```

第11章 多数の連携（Event Grid） **395**

　ログ出力が変わり、HttpTriggerAuto関数が適切に呼び出されたことがわかります（リスト11-8）。既に検証コードを返しているので、HttpTriggerAutoはチェック済みです。実際のWebhookの処理を記述する場所を示す「your code in HttpTriggerAuto.」のログとBlobストレージの更新データが出力されています。

11.2.7 手動検証のHTTPトリガーの作成と登録

　もう1つAzure Portal内でC#スクリプトのHTTPトリガーを作ります。今度は、Event Gridから送られてくる検証イベントに対しては、手動で応答をするようにコーディングします。

図11-31　新しい関数

　関数名を「HttpTriggerManual」と変更します。［作成］ボタンをクリックして、HTTPトリガーを作成します（図11-31）。

リスト11-9　**HttpTriggerManual関数**

```
#r "Newtonsoft.Json"

using System.Net;
using Microsoft.AspNetCore.Mvc;
using Microsoft.Extensions.Primitives;
using Newtonsoft.Json;
public static async Task<IActionResult> Run(
HttpRequest req, ILogger log)
{
    log.LogInformation("called HttpTriggerManual");       ①
    string requestBody =
      await new StreamReader(req.Body).ReadToEndAsync();    ②
    dynamic data =
      JsonConvert.DeserializeObject(requestBody);
    log.LogInformation(requestBody);                        ③
```

396 Asure Functions 入門

```
        string validationUrl = data[0]?.data.validationUrl;          ④
        log.LogInformation("validationUrl : " + validationUrl);
        return new OkObjectResult("ok");                              ⑤
    }
```

HttpTriggerManual関数の内容は、検証用のURL（validationUrl）を取り出すための簡単なものです（リスト11-9）。修正できない外部Webhookを想定しているため、送られてきたJSON形式の検証イベントだけを表示させます。

①関数が呼び出されたときのログ出力です。
②Event Gridから送られてきたJSON形式のデータを取り出します。
③JSON形式のすべてのデータをログ出力します。
④テストしてわかりやすいようにvalidationUrlキーの値だけをログ出力します。
⑤常に「ok」で応答を返しています。

HttpTriggerManual関数は、Event Gridからの検証データとBlobストレージの更新データを区別しないので、応答を常に「ok」という文字列で返しています。これはEvent Gridが期待する検証データではないので、検証に失敗するということを意味します。
　その代わり、validationUrlキーで取り出したURLを使い、手動でブラウザを使ってEvent Gridの検証をクリアします。
　［保存］ボタンをクリックしてコンパイルエラーがでないことを確認したら、リスト11-10のテストデータを使って、［実行］ボタンをクリックして関数のテストをしてみましょう。

リスト11-10　POSTするテストデータ

```
[{
  "id": "2d1781af-3a4c-4d7c-bd0c-e34b19da4e66",
  "topic": "/subscriptions/xxxxxxxx-xxxx-xxxx-xxxx-xxxxxxxxxxxx",
  "subject": "",
  "data": {
    "validationCode": "512d38b6-c7b8-40c8-89fe-f46f9e9622b6",
    "validationUrl": "https://rp-japaneast.eventgrid.azure.net:↻
553/"
  },
  "eventType": "Microsoft.EventGrid.SubscriptionValidationEvent",
  "eventTime": "2018-01-25T22:12:19.4556811Z",
  "metadataVersion": "1",
  "dataVersion": "1"
}]
```

　必要な部分は「validationUrl」キーの部分なので、他は適当に省略してもかまいません（リスト11-10）。

リスト11-11　ログ出力

```
2019-04-12T16:29:46.071 [Information] Executing 'Functions.HttpTri
```

```
ggerManual' (Reason='This function was programmatically called via
the host APIs.', Id=95272429-3826-4d07-88ce-75610b0e1ac1)
2019-04-12T16:29:46.464 [Information] called HttpTriggerManual
2019-04-12T16:29:46.464 [Information] [{
  "id": "2d1781af-3a4c-4d7c-bd0c-e34b19da4e66",
  "topic": "/subscriptions/xxxxxxxx-xxxx-xxxx-xxxx-xxxxxxxxxxxx",
  "subject": "",
  "data": {
    "validationCode": "512d38b6-c7b8-40c8-89fe-f46f9e9622b6",
    "validationUrl": "https://rp-japaneast.eventgrid.azure.net:553
/"
  },
  "eventType": "Microsoft.EventGrid.SubscriptionValidationEvent",
  "eventTime": "2018-01-25T22:12:19.4556811Z",
  "metadataVersion": "1",
  "dataVersion": "1"
}]
2019-04-12T16:29:46.487 [Information] validationUrl : https://rp-j
apaneast.eventgrid.azure.net:553/
2019-04-12T16:29:46.487 [Information] Executed 'Functions.HttpTrig
gerManual' (Succeeded, Id=95272429-3826-4d07-88ce-75610b0e1ac1)
```

ログ出力で検証 URL（validationUrl）の値がうまく取得して、ログ出力されていれば問題ありません（リスト 11-11）。

自動検証の場合と同じように、イベントサブスクリプションを作成する前に［関数の URL の取得］のリンクをクリックして、この HTTP トリガーを呼び出す URL を取得します（図 11-32）。実際には Webhook の URL になります。

図11-32　関数のURLの取得

イベントサブスクリプションを作成しましょう。名前を「eventgrid-http-manual」として、結び付けるストレージ（sampleazfunceventgrid）を選択します。

エンドポイントのタイプでは［webhook］を選びます。

エンドポイントの URL は、先ほどコピーした HttpTriggerManual 関数の URL を使います（図11-33）。

Asure Functions 入門

図11-33 イベントサブスクリプションの作成

このときに［作成］ボタンをクリックしてしまうと、検証イベントが送られてしまうので、あらかじめHttpTriggerManual関数のログ出力を開いておきます。手順は以下のようになります。

1. イベントサブスクリプション「eventgrid-http-manual」を入力する。
2. まだ［作成］ボタンは押さない。
3. HttpTriggerManual関数を開く。
4. HttpTriggerManual関数の［実行］ボタンをクリックして、ログ出力を開いておく。
5. ［作成］ボタンをクリックして、検証イベントを発生させる。
6. 自動応答ではないので、検証は一時的に失敗する。
7. HttpTriggerManual関数のログで、validationUrlの値をコピーする。
8. validationUrlのURLでブラウザを開いて、検証を成功させる。

以上のような流れから、［作成］ボタンを押す前にHttpTriggerManual関数のログ出力を開いておく必要があります。

図11-34 イベントサブスクリプションのデプロイに失敗

［作成］ボタンを押した後、デプロイに失敗しますが、問題ありません（図11-34）。この時点では検証コードを Event Grid に返していないためエラーになり、まだデプロイができていない状態のためです。HttpTriggerManual関数を開き、ログ出力から検証URL（validation Url）の値をコピーします（図11-35）。

図11-35　ログ出力をコピーする

このURLをブラウザのアドレスに貼り付けます。

検証結果として「"Webhook succesfully validated as a subscription endpoint"」のようにメッセージが戻され、イベントサブスクリプションが正常に作成された結果が得られます（図11-36）。

図11-36　ブラウザで呼び出し

もう1つの Azure Portal で［イベントサブスクリプションの作成］のままで止まっています。この画面は右上の［×］を押して画面を閉じるか、左のメニューの［ホーム］をクリックして登録をキャンセルします。もう一度［作成］ボタンをクリックしてしまうと、再び検証イベントがエンドポイントのURL（ここでは、HttpTriggerManual関数）に送られてしまうので注意してください。

イベントサブスクリプションのデプロイに失敗させてから、ブラウザで検証URLを開くまでの一連の作業は5分以内に行わなければいけません。検証URLは5分程度しか有効ではなく、ある程度時間が経つと検証URLが無効になります。

このとき、イベントグリッドの一覧に未検証状態のイベントサブスクリプションが表示されています。未検証のまま5分経つと、自動的にそのイベントサブスクリプションは削除されます。この一連の流れは、後で動作を確認してみましょう。

しばらく時間が経ってイベントグリッドに「eventgrid-http-manual」が残っていれば、手動での検証が成功しています（図11-37）。検証URLの呼び出しに5分以上時間がかかってしまった場合は、再びイベントサブスクリプションの［作成］ボタンをクリックし、HttpTrigger

Manual関数のログ出力から検証URLを抜き出します。検証URLは毎回変わるので、何度も繰り返すことができます。

図11-37 「eventgrid-http-manual」が表示されれば成功

11.2.8 | 手動検証のHTTPトリガーの動作確認

では、実際にBlobストレージにファイル追加して、HTTPトリガー（HttpTriggerManual）が動作することを確認してみましょう。HttpTriggerManual関数のページに戻り、［実行］ボタンをクリックしてログ出力が表示された状態にします。

この状態でイベントソースであるBlobストレージ（sampleazfunceventgridのBlobストレージ）に、適当なファイルを追加します。

リスト11-12 **HttpTriggerManual**のログ出力

```
2019-04-12T17:18:16.581 [Information] called HttpTriggerManual
2019-04-12T17:18:16.581 [Information] [{"topic":"/subscriptions/XX
XXXXXX-0000-0000-0000-XXXXXXXXXXXX/resourceGroups/sample-azure-fun
ctions-test/providers/Microsoft.Storage/storageAccounts/sampleazfu
nceventgrid","subject":"/blobServices/default/containers/local/blo
bs/01-300.bmp","eventType":"Microsoft.Storage.BlobCreated","eventT
ime":"2019-04-12T17:18:16.0501173Z","id":"0e3616fb-d01e-0019-5153-
f1dbc30608e4","data":{"api":"PutBlob","clientRequestId":"f5ba6c40-
5d46-11e9-9e33-b7af910bce47","requestId":"0e3616fb-d01e-0019-5153-
f1dbc3000000","eTag":"0x8D6BF6AD9C4E1B5","contentType":"image/bmp"
,"contentLength":1149942,"blobType":"BlockBlob","url":"https://sam
pleazfunceventgrid.blob.core.windows.net/local/01-102.bmp","sequen
cer":"00000000000000000000000000000060B600000000014a520f","storageDi
agnostics":{"batchId":"16fec62c-a862-43f7-a657-cc8f2d2f4116"}},"da
taVersion":"","metadataVersion":"1"}]
2019-04-12T17:18:16.642 [Information] validationUrl :
2019-04-12T17:18:16.670 [Information] Executed 'Functions.HttpTrig
gerManual' (Succeeded, Id=d040f7d7-1209-482d-ac91-c9890882081b)
```

第**11**章 多数の連携（Event Grid） **401**

　ログ出力が変わり、HttpTriggerManual関数が適切に呼び出されたことがわかります（リスト11-12）。手動での検証が問題なのは、短時間で作業を終えないといけないことに加え、イベントサブスクリプションを変更し保存したときにも検証イベントが送られることです。一度検証に成功すれば、検証イベントに応答する必要はありません。しかし、Azure Portalでイベントサブスクリプションを保存したときに、デプロイに失敗したというメッセージが表示されてしまいますので注意してください。変更した設定を反映するために、もう一度検証URLを呼び出す必要があります。

11.2.9 検証イベントのタイムアウト

　手動検証方式のHTTPトリガー（HttpTriggerManual）を利用して、検証イベントを返さずにタイムアウトになったときにどうなるのかを確認しておきましょう。

図11-38　イベントサブスクリプションの作成

　Event Gridでイベントサブスクリプション名を「eventgrid-http-timeout」にして作成します。エンドポイントには、HttpTriggerManual関数のURLを指定します（図11-38）。このとき、HTTPトリガーのHttpTriggerManual関数の出力ログには、検証イベントが上がってきますが、手動応答はせずに10分ほど待ちましょう。

図11-39　イベントグリッドの状態

　［最新の情報に更新］をクリックすると、「eventgrid-http-timeout」のイベントサブスクリプションは表示されていますが（図11-39）、10分ほど経ってからリストを更新すると、このイベントサブスクリプションが消えています（図11-40）。

図11-40　10分後のイベントグリッドの状態

　エンドポイントを間違ってしまって別のURLを入力したときには、目的のEvent GridトリガーやHTTPトリガーに検証イベントが送れない状態になりますが、問題なく削除されることがわかります。
　存在しないURLを入力してしまいサーバーエラーを返している場合は、イベントサブスクリプションの［作成］ボタンをクリックしたときに、エンドポイントのチェックで即時エラーになります。

11.2.10　Azure Event Grid Viewerでイベント内容を確認

　Event Gridの検証イベントやBlobストレージの更新時のイベントの内容を確認するためにHTTPトリガーを使いましたが、Azure Event Grid Viewer（https://azure.microsoft.com/ja-jp/resources/samples/azure-event-grid-viewer/、図11-41）を使うとJSON形式のデータを表示できます。

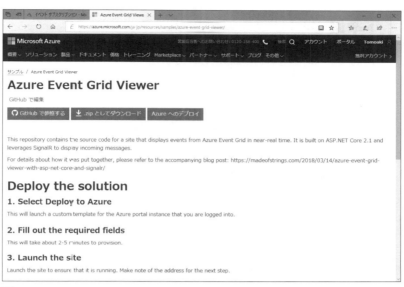

図11-41　Azure Event Grid Viewer

　Azure Event Grid Viewerで［Azureへのデプロイ］をクリックして利用します。App Serviceとしてインストールされるので、サブドメイン名を指定します。筆者は「sample-azfunc-eventgrid-viewer」と指定し、「https://sample-azfunc-eventgrid-viewer.azurewebsites.net/」でアクセスできるようにしてあります。

　イベントサブスクリプションで指定するWebhookのエンドポイントは、「https://sample-azfunc-eventgrid-viewer.azurewebsites.net/api/updates」のようにします。

　図11-42のように、Blobストレージの更新イベントなどをJSON形式のままで確認ができます。

図11-42　Blobストレージの更新イベント

11.3 下準備

Azure Portal上でEvent GridトリガーやWebhook（HTTPトリガー）の動作の概要が確認できました。今度はVisual StudioでEvent Gridトリガーのプロジェクトを作成して、具体的な動作を作成していきましょう。

まずは、ひな形となるFunction Appプロジェクトや関数を用意します。

11.3.1 Event Gridトリガーの作成

Function Appである「EventGridSample」プロジェクトを作成します。

Visual Studioを起動して、［ファイル］メニューから［新規作成］→［プロジェクト］を選択します。［新しいプロジェクト］ダイアログで、左側のテンプレートのツリーから［Visual C#］→［Cloud］を選択します。プロジェクトテンプレートのリストから［Azure Functions］を選択して、プロジェクト名を入力してください。ここでは名前に［EventGridSample］と入力しています（図11-43）。

図11-43　［新しいプロジェクト］ダイアログ

［OK］ボタンをクリックすると、トリガーを選択するダイアログが表示されます。

テンプレートとなるトリガーを［なし］で作成します（図11-44）。ソリューションエクスプローラーでプロジェクトを右クリックして［追加］→［新しいAzure関数］を選択して、［新しい項目の追加］ダイアログを表示させます。

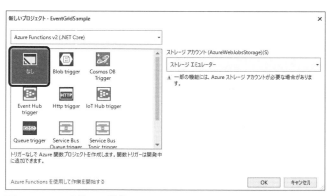

図11-44 トリガーの選択

テンプレートになるファイルを［Azure関数］にしたままにします。ファイル名は「Function1」のままで構いません（図11-45）。あとでファイル名と関数名を変更します。

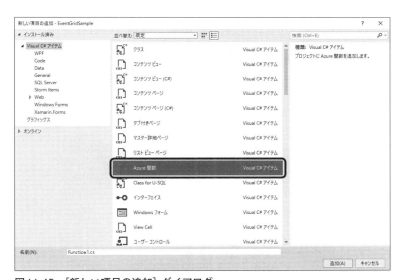

図11-45 ［新しい項目の追加］ダイアログ

［新しいAzure関数］ダイアログで［Event Grid trigger］を選択して、［OK］ボタンをクリックします（図11-46）。

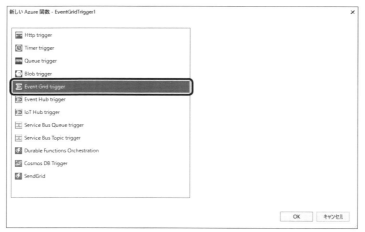

図11-46　［新しいAzure関数］ダイアログ

リスト11-13　**Event Grid**トリガーのひな形

```
// Default URL for triggering event grid function in the local ⮕
environment.
// http://localhost:7071/runtime/webhooks/EventGrid?functionName=⮕
{functionname}

using Microsoft.Azure.WebJobs;
using Microsoft.Azure.WebJobs.Host;
using Microsoft.Azure.EventGrid.Models;
using Microsoft.Azure.WebJobs.Extensions.EventGrid;
using Microsoft.Extensions.Logging;

namespace EventGridSample
{
    public static class Funciton1
    {
        [FunctionName("Funciton1")]
        public static void Run([EventGridTrigger]                          ①
          EventGridEvent eventGridEvent, ILogger log)
        {
            log.LogInformation(eventGridEvent.Data.ToString());
        }
    }
}
```

「11.2.3 Event Gridトリガーの作成と登録」と同じように、Event Gridからのイベントを受ける関数です（リスト11-13）。イベントのデータは①のようにEventGridTrigger属性を使って指定されています。

11.3.2 自動検証のHTTPトリガーの作成

次に自動検証を行うHTTPトリガー「HttpTriggerAuto」関数を作ります。ソリューションエクスプローラーでプロジェクトを右クリックして［追加］→［新しいAzure関数］を選択して、［新しい項目の追加］ダイアログを表示させます。

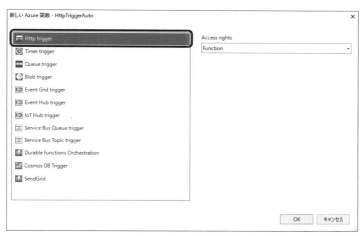

図11-47 ［新しいAzure関数］ダイアログ

［新しい項目の追加］ダイアログでは、［Azure関数］を選択して、ファイル名は「HttpTriggerAuto」としておきましょう。

［新しいAzure関数］ダイアログで［Http trigger］を選択して、［OK］ボタンをクリックします（図11-47）。アクセス認証（Access rights）は［Function］のままにしておきます。

リスト11-14 **HttpTriggerAuto関数**

```
using System;
using System.IO;
using System.Threading.Tasks;
using Microsoft.AspNetCore.Mvc;
using Microsoft.Azure.WebJobs;
using Microsoft.Azure.WebJobs.Extensions.Http;
using Microsoft.AspNetCore.Http;
using Microsoft.Extensions.Logging;
using Newtonsoft.Json;

namespace EventGridSample
{
    public static class HttpTriggerAuto
    {
        [FunctionName("HttpTriggerAuto")]
        public static async Task<IActionResult> Run(
```

```
            [HttpTrigger(AuthorizationLevel.Function,
            "get", "post", Route = null)]
            HttpRequest req, ILogger log)
        {
            log.LogInformation("called HttpTriggerAuto");
            return new OkObjectResult("ok");
        }
    }
}
```

後でコーディングが楽になるように、ログ出力と関数の戻り値の部分のみを残して書きかえておきます(リスト11-14)。

11.3.3 外部Webhookのシミュレート関数を作成

もう1つ、外部で公開されているWebhoookをシミュレートするためのHTTPトリガー「OtherWebhook」関数を作ります。ソリューションエクスプローラーでプロジェクトを右クリックして[追加]→[新しいAzure関数]を選択して、[新しい項目の追加]ダイアログを表示させます。

[新しい項目の追加]ダイアログでは、ファイル名は「OtherWebhook」としておきましょう。

[新しいAzure関数]ダイアログで[Http trigger]を選択して、[OK]ボタンをクリックします(図11-48)。アクセス認証(Access rights)は[Anonymous]に変更しておきます。

図11-48 [新しいAzure関数]ダイアログ

リスト11-15 OtherWebhook関数

```
using System;
using System.IO;
```

```csharp
using System.Threading.Tasks;
using Microsoft.AspNetCore.Mvc;
using Microsoft.Azure.WebJobs;
using Microsoft.Azure.WebJobs.Extensions.Http;
using Microsoft.AspNetCore.Http;
using Microsoft.Extensions.Logging;
using Newtonsoft.Json;

namespace EventGridSample
{
    public static class OtherWebhook
    {
        [FunctionName("OtherWebhook")]
        public static async Task<IActionResult> Run(
            [HttpTrigger(AuthorizationLevel.Function,
            "get", "post", Route = null)]
            HttpRequest req, ILogger log)
        {
            log.LogInformation("called OtherWebhook");
            return new OkObjectResult("ok");
        }
    }
}
```

この関数も後でコーディングが楽になるように書き換えておきます（リスト11-15）。

11.3.4 AzureへデプロイとAzure Portalで確認

外部公開のWebhookのURLを確定させるために、一度AzureへFunction Appを発行します（図11-49）。

図11-49　発行

Visual Studioから発行（デプロイ）する手順は、「2.4.4 関数を発行」を参照してください。発行が成功した後は、Azure PortalでFunction Appを開き、OtherWebhook関数のURLを取得しておきます（図11-50）。

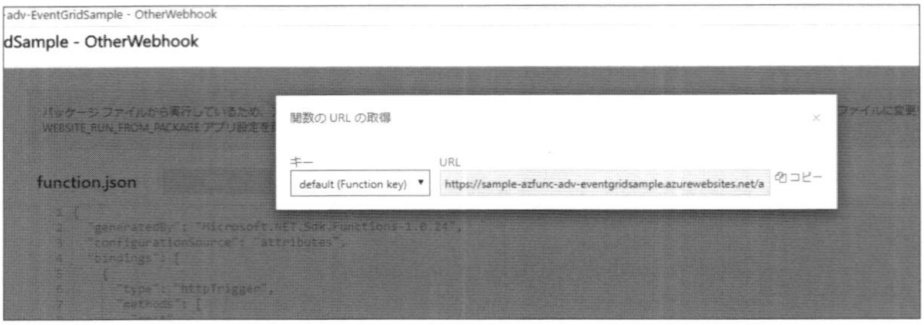

図11-50　関数のURLの取得

リスト11-16　関数のURL

```
https://sample-azfunc-adv-eventgridsample.azurewebsites.net/api/
OtherWebhook
```

匿名アクセス（Anonymous）としたので、リスト11-16のようにAPIキーを含まないURLが取得できます。

11.3.5 テーブルストレージの作成

Azure Portalでストレージアカウントsampleazfunceventgridを開いて、テーブルストレージにeventsテーブルを作成しておきます。このテーブルは、後でEvent Gridトリガーの動作をチェックするときに利用します。

図11-51　テーブルストレージ

Storage ExplorerでTABLESを右クリックして［Create table］を選択します。テーブル名を「events」にしてテーブルを作成してください（図11-51）。

第 11 章 多数の連携（Event Grid）　411

図11-52　アクセスキー

　Event Gridトリガーから参照できるように、sampleazfunceventgridへのアクセスキーを取得しておきます（図11-52）。

11.4 コーディング

　Visual Studioで作成したひな形を使ってコーディングをしていきましょう。Event Gridトリガーのコーディングとして、いくつかの実用的なパターンも含めて実験します。

11.4.1 Event Gridトリガーの基本情報

　「11.3.1 Event Gridトリガーの作成」で作成したEvent Gridトリガーのひな形を使い、関数に渡されるEventGridEventオブジェクトの内容を確認しておきましょう。Event Gridトリガーで作った「Function1.cs」を、「EventGridBasic.cs」という名前に変更してコーディングします（リスト11-17）。

リスト11-17　**EventGridBasic.cs**

```
using Newtonsoft.Json.Linq;                                         ①

[FunctionName("EventGridTriggerBasic")]                             ②
public async static void Run(
    [EventGridTrigger] EventGridEvent eventGridEvent,
    ILogger log)
{
    log.LogInformation(eventGridEvent.Data.ToString());
    if (eventGridEvent.EventType ==                                 ③
      "Microsoft.Storage.BlobCreated")
    {
        var obj = eventGridEvent.Data as JObject;                   ④
```

412 Asure Functions 入門

```
        var blob =                                              ⑤
          obj.ToObject<StorageBlobCreatedEventData>();
        log.LogInformation("topic: " + eventGridEvent.Topic);   ⑥
        log.LogInformation(
          "subject: " + eventGridEvent.Subject);
        log.LogInformation("url: " + blob.Url);                 ⑦
    }
}
```

　Eevnt Gridから関数が呼び出されると、EventGridEventクラスのオブジェクトが渡されます。EventGridEventクラスには、イベントグリッドの共通情報とDataプロパティにそれぞれのトリガーの情報が入っています。Dataプロパティはobject型で定義されていますが、内部ではNewtonsoft.Json.Linq.JObjectクラスです。このクラスを利用して、イベントの型（Blobストレージへの追加では、StorageBlobCreatedEventData型）に変換することで、安全に値を取り出せます。

①名前空間「Newtonsoft.Json.Linq」を利用します。
②関数名を「EventGridTriggerBasic」と変更します。
③EventGridEventクラスのEventTypeをチェックして、BlobストレージにBlobが追加されたイベントの場合に処理をします。Blobの追加時には「Microsoft.Storage.BlobCreated」という文字列が入っています。
④DataプロパティをJObjectクラスにキャストします。
⑤JObjectクラスのToObjectメソッドで、StorageBlobCreatedEventData型にデシリアライズします。
⑥EventGridEventクラスを利用して、トピック（Topic）やサブジェクト（Subject）を取得してログに出力しています。
⑦StorageBlobCreatedEventDataクラスのUrlプロパティをログ出力しています。

　③でチェックしたイベントタイプ（EventType）の種類は、「Azure Event Grid イベントスキーマ（https://docs.microsoft.com/ja-jp/azure/event-grid/event-schema）」のページを参照してください。
　このように、Event Gridトリガーで渡されたEventGridEventクラスのDataプロパティには、さまざまなイベント元のデータが入っています。あとでEvent Gridに登録されるイベントサブスクリプションのトピックタイプやイベントタイプに合わせて、関数を設計します。

11.4.2 テーブルストレージへ書き出し

　Event Gridトリガーの関数内での処理例として、テーブルストレージに情報を書き出してみましょう。
　テーブルストレージを扱うには、第9章で扱ったようにCloudStorageAccountクラスを直接利用する方法もありますが、Function AppにはAzure内のサービス（ストレージアカウントなど）にアクセスするバインディングの機能があります。バインディングを利用すると、サービスへアクセスするための詳細をコーディングする必要がなくなり、属性を用いてデー

タ入出力が可能になります。

ここでは、関数の戻り値を利用する出力バインドを使い、Blobストレージのイベントの情報をテーブルストレージへ書き込んでみましょう。

図11-53 NuGetパッケージの管理

ストレージアカウントへの入出力バインドを使うためには、［NuGetパッケージの管理］で「Microsoft.Azure.WebJobs.Extensions.Storage」をインストールしておきます（図11-53）。次に「11.3.1 Event Gridトリガーの作成」で行ったように、Event Gridトリガーを追加します。ファイル名は"EventGridTriggerTable.cs"としておきましょう（リスト11-18）。

リスト11-18 `EventGridTriggerTable.cs`

```
using Microsoft.WindowsAzure.Storage.Table;                    ①

public static class EventGridTriggerTable
{
    [FunctionName("EventGridTriggerTable")]                    ②
    [return: Table("events",                                   ③
      Connection = "STORAGE_CONNECTION")]
    public static EventEntity Run([EventGridTrigger]
        EventGridEvent eventGridEvent, ILogger log)
    {
        log.LogInformation(eventGridEvent.Data.ToString());
        if (eventGridEvent.EventType ==
          "Microsoft.Storage.BlobCreated")
        {
            dynamic blob = eventGridEvent.Data;                ④
            string subject = eventGridEvent.Subject;
            string url = blob?.url;
            // データ挿入
            var item = new EventEntity()                       ⑤
            {
                Funcname = "EventGridTriggerTable",
                Url = url,
```

```
                Subject = subject,
                PartitionKey = "Japan",
                RowKey = System.Guid.NewGuid().ToString(),
            };
            return item;                                        ⑥
        }
        return null;                                            ⑦
    }
}
public class EventEntity : TableEntity                           ⑧
{
    public string Funcname { get; set; }
    public string Url { get; set; }
    public string Subject { get; set; }
}
```

①名前空間「Microsoft.WindowsAzure.Storage.Table」を利用します。

②関数名を「EventGridTriggerTable」とします。

③戻り値にTable属性を設定します。出力するテーブル名は「events」です。接続文字列はアプリ設定「STORAGE_CONNECTION」に保存します。

④EventGridEventクラスのDataプロパティからの値の取得は、dynamic型にキャストすることでも可能です。各種のプロパティは動的に解決されます。

⑤テーブルに書き込むデータを作成します。EventEntityクラスは後で作成しています。

⑥関数の戻り値に、作成したEventEntityオブジェクトを渡すことで、eventsテーブルにデータが書き出されます。

⑦データを出力しないときはnullを返します。

⑧eventsテーブルに出力するエンティティクラスです。プロパティがそのまま列名になります。

11.4.3 | 外部Webhookの呼び出し

もう1つのEvent Gridトリガーの関数内での処理例として、外部のWebhookを呼び出してみましょう。

外部のWebhookがEvent Gridが送信する検証イベントに自動応答あるいは手動応答ができれば問題はありませんが、サードパーティで提供されているサービス（ZapierやIFTTTなど）を使う場合には検証コードを返せません。この場合は、Grid Eventとの検証シーケンスをGrid Eventトリガーで行い、検証が終わった後のデータを外部Webhookに流します。

まずは、外部WebhookをシミュレートするOtherWebhook関数を作成します（リスト11-19）。

リスト11-19 **OtherWebhook.cs**

```
public static class OtherWebhook
{
    [FunctionName("OtherWebhook")]
```

```
public static async Task<IActionResult> Run(
    [HttpTrigger(AuthorizationLevel.Anonymous, "post")]
    HttpRequest req,
    ILogger log)
{
    log.LogInformation("called OtherWebhook");
    string requestBody =                                          ①
        await new StreamReader(req.Body).ReadToEndAsync();
    log.LogInformation(requestBody);
    return new OkObjectResult("ok");
}
}
```

①POSTメソッドで取得した要求本文をログ出力しています。このログをみることで、外部Webhookが呼び出されたことがわかります。

次にEvent Gridトリガーを追加して、ファイル名を「EventGridTriggerWebhook.cs」としておきましょう（リスト11-20）。

リスト11-20 **EventGridTriggerWebhook.cs**

```
using System.Net.Http;                                            ①

public static class EventGridTriggerWebhook
{
    static HttpClient cl = new HttpClient();                      ②
    static string URL =                                          ③
        System.Environment.GetEnvironmentVariable(
        "OTHER_WEBAPI_URL");

    [FunctionName("EventGridTriggerWebhook")]                     ④
    public async static void Run([EventGridTrigger]
        EventGridEvent eventGridEvent, ILogger log)
    {
        log.LogInformation(eventGridEvent.Data.ToString());
        if (eventGridEvent.EventType ==
            "Microsoft.Storage.BlobCreated")
        {
            dynamic blob = eventGridEvent.Data;                   ⑤
            var funcname = "EventGridTriggerWebhook";
            string subject = eventGridEvent.Subject;
            string url = blob?.url;
            var content = new StringContent(                      ⑥
                $"{{ ¥"funcname¥": ¥"{funcname}¥", " +
                $" ¥"url¥": ¥"{url}¥", " +
                $"¥"subject¥": ¥"{subject}¥" }}");
            var res = await cl.PostAsync(URL, content);           ⑦
        }
```

        }
    }
}

①HttpClientクラスを使うために「System.Net.Http」名前空間を利用します。
②外部Webhookを呼び出すためにHttpClientオブジェクトを作成します。
③外部WebhookのURLはアプリ設定「OTHER_WEBAPI_URL」に入れておきます。この値は「11.3.4 デプロイとAzure Portalで確認」で取得したURLです。
④関数名は「EventGridTriggerWebhook」です。
⑤dynamic型を使って、Blobストレージの追加イベントの情報を取得します。
⑥外部Webhookに送信するPOSTデータを作成します。
⑦外部WebhookをPostAsyncメソッドで呼び出します。

Event GridトリガーのEventGridTriggerWebhook関数が呼び出されたときは、既にEvent Gridの検証シーケンスは完了済みになっています。この関数から外部Webhookを呼び出すことで、検証コードや検証URLのチェックをコーディングする必要がなくなります。

11.4.4 自動検証のHTTPトリガーの作成

動作確認のために、Visual Studioで自動検証方式のHTTPトリガーを作っておきましょう。コードは、「11.2.5 自動検証のHTTPトリガーの作成と登録」で作ったコードとほぼ同じものです。Azure Portalからコピーして作ってください。

ソリューションエクスプローラーでプロジェクトを右クリックして［追加］→［新しいAzure関数］を選択し、［新しい項目の追加］ダイアログを開きます。

ファイル名を「HttpTriggerAuto」として、［追加］をクリックします（図11-54）。

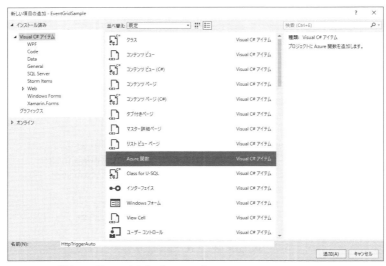

図11-54 ［新しい項目の追加］ダイアログ

［新しいAzure関数］ダイアログで［Http trigger］を選び、［アクセス認証（Access rights）］は「Function」のままにしておきます（図11-55）。

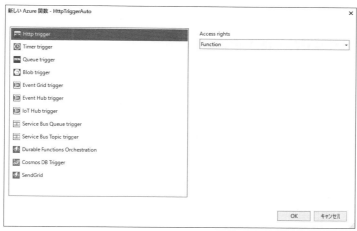

図11-55　［新しいAzure関数］ダイアログ

検証イベントを扱うためのEventGridSubscriberクラスを使うために、［NuGetパッケージの管理］で「Microsoft.Azure.EventGrid」をインストールしておきます（図11-56）。準備が整ったら、HttpTriggerAuto関数をコーディングしていきましょう（リスト11-21）。

図11-56　NuGetパッケージの管理

リスト11-21　`HttpTriggerAuto.cs`

```
using Microsoft.Azure.EventGrid;                                    ①
using Microsoft.Azure.EventGrid.Models;

public static class HttpTriggerAuto
{
```

418 Asure Functions 入門

```csharp
/// Event Grid からの検証を、自分の webhook で行う場合は
/// コードから validationCode を抜き出し、応答を返す
[FunctionName("HttpTriggerAuto")]
public static async Task<IActionResult> Run(
    [HttpTrigger(AuthorizationLevel.Function, "post")]          ②
    HttpRequest req,
    ILogger log)
{
    log.LogInformation("called HttpTriggerAuto");               ③
    var validationEventType =
      "Microsoft.EventGrid.SubscriptionValidationEvent";        ④
    string requestBody =
      await new StreamReader(req.Body).ReadToEndAsync();         ⑤
    var eventGridSubscriber = new EventGridSubscriber();         ⑥
    EventGridEvent[] events = eventGridSubscriber               ⑦
      .DeserializeEventGridEvents(requestBody);
    var data = events[0];
    if (data.EventType == validationEventType)                  ⑧
    {
        // 検証コードを自動で返す
        var eventData =                                         ⑨
          data.Data as SubscriptionValidationEventData;
        var responseData =                                      ⑩
          new SubscriptionValidationResponse()
        {
            ValidationResponse = eventData.ValidationCode
        };
        return new OkObjectResult(responseData);                ⑪
    }
    // ここは実際の処理                                            ⑫
    log.LogInformation("your code in HttpTriggerAuto.");
    // ポストされたデータを表示
    log.LogInformation(requestBody);
    return new OkObjectResult("ok");
}
}
```

①利用する名前空間を宣言します。

②受信するデータはPOSTメソッドのみに制限します。

③関数が呼び出されたときのログ出力です。

④検証イベントを受信したときのイベントタイプ文字列です。

⑤受信した要求本文を文字列で取得します。

⑥イベントデータを解析するEventGridSubscriberオブジェクトを生成します。このクラスがMicrosoft.Azure.EventGrid名前空間に定義されています。

⑦受信した要求本文を解析して、EventGridEventクラスの配列に変換します。

⑧配列の最初の要素を取り出し、EventTypeプロパティが検証イベント「Microsoft.EventGrid.SubscriptionValidationEvent」であるかをチェックします。

第11章 多数の連携（Event Grid）　　419

⑨検証イベントの場合は、DataプロパティをSubscriptionValidationEventDataクラスにキャストして、ValidationCodeを取り出せるようにします。
⑩Event Gridに返すレスポンスは、SubscriptionValidationResponseクラスで作成できます。
⑪Event Gridにレスポンスを返します。
⑫検証イベント以外のときは通常の処理を行います。

　Azure PortalでのC#スクリプトのコードとは異なり、Microsoft.Azure.EventGridパッケージを使って自動応答のコードを作成しています。C#スクリプトと同じように、dynamicを使って動的にプロパティを解決する方法を使っても構いません。ここではHTTPトリガーを利用しましたが、実際には外部のWebhook（Web API）で自動応答を実現することになります。Azure上で動作するWebサービスや、他のサーバーで動作する.NET Coreのサーバーでこのようなコードを使います。
　自動検証方式のHTTPトリガーのテストは、ローカル環境で実現できます。Advanced REST clientなどを使い、リスト11-22のコードを「http://localhost:7071/api/HttpTriggerAuto」に送信します（図11-57）。

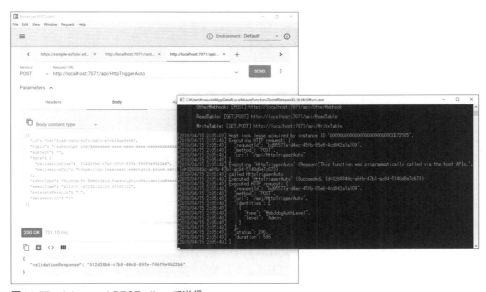

図11-57　Advanced REST clientで送信

リスト11-22　POSTするテストデータ

```
[{
  "id": "2d1781af-3a4c-4d7c-bd0c-e34b19da4e66",
  "topic": "/subscriptions/xxxxxxxx-xxxx-xxxx-xxxx-xxxxxxxxxxxx",
  "subject": "",
  "data": {
    "validationCode": "512d38b6-c7b8-40c8-89fe-f46f9e9622b6",
    "validationUrl": "https://rp-japaneast.eventgrid.azure.net:↩
553/"
  },
```

420 Asure Functions入門

```
    "eventType": "Microsoft.EventGrid.SubscriptionValidationEvent",
    "eventTime": "2018-01-25T22:12:19.4556811Z",
    "metadataVersion": "1",
    "dataVersion": "1"
}]
```

　正常にvalidationCodeの値が返されていれば、Azure上のイベントサブスクリプションでも動作します。

11.4.5 ┃ **Azureへデプロイ**

　それぞれの関数が正常にビルドできていることを確認したあと、アプリ設定を追加しておきましょう。ソリューションエクスプローラーでlocal.settings.jsonファイルを開いて、リスト11-23のように書き換えます。

リスト11-23 **local.settings.json**

```
{
  "IsEncrypted": false,
  "Values": {
    "AzureWebJobsStorage": "UseDevelopmentStorage=true",
    "FUNCTIONS_WORKER_RUNTIME": "dotnet",
    "STORAGE_CONNECTION": "UseDevelopmentStorage=true",          ①
    "OTHER_WEBAPI_URL":                                          ②
      "http://localhost:7071/api/OtherWebapi"
  }
}
```

　①テーブルストレージへアクセスするための接続文字列です。
　②外部WebhookをシミュレートするURLです。

　アプリ設定の「STORAGE_CONNECTION」と「OTHER_WEBAPI_URL」の値は、ローカル環境とAzure上にデプロイしたときの環境では異なります。これは発行した後に変更します。

図11-58 ［発行］画面

EventGridSampleプロジェクトを右クリックして［発行］を選択して、アプリケーションを発行します。無事発行ができたら、［発行］画面（図11-58）で［アプリケーション設定の管理］のリンクをクリックして［アプリケーションの設定］ダイアログを開きます。

「STORAGE_CONNECTION」と「OTHER_WEBAPI_URL」のリモートの値を設定しておきましょう（図11-59）。「STORAGE_CONNECTION」は、「11.3.5 テーブルストレージの作成」で取得した接続文字列です。「OTHER_WEBAPI_URL」は、「11.3.4 デプロイとAzure Portalで確認」で取得した関数のURLになります。

図11-59 ［アプリケーションの設定］ダイアログ

11.4.6 イベントサブスクリプションの作成

3つの関数（EventGridTriggerBasic、EventGridTriggerTable、EventGridTriggerWebhook）を呼び出すためのイベントサブスクリプションを作成します。「11.2.3 Event Gridトリガーの作成と登録」で作成したように、Function Appの関数を開き、［Event Gridサブスクリプションの追加］のリンクをクリックして、イベントサブスクリプションを開きます（図11-60）。

図11-60 ［Event Gridサブスクリプションの追加］をクリック

関数名とイベントサブスクリプション名の対応は表11-1の通りです。

表11-1 作成するイベントサブスクリプション

関数名	イベントサブスクリプション名
EventGridTriggerBasic	vs-eventgrid-basic
EventGridTriggerTable	vs-eventgrid-table
EventGridTriggerWebhook	vs-eventgrid-webhook

トピックの詳細で監視するリソースは、ストレージアカウント「sampleazfuncgridevent」を選択しておきます。

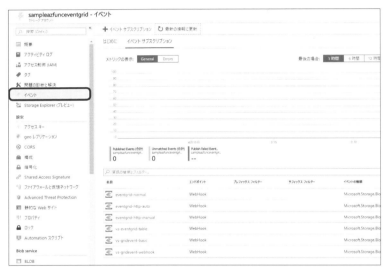

図11-61 ストレージアカウントのイベント

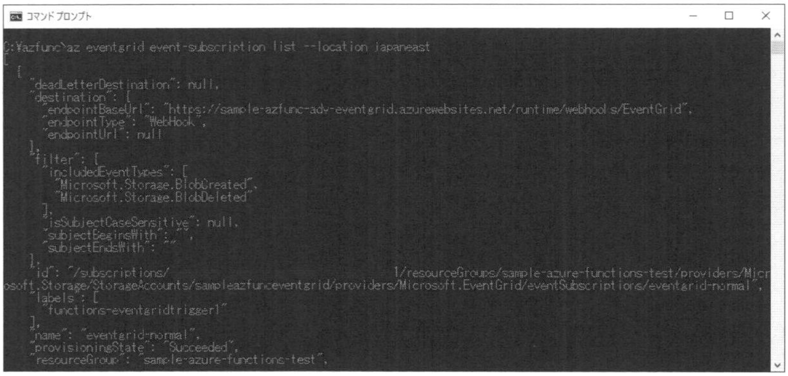

図11-62 az eventgrid event-subscription コマンドの実行結果

監視されているストレージアカウントを開き、メニューから［イベント］を選択すると、結び付いているイベントサブスクリプションの一覧が表示されます（図11-61）。コマンドラインでazコマンドを使うことでも、イベントサブスクリプションの一覧が取得できます。たとえばリスト11-24のコマンドは、場所（location）を「東日本（japaneast）」に設定して、作成済みのイベントサブスクリプションの情報を取得します（図11-62）。

リスト11-24　東日本で使っているイベントサブスクリプションを表示するコマンド

```
az eventgrid event-subscription list --location japaneast
```

azコマンドを使うとAzure上のさまざまな情報を取得できます。ここではイベントサブスクリプションの一覧の取得だけでしたが、イベントサブスクリプションの新規作成や削除もできます。たくさんのFunction Appの関数をEvent Gridに登録するときに使うと便利です。

11.5 検証

AzureにデプロイをしたEvent Gridトリガーを実際に動かしてみましょう。イベントは、Blobストレージにファイルを追加することで発生します。Blobストレージやテーブルストレージへのアクセスは Microsoft Azure Storage Explorerを使います。

11.5.1 Event Gridトリガーの基本情報をチェック

Azure PortalでFunction App「sample-azfunc-adv-EventGridSample」を開き、EventGridTriggerBasic関数を実行して、ログ出力を表示させます。最初のエラーは、空のPOSTデータが送られているためで、問題はありません。

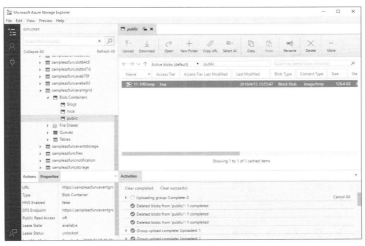

図11-63　Blobストレージへファイルを追加

Microsoft Azure Storage Explorerで、Blobストレージの［public］フォルダーに適当なファイルをドロップします（図11-63）。

しばらく経つと、Event GridからイベントがEventGridTriggerBasic関数に通知されます。ログ出力ではtopic、subject、urlの値を表示しています。urlを見ると、Blobストレージに「11-100.bmp」の画像ファイルが追加されていることがわかります（図11-64）。

いくつかのファイルを追加して、EventGridTriggerBasic関数のログ出力を確認してみてください。

図11-64　EventGridTriggerBasic関数のログ出力

11.5.2　テーブルストレージアクセスをチェック

Blobストレージにファイルが追加されると、同時にEventGridTriggerTable関数も呼び出されます。

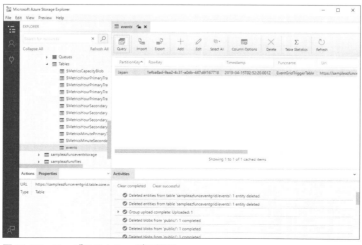

図11-65　テーブルストレージの更新

Microsoft Azure Storage Explorerでテーブルストレージのeventsテーブルを参照してみましょう（図11-65）。Blobストレージに追加したときに、UrlやSubjectなどが書き込まれています。

いくつかのファイルをBlobストレージに追加すると、このeventsテーブルの内容も増えていきます。これにより、EventGridTriggerTable関数が正しく動作していることがわかります。

うまくテーブルストレージに書き込めてない場合は、アプリ設定「STORAGE_CONNECTION」がAzure上のストレージアカウント（sampleazfunceventgridなど）の記述になっているかを再確認してください。

11.5.3 外部Webhook呼び出しをチェック

外部呼び出しを行うEventGridTriggerWebhook関数の動きはどうでしょうか。EventGridTriggerWebhook関数では、Blobストレージにファイルが追加されたときに、外部のWebhookを呼び出します。外部WebhookをシミュレートしているOtherWebhook関数を開き、［実行］ボタンをクリックしてログ出力を見ていきましょう。

再び、Blobストレージの［public］フォルダーにファイルを追加します。しばらく経つと、Event GridからBlobストレージへの追加イベントが発生して、EventGridTriggerWebhook関数を通して、OtherWebhook関数が呼び出されます。EventGridTriggerWebhook関数からは、イベント情報をJSON形式のまま送っています。ログ出力でurl部分を見ると、「11-200.bmp」というファイルが追加されていることがわかります（図11-66）。

図11-66　Other Webhook関数のログ出力

うまくOtherWebhook関数が呼び出されない場合は、アプリ設定「OTHER_WEBAPI_URL」がAzure上のOtherWebhook関数のURLになっていることを再確認してください。

11.5.4 イベントサブスクリプションのフィルター機能

全体の動作が確認できたところで、イベントサブスクリプションのフィルター機能を試してみましょう。イベントサブスクリプションでは、「サブジェクトフィルター」でイベント情

報のSubjectキーにある値によってイベントの発生を制御できます。たとえば、Blobストレージのpublicコンテナーにファイルを追加したときだけ、外部WebhookのEventGridTrigger Webhook関数を呼び出すようにしましょう。localコンテナーにファイルを追加したときは、イベントは発生しません。

リスト11-25 Subjectの例

```
/blobServices/default/containers/public/blobs/11-100.bmp
```

　Subjectの値は、リスト11-25のようにパスで区切られています。Subjectの内容を確認する場合は、EventGridTriggerBasic関数のログ出力か、テーブルストレージのeventsファイルの内容を見てください。

図11-67　Edit Entity

図11-68　vs-gridevent-webhookのイベントサブスクリプション

Microsoft Azure Storage Explorerでテーブルストレージの項目を選択し、[Edit]ボタンをクリックすると、項目の内容をコピーできます（図11-67）。

EventGridTriggerWebhook関数を呼び出しているイベントサブスクリプション「vs-gridevent-webhook」を開き、[サブジェクトフィルタリングを有効にする]にチェックを入れます（図11-68）。

リスト11-26　[次で始まるサブジェクト]への設定内容

```
/blobServices/default/containers/public
```

そして、publicコンテナーだけを監視するために、[次で始まるサブジェクト]にリスト11-26の値を設定します。[保存]ボタンをクリックして、イベントサブスクリプションを更新します。

再び、OtherWebhook関数のログ出力を開きます（図11-69）。

図11-69　OtherWebhook関数のログ出力

Blobストレージのpublicコンテナーとlocalコンテナーにそれぞれファイルを追加して、動作を確認してみましょう。localコンテナーにファイルを追加したときには、OtherWebhook関数が呼び出されていません。

フィルタリング機能は、Event Gridトリガー自身のコードでも実現できますが、コードは変えずにイベントサブスクリプションのフィルター設定で実現できます。サブジェクトだけでなくトピックの単語の一致などの条件も追加できるので、イベントの発生条件を細かく設定できます。

11.5.5　ローカル環境でのEvent Gridのテスト

ここまでEvent Gridトリガーの検証をAzureへデプロイして行ってきました。比較的短いコードであればデプロイしながらのテストも難しくはないのですが、複雑なロジックをテストする場合、Visual Studioで関数の内部にブレークポイントを置きながらテストするほうがやりやすいでしょう。

ngrok（https://ngrok.com/）を使うと、AzureのEvent Gridの通知をローカルの環境に送

り、Event Gridトリガーの関数をデバッグ環境で動かせます（図11-70）。

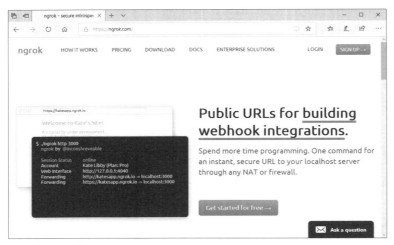

図11-70　ngrok

ngrokのアカウントを作成して、Windows環境での実行ファイル「ngrok.exe」をダウンロードします。ngrok authtokenコマンドで認証トークンを登録した後に、リスト11-27のコマンドでローカル環境へのフォワードができます。

リスト11-27　ngrok

```
ngrok http -host-header=localhost 7071
```

図11-71　ngrokの実行

画面で表示されている「https://770a5fa3.ngrok.io」のところが、外部で受信するサーバー名になります（図11-71）。サブドメイン名はngrok.exeを実行するたびに生成され、違った値になるので注意してください。

この状態で、Visual StudioでEvent Gridトリガーをデバッグ実行しておきます。イベントサブスクリプションでは、エンドポイントのタイプで「webhook」を選び、URLをリスト11-28の形で登録します。イベントサブスクリプション名は「local-eventgrid-basic」としておきましょう。

リスト11-28　エンドポイントの例

```
https://770a5fa3.ngrok.io/runtime/webhooks/EventGrid?functionName
=EventGridTriggerBasic
```

　関数名の「EventGridTriggerBasic」は、呼び出したいEvent Gridトリガーの名前です。サブドメイン名の「770a5fa3.ngrok.io」の部分は、ngrokの実行ごとに変化します。
　[作成]ボタンをクリックする前に、Event Gridトリガーがデバッグ実行状態になっていることを確認しておきましょう。デバッグ実行されていないときは、Event Gridからの検証イベントに応答できないため、イベントサブスクリプションの作成に失敗してしまいます。
　イベントサブスクリプションが正常に登録したら、Blobストレージに適当なファイルを追加してみましょう。ローカル環境でデバッグ実行されているEventGridTriggerBasic関数が呼び出されます（図11-72）。

図11-72　Blobストレージにファイルを追加

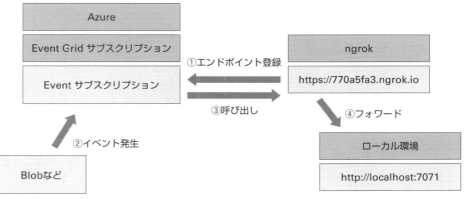

図11-73　ローカル環境でEvent Gridのデバッグの仕組み

簡単にですが、ローカル環境でのデバッグの仕組みを説明しておきましょう（図11-73）。ローカル環境で動作させたngrok.exeは、ngrokのサイトにサブドメイン付きのプロキシサーバーを用意します。

①Event Gridにイベントサブスクリプションのエンドポイントにngrokで生成したサブドメイン名入りのURLを登録します。この時のイベントタイプは「webhook」です。
②Blobストレージなどでイベントが発生します。
③Event Gridが、ngrokへイベントを通知します。
④ngrokが、Event Gridから送られてきたデータを、ローカル環境へフォワードします。

フォワードされたデータを受けて、ローカル環境で動作しているEvent Gridトリガーが実行されます。

このようにngrokの実行ごとにサブドメイン名が変わってしまいますが、ローカル環境でのデバッグ実行が可能になります。ngrok.exeの再起動でサブドメイン名が変わった場合は、対応するイベントサブスクリプションを削除して新しく作ってください。

11.6 応用

Event Gridトリガーは非常に応用範囲が広いものです。Function Appの各種のトリガーがイベントを発生させるリソースに直接アクセスしているのに対して、Event GridトリガーはEvent Gridのイベントサブスクリプションを媒介として間接的にアクセスしています。

このため、イベントの発生の制御やイベントのフィルターをトリガーの関数の外部に置くことができます。

11.6.1 有効期限付きのイベント受信

イベントサブスクリプションには、有効期限を決めて自動的に削除する仕組みが備わっています（図11-74）。

図11-74　イベントサブスクリプションの有効期限

この機能を利用すると、一時的に監視を行うトリガーを手早く作ることが可能です。

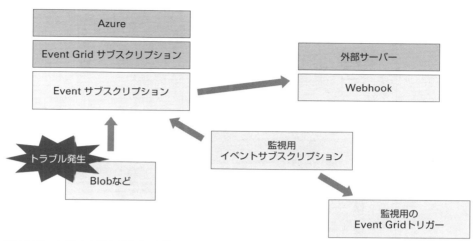

図11-75　トラブル発生時のトリガー

　ここでは、監視用のEvent Gridトリガーをあらかじめ作成しておきます（図11-75）。Blobストレージなどでトラブルが発生したときに、監視用のイベントサブスクリプションを登録します。トラブル時の監視は保守として大切な作業ですが、通常運用のときにはサーバーのリソースを消費してしまうため、できるだけ避けたいものです。このような場合、有効期限を付けてイベントサブスクリプションを作成しておけば、消し忘れがなくなります。
　また、一時的に外部に公開するEvent Gridトリガーを作る場合にも有効です。試用期間として1週間だけ有効なトリガーや処理などを作成できます。

11.6.2　Azure管理のためのトリガーの利用

　イベントサブスクリプションで監視できるリソースはストレージアカウントだけではありません。サブスクリプションやリソースグループへの追加や削除を監視することにより、Azure管理のためのツールを作成できます。
　図11-76は、Azure Event Grid Viewerを使ってトピックとして「Azure Subscriptions」を監視した例です。Azure Portal上でFunction Appを作成したときのイベントが発生しています。
　各種のリソースの作成には多少なりとも時間がかかります。1つのサービスを作成するのであればブラウザを閉じずに待っていればよいのですが、顧客の環境構築などバッチ処理的にサービスを作成する場合には、この機能が有効です。
　イベントサブスクリプションのイベントソースには他にも監視できるリソースがあるので、活用可能なものを探してみてください。

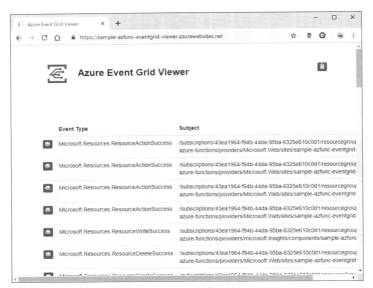

図11-76　リソースの追加や削除をキャプチャーする

付録
Azure Functions開発に必要なツール

　付録には本書で活用したツールのインストール方法をまとめました。Function Appの機能は数が非常に多く、Azure Portalですべての機能を使って開発するのは大変です。コマンドラインツールやエミュレーターなどを利用して、効率よく開発できるプログラミング環境を整えてください。

A.1 | Node.js、npm のインストール

　Azure Functionsをコマンドラインで作成するときにAzure Functions Core Toolsのfuncコマンドを使いますが、これに先立って、Node.jsとnpmが必要になります。既にWindows環境にNode.jsが入っている場合は、Node.jsが8.5以降のバージョンであることを確認してください（リストA-1）。

リスト**A-1** **Node.js**のバージョンを確認

```
C:\azfunc>node -v
v10.15.1

C:\azfunc>npm -v
6.4.1
```

　まだ、Node.jsがインストールされていない場合は、「Downloading and installing Node.js and npm（https://docs.npmjs.com/downloading-and-installing-node-js-and-npm）」から「Nodist（https://github.com/nullivex/nodist）」（図A-1）へのリンクをたどってインストーラーをダウンロードします。

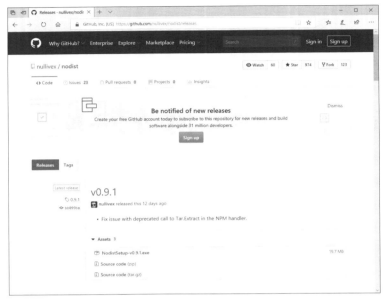

図A-1　nodist

　正常にインストールができると、コマンドプロンプトで「node」や「npm」のコマンドが使えるようになります（図A-2）。

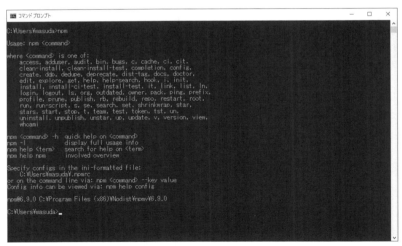

図A-2　npmコマンド

　本書では、Node.jsを直接扱うことはしていませんが、Function AppではNode.jsを使った関数も作成できるので、ぜひ活用してみてください。

A.2 | Azure Functions Core Tools

　Azure Functions Core Toolsは、Function Appの作成や実行を行う「func」コマンドです。npmを使ってインストールします（リストA-2、図A-3）。

リストA-2　Azure Functions Core Toolsのインストールコマンド

```
npm install -g azure-functions-core-tools
```

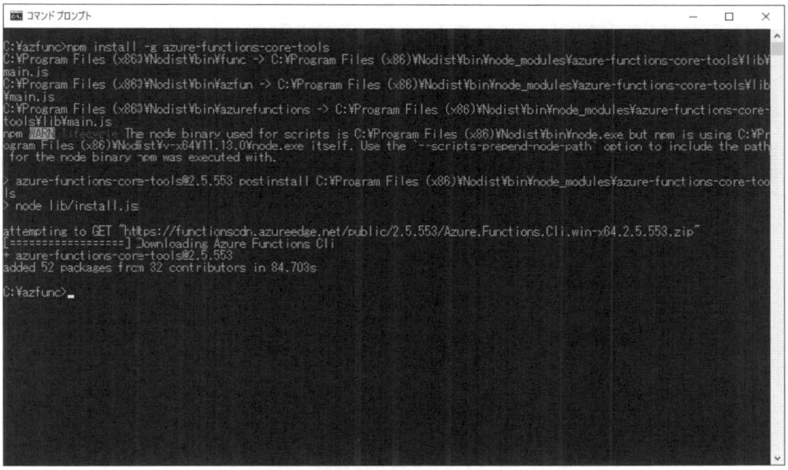

図A-3　npmでのインストール結果

　正常にインストールができると、「func」コマンドが使えるようになります（図A-4）。

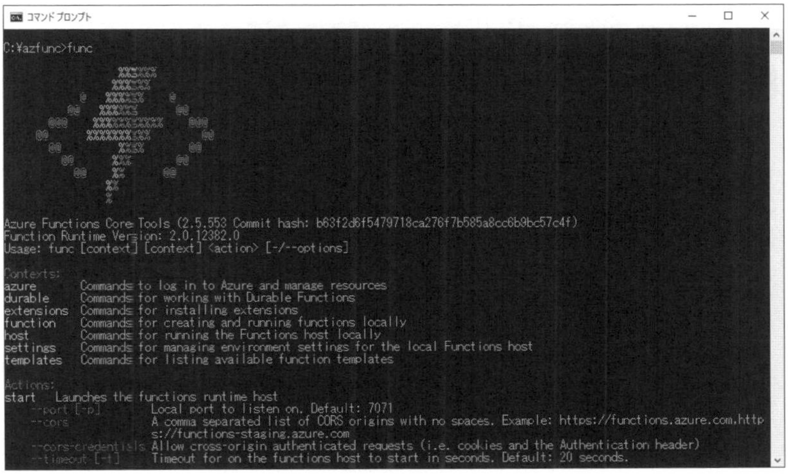

図A-4　「func」コマンド

funcコマンドは、Azure Functionsのプロジェクトを作成するだけではなく、ローカル環境にAzure Functionsがテスト実行できるエミュレーター環境にもなります。

A.3 Azure CLI のインストール

Azure CLIは、Azureへのログイン制御やリソースグループの作成など、Azureの各機能をコマンドラインから操作できる便利なツールです。「Windows での Azure CLI のインストール（https://docs.microsoft.com/ja-jp/cli/azure/install-azure-cli-windows?view=azure-cli-latest）」（図A-5）からインストーラーをダウンロードできます。

図A-5　Windows での Azure CLI のインストール

正常にインストールができると、コマンドプロンプトから「az」コマンドが使えるようになります（図A-6）。

Azureの機能をAzure PortalではなくPowershellを使いながらバッチ処理するときに利用します。

付録　Azure Functions開発に必要なツール　437

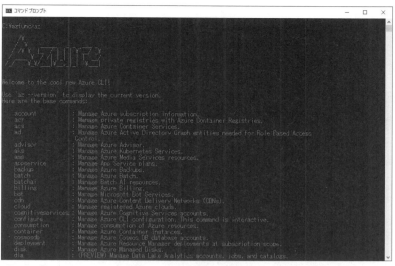

図A-6 「az」コマンド

A.4　Visual Studio Code のインストール

　Visual Studio Code（VSCode）は、軽量かつ無料で利用できる開発環境です。Visual Studioと似たインターフェイスを持ち、WindowsだけでなくmacOSやLinux上でも動作ができます。「Visual Studio Code（https://azure.microsoft.com/ja-jp/products/visual-studio-code/）」（図A-7）からダウンロードができます。

図A-7　Visual Studio Code

VSCodeはC#のコーディングだけなく、拡張機能を利用してJavaScriptやPython、PHPなどのプログラム言語を編集することができます。

Azure Functions拡張機能をインストールすると、VSCode上でFunction Appを作成できます（図A-8）。

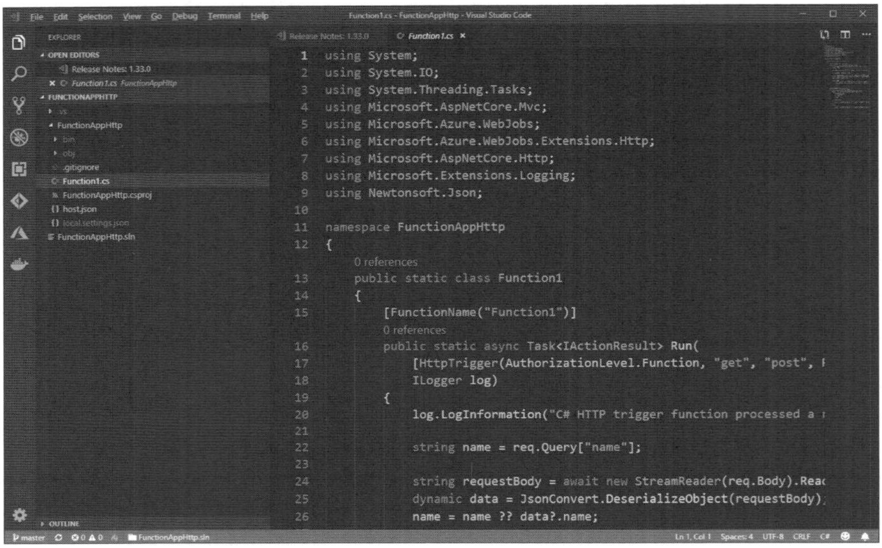

図A-8　VSCodeの実行

A.5 | Windows Subsystem for Linuxの利用

Function Appは、WindowsだけでなくLinuxの環境でも動作します。本格的な動作のチェックの場合は別途Linuxマシンを用意したほうがよいのですが、簡易的なチェックならば「Windows Subsystem for Linux」を利用することができます。

Windows Storeで「Linux」のように検索すると、いくつかのLinuxディストリビューションが表示されます（図A-9）。

既にLinuxを使ったことがある場合は、慣れているLinuxディストリビューションを入れるとよいでしょう。デスクトップ環境は使わず、コマンドを入力するターミナルとして使うことになります。

筆者はUbuntuを使い、「Azure Functions Core Tools」などをインストールしてLinux上でのFunction Appをチェックしています（図A-10）。

図 A-9　Linuxで検索

図 A-10　Ubuntu 18.04 LTS

A.6　Azure Cosmos DB Emulator

　Azure Cosmos DB Emulatorはローカル環境で動作するCosmos DBエミュレーターです。容量などに制限がありますが、開発時にプログラムのチェックに使うのに便利です。「ローカルでの開発とテストに Azure Cosmos Emulator を使用する (https://docs.microsoft.com/ja-jp/azure/cosmos-db/local-emulator#installation)」(図A-11)の「インストール」の項目にある「Microsoft ダウンロードセンター」のリンクからダウンロードできます。

図A-11　Azure Cosmos Emulatorのサイト

　インストールした後、タスクトレイから［Azure Cosmos Emulator］→［Open Data Explorer］を選択すると、ブラウザでAzure Cosmos DB Emulatorが起動します（図A-12）。

図A-12　Azure Cosmos DB Emulator

　ローカル環境で起動しているCosmos DBエミュレーターへアクセスするための接続文字列は固定となっています。この値を切り替えることで、本番のAzure上のCosmos DBとローカルのCosmos DBエミュレーターを切り替えることができます。

A.7 Microsoft Azure Storage Explorer

Microsoft Azure Storage Explorerは、ローカルで動作しているストレージエミュレーターやCosmos DBエミュレーターだけでなく、Azure上のストレージアカウントやCosmos DBを閲覧&操作できるツールです。「Azure Storage Explorer（https://azure.microsoft.com/ja-jp/features/storage-explorer/）」（図A-13）からダウンロードすることができます。

図A-13　Azure Storage Explorerのサイト

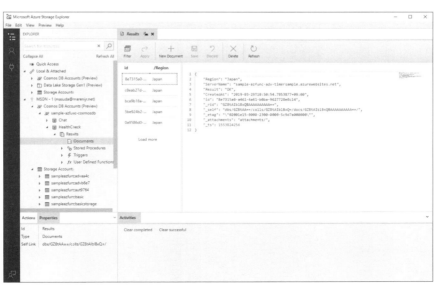

図A-14　Microsoft Azure Storage Explorer

取得済みのAzureアカウントを登録すると、Azure Storage ExplorerからAzure上のストレージへアクセスができます（図A-14）。

データの更新は適宜リフレッシュボタンをクリックすることになりますが、Blobストレージやファイルストレージの操作や、それぞれのコンテナの作成や削除などが可能です。Azure PortalやAzure Cosmos DB Emulatorと合わせて活用してください。

索 引

■ 記号

.NET Core	9
.NET Core コンソールアプリ	214, 251, 300, 317

■ A

Advanced REST client	294, 419
Amazon Web Service（AWS）	1
Applicaiton Registration Portal	351
アプリケーションシークレット	351
パッケージ SID	351
ASP.NET MVC	4
AuthorizationLevel	78
Admin	79
Anonymous	78
Function	78
関数キー	79
ホストキー	79
AWS Lambda	6
Azure	1
Azure CLI	47, 436
func azure functionapp publish コマンド	50
func host start コマンド	49
func init コマンド	48
func new コマンド	48
func コマンド	47
Azure Cloud Service	61
Azure Cosmos DB	123, 198
Azure Cosmos DB Emulator	130, 201, 286, 439
Azure Event Grid Viewer	403
Azure Functions	3
Azure Functions Core Tools	435
Azure Portal	13
Application Insights インスタンス	102
Azure Cosmos DB の作成	123, 198
Azure SQL Database の作成	237
Blob コンテナーの作成	138
C# スクリプト作成	17
Event Hub の作成	161
Function App 作成	381
IoT Hub の作成	178
JavaScript 作成	22
JSON 形式	28
Queue ストレージの作成	150
Storage	16
Storage Explorer	314, 380
アクセス権限の設定	91
アラートルールの設定	94
課金状態の表示	91, 96
関数の作成	17, 24, 30
関数の実行	20, 27, 34
サービスやリソース操作の履歴表記	91
サブスクリプション	15
実行ログの監視	100
ストレージアカウントの作成	138, 312, 379
テーブルストレージの作成	410
デプロイ	36
ホスティングプラン	16
メトリックでのアクセス数表示	91
ランタイムスタック	16
リソースグループ	15, 87
リソースグループの削除	91
リソースの追加	91
Azure Resource Manager	62
Azure SQL Database	12, 237
az コマンド	423

■ B

Blob トリガー	137
Azure Portal で作成	141
Azure Portal で実行	143
Microsoft Azure Storage Explorer	144
Storage Explorer	140
Visual Studio で作成	145
Visual Studio で実行	147
ストレージアカウント	138
接続文字列	141
バインドのパラメーター	149
ClosedXML	325
CORS（Cross-Origin Resource Sharing）	268, 276
Cosmos DB トリガー	122, 283
Azure Cosmos DB	123
Azure Cosmos DB Emulator	130
Azure Portal で作成	125
Azure Portal で実行	129
Visual Studio で作成	132, 288
Visual Studio で実行	134
アラート発生パターン	284
応用	305
拡張機能のインストール	126
検証のためのシステム構成	285
接続文字列	125, 286
通常通知と緊急通知を発信	305
バインドのパラメーター	136
発信者を変えて通知を発信	304
cron	105, 194
起動の設定例	224

■ D

Docker	9
dotnet ef コマンド	253
dotnet run コマンド	303

索 引

■ E

Event Grid ·· 12, 375
  Event Grid トリガーの基本情報チェック ········· 423
  Event Grid トリガーの作成 ··························· 382
  応用 ··· 430
  拡張機能のインストール ······························· 382
  サブジェクトフィルタリングを有効にする ······· 427
  自動検証の HTTP トリガー ············ 388, 407, 416
  手動検証の HTTP トリガー ··························· 395
  テーブルストレージアクセスのチェック ·········· 424
Event Hub トリガー ·· 160
  Azure Portal で作成 ··································· 171
  Azure Portal で実行 ··································· 174
  Visual Studio で作成 ··································· 163
  Visual Studio で実行 ··································· 170
  拡張機能のインストール ······························· 171
  接続文字列 ·· 162
  バインドのパラメーター ······························· 176
Excel ファイルの読み込み ··································· 327
Excel ファイルへの書き出し ······················ 311, 329

■ F

Function App ·· 7
Function App が必要とするリソース ······················ 89
  App Service ··· 89
  App Service プラン ······································ 89
  ストレージアカウント ··································· 89
Function App からの他機能の呼び出し ··················· 73
  Azure Event Grid ·· 73
  Azure のサービス ·· 73
  Azure 内のストレージ ··································· 74
  HTTP プロトコルでの外部通信 ······················ 75
Function App から呼び出し元へ返すクラス
  IActionResult インターフェイス ····················· 65
  OkObjectResult クラス ·································· 66
Function App に引き渡されるクラス ······················ 63
  Body プロパティ ·· 64
  Cookies コレクション ··································· 64
  EventGridEvent クラス ································· 64
  Headers コレクション ··································· 64
  HttpRequest クラス ······································ 64
  Stream クラス ·· 64
  TimerInfo クラス ··· 64
  TraceWriter オブジェクト ······························ 64
  エントリポイント ·· 64
  コンテキスト ··· 64
  デシリアライズ ·· 64
Function App の内部動作 ···································· 63
  HTTP レスポンス ·· 63

■ G

Geo-Manager ·· 62
GitHub ·· 326
Google Cloud ·· 1

■ H

HttpClient クラス ··· 75
HTTP トリガー ··································· 4, 112, 233
  Advanced REST client ·································· 53
  Android スマホでの動作確認 ·························· 57

Azure Portal で作成 ······································· 113
Azure Portal で実行 ······································· 115
curl コマンド ··· 56
GET メソッド ··· 52, 55
POST メソッド ··· 52, 56
Visual Studio で作成 ································ 117, 246
Visual Studio で実行 ······································ 118
wget コマンド ·· 56
WPF クライアントでの動作確認 ························ 54
Xamarin.Forms ·· 57
  応用 ··· 279
  クライアントアプリの URL 修正 ····················· 274
  検証のためのシステム構成 ···························· 236
  コマンドラインでの動作確認 ·························· 56
  接続文字列 ·· 241, 273
  データ書き出しの〜トリガー ·························· 257
  データ読み込みの〜トリガー ·························· 255
  同一の社員番号で更新 ··································· 279
  バインドのパラメーター ······························· 120
  複数クライアントでチェック ·························· 277
  ブラウザでの動作確認 ··································· 52
  未登録の社員番号で更新 ······························· 278
  リリースモードのための Azure 環境設定 ············ 271
  ルートテンプレート ····································· 120

■ I

IaaS ·· 3
IBM Cloud Functions ··· 6
IoT Hub トリガー ··· 177
  Azure Portal で作成 ···································· 188
  Azure Portal で実行 ···································· 190
  IoT デバイスの登録 ····································· 180
  Visual Studio で作成 ··································· 182
  Visual Studio で実行 ··································· 187
  接続文字列 ·· 179
  バインドのパラメーター ······························· 192

■ J

JavaScript ·· 268
jQuery ··· 268
JSON 形式 ·· 250, 295

■ L

LAMP ·· 66
Linux ·· 9, 29

■ M

Microsoft Azure Storage Explorer ······················ 441
Microsoft アカウントによるユーザー認証 ················ 81

■ N

new 演算子 ··· 7
ngrok ·· 427
Node.js ·· 10, 433
Notification Hub ··· 345
  Windows 通知サービス (WNS) ················· 346, 354
  応用 ··· 372
  登録 ··· 359
  プッシュ通知を表示しない ···························· 369
npm ·· 433

索引 | **445**

NuGet パッケージの管理 ················ 168, 185, 252, 255, 290, 318,
323, 331, 359, 363, 413

O

OpenXML ···································· 325
OTHER_WEBAPI_URL ······················ 421

P

PaaS ·· 3

Q

Queue トリガー ································· 149
　Azure Portal で作成 ···················· 151
　Azure Portal で実行 ···················· 154
　Microsoft Azure Storage Explorer ······· 155
　Visual Studio で作成 ···················· 155
　Visual Studio で実行 ···················· 157
　拡張機能のインストール ·················· 152
　バインドのパラメーター ·················· 159

S

SaaS ·· 3
Scale Unit ··································· 62
Slack ·· 292
SQL Server ·························· 241, 333
SQL Server Management Studio (SSMS) ······· 241
　テーブル作成のクエリ ·············· 243, 322
SSL 証明書 ···································· 79
Storage Explorer ····················· 140, 314
STORAGE_CONNECTION ·········· 146, 333, 421

U

UWP アプリ ···································· 349

V

Visual Studio ································· 37
　Azure Functions の作成 ·················· 38
　JSON をクラスとして貼り付ける ··········· 263
　テスト実行 ··························· 40
　発行 ······················· 41, 221, 409
Visual Studio Code ··················· 44, 437
　Azure Functions 拡張機能 ················ 44
　ターミナルウィンドウ ···················· 47
　テスト実行 ··························· 47
VM Worker ···································· 62
VSP (Virtual Private Server) ·················· 4

W

Webhook ·············· 233, 292, 378, 408, 414, 425
Windows ·································· 9, 16
Windows 10 開発者モード ····················· 361
Windows 10 トースト ························· 363
Windows Subsystem for Linux ················ 438
Windows ストアのパートナーセンター
　Live SDK アプリケーション ··············· 350
WPF アプリ ···························· 249, 261

あ行

インスタンス ··································· 7
インスタンス変数 ······························ 8

エンドポイントのタイプ ······················ 392
オブジェクト指向言語 ························· 8
オンプレミス ·································· 2

か行

関数型言語 ···································· 8
クラス変数 ···································· 8
コードビハインド ····························· 265

さ行

サーバーレス ·································· 5
静的関数 ······································ 7

た行

タイマートリガー ···················· 5, 105, 193
　Azure Cosmos DB Emulator ··············· 201
　Azure Portal で作成 ···················· 106
　Azure Portal で実行 ···················· 108
　Cosmos DB へのアクセスキー ·············· 201
　Cosmos DB への書き込み ················· 213
　GetAsyn メソッド ······················· 211
　TimerTrigger 属性 ······················ 223
　URL の取得 ····························· 205
　Visual Studio で作成 ··············· 109, 203
　Visual Studio で実行 ···················· 110
　応用 ··································· 228
　検証のためのシステム構成 ················ 196
　ターゲットの HTTP トリガー ··············· 209
　タイマーの間隔の変更 ···················· 223
　タイムゾーンの設定 ······················ 224
　バインドのパラメーター ·················· 112
　ヘルスチェック API の呼び出し ············ 211
　ヘルスチェック対象が無応答 ·············· 227
　ヘルスチェック対象の変更 ················ 226
　リリースモードの追加 ···················· 220
　ローカル環境の〜 ······················· 217
デシリアライズ ································ 388
動作原理 ····································· 61
ドット演算子 ·································· 7

な行

ネットワークドライブの設定 ··················· 314

は行

ファイルストレージ ··························· 309
プッシュ通知 ·································· 345
不得意な点
　VM で動作する ·························· 69
　オンプレミスとの接続問題 ················ 71
　ステートレスで動作する ·················· 70
　複雑で多機能な動作 ······················ 71
ヘルスチェック機能 ··························· 193

ら行

利点
　インテグレーションの〜 ··················· 68
　開発効率の〜 ··························· 67
　サーバーレスの〜 ······················· 66
　デプロイとコード管理のしやすさ ··········· 68

●著者紹介

増田 智明（ますだ ともあき）

Moonmile Solutions 代表、株式会社h2ワークス 技術顧問、システムガーディアン株式会社 技術顧問。大学より30年間のプログラム歴を経て現在に至る。仕事では情報システム開発、携帯電話開発、構造解析を長くこなし、C++/C#/VB/PHP/Scratchなどを扱う。最近はRaspberry Pi/Arduinoに手を広げ、ソフトウェア開発における設計工程とCCPMにまい進中。

Microsoft MVP：
Developer Technologies

主な著書：
「Xamarinプログラミング入門」、「ASP.NET MVC プログラミング入門」（以上、日経BP）、「現場ですぐに使える! Visual C# 2017逆引き大全555の極意」、「現場ですぐに使える! Visual Basic 2017逆引き大全555の極意」、「図解入門 よくわかる最新 システム開発者のための仕様書の基本と仕組み」（以上、秀和システム）

●本書についてのお問い合わせ方法、訂正情報、重要なお知らせについては、下記Webページをご参照ください。なお、本書の範囲を超えるご質問にはお答えできませんので、あらかじめご了承ください。

http://ec.nikkeibp.co.jp/nsp/

●ソフトウェアの機能や操作方法に関するご質問は、ソフトウェア発売元の製品サポート窓口へお問い合わせください。

Azure Functions 入門
サーバー管理を不要にするサーバーレスアプリ開発のすべて

2019年 6 月10日　初版第1刷発行

著　　者	増田 智明	
発 行 者	村上 広樹	
編　　集	田部井 久	
発　　行	日経BP	
	東京都港区虎ノ門4-3-12　〒105-8308	
発　　売	日経BP マーケティング	
	東京都港区虎ノ門4-3-12　〒105-8308	
装　　丁	コミュニケーションアーツ株式会社	
DTP制作	株式会社シンクス	
印刷・製本	図書印刷株式会社	

本書に記載している会社名および製品名は、各社の商標または登録商標です。なお、本文中に™、®マークは明記しておりません。

本書の例題または画面で使用している会社名、氏名、他のデータは、一部を除いてすべて架空のものです。

本書の無断複写・複製（コピー等）は著作権法上の例外を除き、禁じられています。購入者以外の第三者による電子データ化および電子書籍化は、私的使用を含め一切認められておりません。

©2019 Tomoaki Masuda

ISBN978-4-8222-5395-0　Printed in Japan